本书编写人员

主　编　任友昌　潘　洁
副主编　程永伟　吕　斌
参　编　任友理　马　竹　武彦生　赵德霜　徐　伟

丛书编委会

全国高职高专规划教材

给排水管网工程

——工学结合教材

（第二版）

主　编　任友昌　潘　洁

副主编　程永伟　吕　斌

中国环境出版集团·北京

图书在版编目（CIP）数据

给排水管网工程：工学结合教材/任友昌，潘洁主编． —2
版． —北京：中国环境出版集团，2016.6（2021.3 重印）
全国高职高专规划教材
ISBN 978-7-5111-2824-9

Ⅰ．①给… Ⅱ．①任…②潘… Ⅲ．①给排水系统—
管网—管道工程—高等职业教育—教材 Ⅳ．①TU991

中国版本图书馆 CIP 数据核字（2016）第 114622 号

更多信息，请关注
中国环境出版集团
第一分社

出 版 人　武德凯
责任编辑　黄晓燕
责任校对　任　丽
封面设计　宋　瑞

出版发行　**中国环境出版集团**
　　　　　（100062　北京市东城区广渠门内大街 16 号）
　　　　　网　　址：http://www.cesp.com.cn
　　　　　电子邮箱：bjgl@cesp.com.cn
　　　　　联系电话：010-67112765（编辑管理部）
　　　　　　　　　　010-67112735（第一分社）
　　　　　发行热线：010-67125803，010-67113405（传真）
印　　刷　北京市联华印刷厂
经　　销　各地新华书店
版　　次　2011 年 8 月第 1 版　2016 年 6 月第 2 版
印　　次　2021 年 3 月第 3 次印刷
开　　本　787×960　1/16
印　　张　17.75
字　　数　330 千字
定　　价　36.00 元

中国环境出版集团郑重承诺：
中国环境出版集团合作的印刷单位、材料单位均具有中国环境标志产品认证；
中国环境出版集团所有图书"禁塑"。

前　言

　　给排水管网工程是给排水工程技术、市政工程技术等专业重要的专业课。《给排水管网工程——工学结合教材》是由专业教师与相关设计、运行管理单位的专家合作编写的一本内容全面、技术实用、符合高等职业教育改革方向的专业教材，全书以城市给排水管网规划设计项目作业过程为主线编排教学内容，阐述给排水管网规划设计的基本理论和基本方法，设计职业能力训练项目，培养学生的实际动手能力。从给水管网规划布置、给水管网设计计算、排水管网规划布置、污水管道系统设计计算、雨水管道系统设计计算、合流制管渠系统设计、给排水管网运行维护管理七个方面阐述了城市给排水管网规划设计和管网运行维护管理的基本原理和作业方法。教材优化了知识结构，实施项目训练，突出了能力培养和技能训练的职业教育特点，学生通过本课程的学习后，能完成城市给排水管网规划设计和管网运行维护管理的任务。

　　教材第二版依据《室外排水设计规范》（GB 50014—2006）对教材进行了修订，补充了雨水设计流量的计算方法、相关计算参数的规定及调整等内容；修改了应用实例；增加了雨水调蓄池、城市内涝防治等内容。教材修订工作由任友昌、潘洁完成。

　　各项目的编写分工如下：项目一、项目二任务一到任务七由任友昌编写；项目二任务八、任务九、附录一、附录三、附录五由任友理编写；项目三、项目四任务一到任务三由吕斌编写；项目四任务四由徐伟编写；项目四任务五由马竹编写；项目五任务四、任务五、附录二、附录四由潘洁编写；项目五任务一到任务三由程永伟编写；项目六由武彦生编写；项目七由赵德霜编写。全书由任友昌统稿。

刘敏高级工程师为本书主审，对本书提出了宝贵的意见和建议。本书从主要参考书目和文献中采用了很多素材和文字材料，本书编者对这些著作的作者们表示诚挚的感谢！本书还得到了中国环境出版社的大力支持，在此表示衷心的感谢。

由于编者水平有限，书中不妥和错漏之处在所难免，恳请读者批评指正。

编者

2016 年 5 月

目 录

项目一　城镇给水管网规划布置

项目概述

在分析城镇总体规划资料、有关自然条件的资料和给水排水设施现状资料的基础上，预测城镇用水量，选择水源，规划水厂初步形成城镇给水系统方案，并结合规划图及地形图进行输配水工程规划，完成给水管网布置图。

项目具体内容见本项目职业能力训练部分。

学习目标

了解给水系统设计所需设计资料，在学习给水管道系统基本概念、室外给排水设计规范、有关给水系统实例分析的基础上能完成给水管网布置及输水管渠定线。

任务一　给水排水工程基础

一、给水排水工程功能与组成

（一）给水排水工程功能

水是人类及其他一切生物赖以生存的重要物质之一，水是一种宝贵的资源，它在人们的日常生活及国民经济建设中具有极其重要的作用。给水排水工程是为人们生活、生产及其相关活动提供用水和排除废水的工程设施总称，即为各类不同类型的用户供应满足要求的水质和水量，同时承担用户排除废水和城市降水的汇集、输送、处理和排放，达到保障城市经济社会活动，消除污染物和保护环境建设的一系列工程设施。

给水排水工程包括给水系统和排水系统。给水系统提供（根据不同类型的用户需求）用水，满足用户水量、水压、水质要求；排水系统完成用户排水及降水的收集、输送、处理和排放。

给水排水工程的目的和任务，就是保证以安全适用、经济合理的工艺与工程技术，合理开发和利用水资源，向城镇和工业供应各项合格用水，汇集、输送、处理和再生利用污水，使水的人工循环正常运行；以提供方便、舒适、卫生、安全的生活和生产环境；保障人民健康与正常生活，促进生产发展，保护和改善水环境质量。

给水排水系统具有以下功能：

1. 水量保障

向人们指定的用水地点及时可靠地提供满足用户需求的用水量，并将用户排出的废水（包括生活污水和生产废水）和雨水及时可靠地收集并运输到指定的地点。

2. 水质保障

向指定用水地点和用户供给符合质量要求的水，使用后的水按有关废水排放标准排入受纳水体。主要包括：采用合适的给水处理措施使供水（包括水质的循环利用）水质达到或超过人们用水所要求的质量；通过设计和运行管理中的物理和化学等手段控制贮水和输配水过程中的水质变化；采用合适的废水处理措施使废水水质达到排放的要求，保护环境不受污染。

3. 水压保障

为用户的用水提供符合标准的用水压力，使用户在任何时间都能取得充足的水量；同时，使排水系统具有足够的高程和压力，使之能够顺利排入受纳水体。在地形高差较大的地区，应充分利用重力提供供水的压力和排水的输送能量；在地形平坦的地区，给水压力一般采取水泵加压，必要时还需要通过阀门或减压设施降低水压，以保证用水设施安全和用水舒适。排水一般采用重力流输送，必要时用水泵提升高程，或者通过跌水消能设施降低高程，以保证排水系统的通畅和稳定。

（二）给水排水系统组成

给水排水系统是由一系列构筑物和给水排水管道所组成，给排水工程系统图如图 1-1 所示。

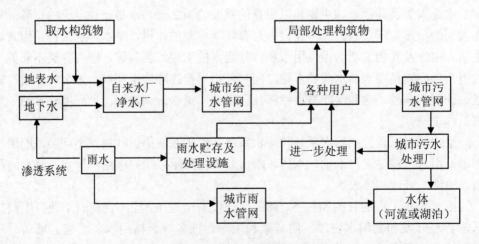

图 1-1　给排水工程系统

给水排水系统包括取水系统、给水处理系统、给水管网系统、排水管道系统、废水处理系统、废水排放系统、重复利用系统。城镇给水排水系统示意图如图 1-2 所示。

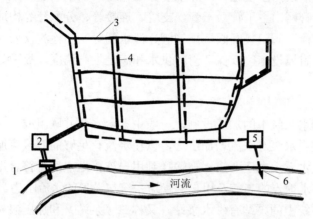

1—取水系统；2—给水处理系统；3—给水管网系统；
4—排水管道系统；5—废水处理系统；6—废水排放系统

图 1-2 城镇给水排水系统

1. 取水系统

用于从选定的水源取水，它包括水资源（地表水资源、地下水资源和复用水资源等）、取水设施、提升设备和输水管（渠）等。

2. 给水处理系统

将取水系统输送来的水进行处理，以期符合用户对水质的要求，包括各种采用物理、化学、生物等方法的水质处理设备和构筑物。生活饮用水一般采用混凝、沉淀、过滤和消毒等常规处理工艺和设施，工业用水一般有冷却、软化、淡化和除盐等工艺和设施，具体处理工艺在给水排水工程专业课程《水处理工程技术》中有详细的介绍。

3. 给水管网系统

将经处理后符合水质标准的水输送给用户，包括输水管（渠）、配水管网、水压调节设施（泵站、减压阀）及水量调节设施（清水池、水塔等）等，又称为输水与配水系统，简称输配水系统。

（1）输水管（渠）

是指在较长距离内输送水量的管道或渠道，输水管（渠）一般不向沿线两侧供水。如从水厂将清水输送至供水区域的管道（渠）、从供水管网向某大用户供水的专线管道、区域给水系统中连接各区域管网的管道等。常用的输水管道有铸铁管、钢管、钢筋混凝土管、PVC-U 管等，输水渠道一般由砖、沙、石、混凝土等材料砌筑。

（2）配水管网

是指分布在整个供水区域内的配水管道网络。其功能是将来自较集中点（如输水管（渠）的末端或贮水设施等）的水量分配输送到整个供水区域，使用户从近处接管用水。配水管网由主干管、干管、支管、连接管、分配管等构成。配水管网中还需要安装消火栓、阀门（闸阀、排气阀、泄水阀等）和检测仪表（检测压力、流量、水质等）等附属设施，以保证消防供水和满足生产调度、故障处理、维护保养等管理需要。

（3）泵站

泵站是输配水系统中的加压设施，一般由多台水泵并联组成。当水不能靠重力流动时，必须使用水泵对水流增加压力，以使水流有足够的能量克服管道内壁的摩擦阻力；在输配水系统中还要求水被输送到用户连接地点后有符合用水压力要求的水压，以克服用水地点的高差及用户的管道系统与设备的水流阻力。

给水管网系统中的泵站有供水泵站（又称二级泵站）和加压泵站（又可称为三级泵站）两种形式。供水泵站一般位于水厂内部，将清水池中的水加压后送入输水管或配水管网。加压泵站则对远离水厂的供水区域或地形较高的区域进行加压，即实现多级加压。

泵站内部以水泵机组为主体，由内部管道将其并联或串联起来，管道上设置阀门，以控制多台水泵灵活地组合运行，以便于水泵机组的拆装与检修。泵站内还应设有水流止回阀（逆止阀），必要时安装水锤消除器和多功能阀（具有截止阀、止回阀和水锤消除作用）等，以保证水泵机组安全运行。

（4）水量调节设施

水量调节设施有清水池和水塔。其主要作用是调节供水与用水的流量差，也称调节构筑物。水量调节设施也可用于贮存备用水量，以保证消防、检修、停电和事故等情况下的用水，提高系统供水的安全可靠性。

设在水厂内的清水池是水处理系统与管网系统的衔接点，既是处理好的清水的贮存设施，也是管网系统中输配水的水源点。

（5）减压设施

用减压阀和节流孔板等降低和稳定输配水系统局部的水压，以避免水压过高造成管道或其他设施的漏水、爆裂、水锤破坏，或避免用水的不舒适感。

上述取水工程、给水处理工程、输配水工程、泵站、调节构筑物称为给水系统。图 1-3 为地表水给水系统，图 1-4 为地下水给水系统。

4. 排水管道系统

包括污水、废水和雨水收集与输送管渠，水量调节池，提升泵站及附属构筑物（如检查井、跌水井、水封井、倒虹管、事故排除口、雨水口等）等。

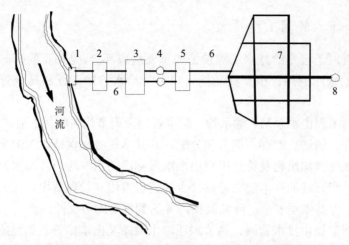

1—取水构筑物；2—一级泵站；3—水处理构筑物；
4—清水池；5—二级泵站；6—输水管；7—管网；8—水塔

图1-3 地表水给水系统

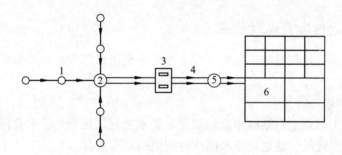

1—管井群；2—水池；3—泵站；4—输水管；5—水塔；6—管网

图1-4 地下水给水系统

5．废水处理系统

包括各种采用物理、化学、生物等方法的水质净化设备和构筑物。由于废水的水质差异大，采用的废水处理工艺各不相同，具体处理工艺详见给水排水工程专业课程《水处理工程技术》。

6．废水排放系统

包括废水受纳体（如自然水体、土壤等）和最终处置设施，如排放口、稀释扩散设施和隔离设施等。

7．重复利用系统

包括城市污水、工业废水和建筑小区的废水回用设施（如中水系统）等。

（三）给排水管网工程

给排水管网工程是给排水工程设施的重要组成部分，是由不同材料的管道和附属设施构成的输水网络。根据其功能可以分为给水管网工程和排水管网工程两大类。

给水管网工程由水泵站、输水管、配水管网及调节构筑物（水池、水塔）组成，实现水的提升、输送、贮存、调节和分配。其基本任务是保证水源的原料水（称为原水）送至水处理构筑物及符合用户用水水质标准的水（称为成品水）输送和分配到用户。设计和管理的基本要求是以最少的建造费用和管理费用，保证用户所需的水量和水压，保持水质安全，降低漏损，并达到规定的可靠性。

排水管网工程由排水管网、调节水池、水泵站及出水口等设施组成，实现污水或废水的汇集、输送、贮存、调节、提升和排放。其基本任务是保证污水或废水及时有组织地汇集、输送至污水处理构筑物及符合排放水质标准的水排放到自然水体。

二、给水排水系统规划内容、规划任务及工作程序

（一）规划内容及规划任务

给水排水系统规划是城市总体规划工作的重要组成部分，必须与城市总体规划相协调。

1. 规划内容

给水排水工程规划包括给水水源规划、给水处理厂规划、给水管网规划、排水管网规划、排水处理厂规划和废水排放与利用规划等内容。

2. 规划任务

（1）确定给水排水系统的服务范围与建设规模；

（2）确定水资源综合利用与保护措施；

（3）确定系统的组成与体系结构；

（4）确定给水排水主要构筑物的位置；

（5）确定给水排水处理的工艺流程和水质保证措施；

（6）给水排水管网规划和干管布置与定线；

（7）确定废水的处置方案及其环境影响评价；

（8）给水排水工程规划的技术经济比较，包括经济、环境和社会效益分析。

3. 给水排水工程规划原则

（1）贯彻执行国家和地方的相关政策和法规

在进行给水排水工程规划时，必须认真贯彻执行国家及地方政府颁布的《城市规划法》《环境保护法》《水污染防治法》《海洋环境保护法》《水法》《城市供水条

例》等法律和法规及《城市给水工程规划规范》《饮用水水源水质标准》《生活饮用水卫生标准》《防洪标准》等国家标准与设计规范，它是城市规划和工程建设的指导方针。

（2）给水排水工程规划要服从城镇总体规划

城镇及工业区总体规划中的设计规模、设计年限、功能分区布局、城镇人口的发展、居住区的建筑层数和标准以及相应的水量、水质、水压资料等，是给水排水工程规划的主要依据。

当地农业灌溉、航运、水利和防洪等设施和规划等是水源和排水出路选择的重要影响因素；城镇和工业企业的道路规划、地下设施规划、竖向规划、人防工程规划、防洪工程规划等单项工程规划对给水排水工程的规划设计都有影响，要从全局出发，合理安排，构成城镇建设的有机整体。

（3）城市及工业企业规划时应兼顾给水排水工程

在进行城镇及工业企业规划时应考虑水资源条件，在水资源缺乏的地区，不宜盲目扩大城镇规模，也不应设置用水量大的工厂，用水量大的工业企业一般应设在水源比较充沛的地方。

对于采用统一给水系统的城镇，一般在给水厂附近或地形较低处的建筑层次可以规划的较高些，在远离水厂或地形较高处的建筑层次则宜低些。对于工业企业生产用水量占供水量比例较大的城镇应把同一性质的工业企业适当集中，或者把能复用水的工业企业规划在一起，以便对相近性质的废水集中处理。

（4）近、远期规划与建设相结合

给水排水工程一般可按远期规划，而按近期规划进行设计和分期建设。例如，近期给水工程先建一个水源、一条输水管以及树枝状配水管网，远期再逐步发展成多水源、多输水管和环状配水管网；地表水取水构筑物及取水泵房等土建工程如采用分期工程并不经济，故土建工程可按远期规模一次建成，但其内部设备则应按近期所需进行安装，投入使用后再分期安装或扩大；在环境容量许可的前提下，排水管网近期可就近排入水体，远期可采用截流式合流制并运送到污水处理厂进行处理，或近期先建污水与雨水合流排水管网，远期另建污水管网和污水处理厂，实现分流排水体制；排水主干管（渠）一般按远期设计和建设更经济；给水排水的调节水池并不会随远期供水和排水量同步增大，因为远期水量变化往往较小，如计算远期水池调节容量增加不多，则可按远期设计和建设。

（5）要合理利用水资源和保护环境

给水水源有地表水源和地下水源，在选择前必须对所在地区的水资源状况进行认真的勘察、研究，并根据城镇和工业总体规划以及农、林、渔、水、电等各行业用水的需要，进行综合规划、合理开发利用。同时要从供水水质的要求、水文地质及取水工程条件出发，考虑整个给水系统的安全和经济性。

（6）规划方案尽可能经济和高效

在保证技术合理和过程可行性的前提下，努力提高给水排水工程的投资效益并降低工程项目的运行成本，必要时进行多方面和多方案的比较分析，选择尽可能经济的工程规划方案。

给水排水系统的体系结构对其经济性具有重要影响，对是否采用分区或分质给水或排水及其实施方案，应进行技术经济方案比较，认真论证。给水系统的供水压力应以满足大多数用户要求为前提考虑，而不能根据个别的高层建筑或水压要求较高的工业企业来确定。在规划排水管道系统时，也不能因为局部地区地势低而降低整个管道系统的埋深，因而采取局部加压或提升措施。

（二）规划工作程序

（1）明确规划任务，确定规划编制依据；

（2）调查收集必需的基础资料，进行现场勘察；

（3）在掌握资料与了解现状和规划要求的基础上，合理确定城市用水定额，估算用水量与排水量；

（4）制定给水排水工程规划方案；

（5）根据规划期限，提出分期实施规划的步骤和措施，控制和引导给水排水工程有序建设，节省资金，从而有利于城镇和工业区的持续发展，增强规划工程的可实施性，提高项目投资效益；

（6）编制给水排水工程规划文件，绘制工程规划图纸，完成规划成果文本。

三、给排水管网规划资料准备

为了很好地完成给水排水工程的规划设计任务，首先应了解、研究规划设计任务书或批准文件的内容，弄清本工程的规划设计范围和具体要求，然后进行翔实的基础资料调查。

（一）给水排水工程规划基础资料

1. 城镇总体规划资料的收集

包括对工业布局、人口规划、公共设施、地下构筑物、交通网络、竖向规划、各专项工程规划等资料的收集。

规划资料包括城市规划总图（1∶5 000～1∶10 000）；城市的地形图（1∶5 000～1∶10 000）或某区域地形图（1∶2 000～1∶5 000）；城市人口分布及用水情况，如人口密度、用水量标准、建筑物高度及房屋卫生设备情况等资料。

2. 一般自然条件的资料

包括地区气象资料，如温度、风向、降水量、土壤冰冻资料等；水文及水文地质资料,如水位、水质、水量、流速、含沙量、库容、地下水储量以及河流的一些概况资料等;地质资料,如土壤的性质、地基承载力、地下水位等;地震资料,如地震基本烈度及地震史料。

3．给水排水设施现状资料

包括供水情况,如取水方式、净水厂的处理工艺、供水水质与水压、制水成本及水价、供水范围、管网系统及布局等资料;排水情况,如排水管道系统及走向、污水处理厂的处理工艺及处理效果、污水回用及综合利用情况等资料。

4．供电资料

包括电源电压、可靠程度、供电方式及电力安装费用等。

5．概算、预算资料

包括概算、预算的定额资料,建筑材料及设备供应情况和价格,施工技术水平及设备情况,劳动力的来源及工资水平,征地拆迁等方面的规定,交通运输费计算法等。

6．有关法规的资料

包括国家关于给水排水工程方面的法律、政策、规范标准;地方关于给水排水工程方面的规定、条例、标准。

工作时,设计人员应对所收集的资料进行分析整理,同时应进行现场勘察,对现有资料进行核实,使设计方案更加切合实际。踏勘即按现状图对建设现场进行实际勘探,了解现状与城市规划的概貌,如流域的高程、坡度、坡向、建筑、道路、水资源及水环境概貌等内容,以便对工程做大体上的估计,并酝酿规划方案。

(二)给水工程规划基础资料

① 城市的地形与总体规划平面图,比例分别为 1∶5 000 和 1∶10 000;

② 城市各分区居住人口及房屋卫生设备,包括人口密度、房屋卫生设备情况、各区房屋的平均层数等;

③ 工业企业与公共建筑的位置、用水量及变化规律、水质资料等,包括最大日用水量、最大日最大时用水量、最大日平均时用水量、主要的水质指标以及用水量变化规律等;

④ 气象资料,包括城市最高温度、平均温度、最低温度、夏季主导风向、冬季主导风向、年降水量等;

⑤ 土壤资料,包括土壤的性质、地下水位深度、冰冻深度、承载力等;

⑥ 地面水水源资料,包括水源水质分析资料、最大流量、最小流量、最大流速、最小流速、最高水位、常水位、最低水位、冰冻期水位、冰的最大厚度、最低水位时间河流的宽度以及河流航运等资料;

⑦ 地下水水源资料,包括水文地质钻孔柱状图和表、地下水的储量及可开采量、

抽水实验资料及水源水质分析资料等；

⑧ 城市用水量随时间的变化情况；

⑨ 编制概算、预算所需的资料。

在规划设计时，为了搜集上述有关资料和了解实地情况，以便提出合理的方案，一般都必须进行现场踏勘。通过现场踏勘了解和核对实地地形，增加地区概念和感性认识，核对用水要求，选择水源、取水方式和地点，确定厂址，定出输水管和给水管网走向和布置等。在搜集资料和现场踏勘的基础上，着手考虑给水工程规划设计方案。

（三）排水工程规划基础资料

① 城市地形与总体规划平面图，比例为 1∶5 000～1∶10 000；

② 城市各分区居住人口及污水量标准，包括人口密度、污水量标准等；

③ 工业企业与公共建筑的位置及排水量、水质资料，包括排水量，如最大日排水量、最大日最大时排水量、最大日平均时排水量等；水质，如 BOD_5、COD、pH 值、总氮、总磷、水温等；

④ 城市各分区中各类地面与屋面所占的比例；

⑤ 气象资料，包括气温资料，如年平均气温、年最高气温、年最低气温、日最高气温、日平均气温、日最低气温等；降雨量、年蒸发量等；夏季主导风向、最大风速等；

⑥ 土壤资料，包括土壤的性质、冰冻深度、地下水位、承载力等；

⑦ 受纳水体水文与水质资料，包括河流的流量、流速、最高水位、最低水位、常水位以及几项主要的水质指标等；

⑧ 工程概算、预算所需的资料等；

⑨ 其他补充资料等。

思考题与习题

1. 试分别说明给水系统和排水系统的功能。

2. 给水排水系统的组成有哪些？各系统包括哪些设施？

3. 给排水工程规划的主要任务是什么？

职业能力训练

结合当地情况，调查城市给排水设施，画出给排水系统图。

提示：

1. 调查供水水源；

2. 水厂供水量、供水水压;

3. 排水系统体制;

4. 污水处理厂规模、污水出路情况;

5. 绘制给排水系统示意图。

任务二　给水管网规划布置

一、确定给水系统及管网类型

城市给水系统的布置，应根据城市总体规划布局、水源特点、当地自然条件及用户对水质的不同要求等因素确定。

（一）给水系统的分类

常见的城市给水系统布置形式有以下几种。

按水源种类：分为地表水（江河、湖泊、蓄水库、海洋等）和地下水（浅层地下水、深层地下水、泉水等）给水系统;

按供水方式：分为自流系统（重力供水）、水泵供水系统（压力供水）和混合供水系统;

按使用目的：分为生活用水、生产给水和消防给水系统;

按服务对象：分为城市给水和工业给水系统;在工业给水中，又分为循环系统和复用系统。

（二）给水管网系统的分类

1. 统一给水系统

整个给水区域（如城镇）的生活、生产、消防等多项用水，均以同一水压和水质，用统一的管网系统供给各个用户。

该系统适用于地形起伏不大、用户较为集中，且各用户对水质、水压要求相差不大的城镇和工业企业的给水工程。如果个别用户对水质或水压有特殊要求，可自统一给水管网取水再进行局部处理或加压后再供给使用。

特点：系统简单，投资较少，管理方便。

适用范围：适用在工业用水量占总水量比例小，地形平坦的地区。

按水源数目不同可分为单水源给水系统和多水源给水系统（图1-5）。

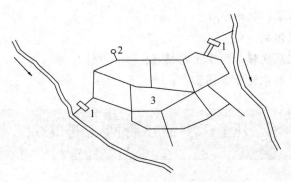

1—取水构筑物；2—水塔；3—管网

图 1-5　多水源给水系统

2. 分区给水系统

将整个给水范围分成不同的区域，每区有泵站和管网等，各区之间有适当的联系，以保证供水可靠和调度灵活，如图 1-6 所示。

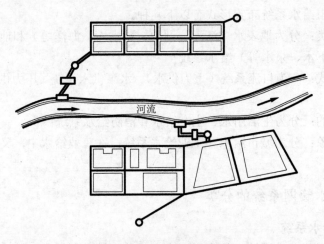

图 1-6　分区给水系统

分区给水系统包括分质分区给水系统和分压分区给水系统，形式上有并联分区和串联分区。

（1）分质分区给水系统

即用不同的管网输送不同水质的水到用户的给水系统，见图 1-7。

适用范围：用户对水质有不同要求，同时水量较大。

采用此种系统，可使城市水厂规模缩小，特别是可以节约大量药剂费用和动力费用，但管道和设备增多，管理较复杂。

适用在工业用水量占总水量比例大，水质要求不高的地区。

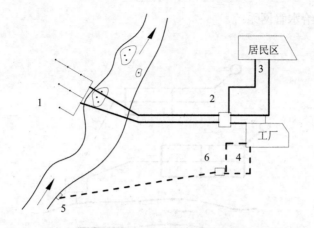

1—管井；2—泵站；3—生活用水管网；

4—生产用水管网；5—取水构筑物；6—工业用水处理构筑物

图 1-7　分质分区给水系统

（2）分压分区给水系统

城市地形高差较大或用户对水压要求不同时，采用不同压力的给水系统，或局部加压系统，如图 1-8 所示。

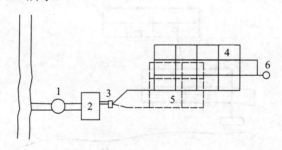

1—取水构筑物；2—水厂；3—泵站；4—高压区管网；5—低压区管网；6—水塔

图 1-8　分压分区给水管网系统

将给水管网系统划分为多个区域，各区域管网具有独立的供水泵站，供水具有不同的水压。分区给水管网系统可以降低平均供水压力，避免局部水压过高的现象，减少爆管的几率和泵站能量的浪费。

管网分区的方法有以下两种：

1）城镇地形较平坦，功能分区较明显或自然分隔而分区，如图 1-6 所示。

2）地形高差较大或输水距离较长而分区，又有并联分区和串联分区两类。

① 并联分区方式

对不同压力要求的区域设置不同泵站或在泵站内设置不同的水泵供水。图 1-9

所示为并联分区给水管网系统。

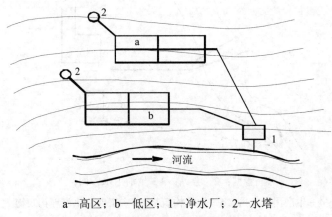

a—高区；b—低区；1—净水厂；2—水塔

图 1-9　并联分区给水管网系统

② 串联分区方式

图 1-10 所示为串联分区给水管网系统。

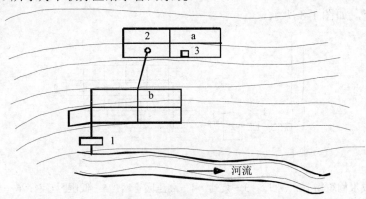

a—高区；b—低区；1—净水厂；2—水塔；3—加压泵站

图 1-10　串联分区给水管网系统

3．不同输水方式的管网系统

（1）重力输水

当水源地高于给水区，并且高差可保证以经济的造价输送所需的水量时，清水池（清水库）中的水可依靠自身的重力，经重力输水管进入管网并供用户使用。重力输水管网系统无动力消耗，而且管理方便，是运行较为经济的输水管网系统。当地形高差很大时，为降低水管中的压力，可在中途设置减压水池，将水管分成几段，形成多级重力输水系统，如图 1-11 所示。

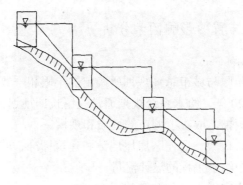

图 1-11　重力输水

（2）压力输水

水泵加压输水管网系统，指水源地没有可充分利用的地形优势，清水池（清水库）中的水须由泵站加压送出，经输水管进入管网供用户使用，甚至要通过多级加压将水送至更远或更高处的用户使用。压力给水管网系统需要消耗大量的动力。图1-6、图1-7、图1-8和图1-9所示均为压力输水管网系统。

（3）重力与水泵加压相结合输水

在地形复杂的地区且又是长距离输配水时，往往需要采用重力和水泵加压相结合的输水方式。如图1-12所示，上坡部分1～2段、3～4段，分别用泵站1，3加压输水，在下坡部分利用高地水池（或高位水池）重力输水，从而形成加压—重力交替的多级输水方式。水源可以高于或低于给水区。这种输水方式在现代大型输水管道系统中应用较为广泛。

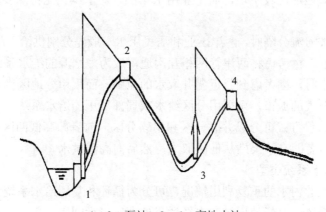

1，3—泵站；2，4—高地水池

图 1-12　重力与水泵加压相结合输水

（三）给水系统布置的影响因素分析

1．城市规划的影响

给水系统规划的年限与城市总体规划所确定的年限相一致，近期规划为 5～10 年，远期规划为 10～20 年，给水系统规划通常采用长期规划、分期实施的做法。

城市给水系统的规模，取决于城市的性质和规模。

根据城市的规划人口数、居住区房屋层数和建筑标准、城市现状资料和气候等自然条件，可得出整个给水工程的设计流量。

从工业布局可知生产用水量分布及其要求。

根据当地农业灌溉、航运和水利等规划资料，水文和水文地质资料，可以确定水源和取水构筑物的位置。

根据城市功能分区，街道位置，用户对水量、水压和水质的要求，可以选定水厂，调节构筑物、泵站和管网的位置。

根据城市地形和供水压力可确定管网是否需要分区给水。

根据用户对水质的要求确定是否需要分质供水等。

2．水源的影响

城市附近的水源丰富时，往往随着用水量的增长而逐步发展成为多水源给水系统，从不同部位向管网供水。

随着用水量的增大、水质恶化的加剧、城市地下水位的不断下降，有些城市不得不采取跨流域、远距离取水方式来解决给水问题。

3．地形的影响

中小城市如地形比较平坦，而工业用水量小、对水压又无特殊要求时，可用统一给水系统。

大中城市被河流分隔时，两岸工业和居民用水一般先分别供给，自成给水系统，随着城市的发展，再考虑将两岸管网相互沟通，成为多水源的给水系统。

取用地下水时，因考虑到就近凿井取水的原则，而采用分地区供水系统。

地形起伏较大的城市，可采用分区给水或局部加压的给水系统。

分区给水布置方式可分成并联分区和串联分区，前者即高低两区由同一泵站分别单独供水；后者即高区泵站从低区取水，然后向高区供水。

4．工业给水系统类型

根据工业企业内水的重复利用情况，可分为循环和复用给水系统。

循环给水系统：是指使用过的水经适当处理后再行回用。

复用给水系统：是按照各车间对水质的要求，将水顺序重复利用。

二、确定管网形式

管网的布置形式有：树状管网、环状管网以及综合型管网。

（一）树状管网

树状管网如图 1-13 所示，从水厂泵站或水塔到用户的管线呈树枝状，水流沿一个方向流向用户，管径随所供用水户的减少而逐渐变小。其主要优点是管材省、投资少、构造简单；缺点是供水可靠性较差，一处损坏则下游各段全部断水，同时各支管尽端易造成"死水"区，在用水低峰管道内水的停留时间较长，水质会恶化。

这种管网布置形式适用于地形狭长、用水量不大、用户分散的地区，或用水安全可靠性要求不高的小城镇和小型工业企业，或者在城市的规划建设初期采用，后期再按发展形成环状网。

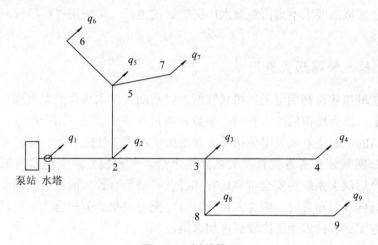

图 1-13 树状管网

（二）环状管网

这种管网中管线间连接成环状，当任一段管线损坏时，可以关闭附近的阀门，与其余的管线隔开，然后进行检修；同时水还可从另外管线供应用户，以缩小断水的地区，从而增加供水可靠性。环状网还可以大大减轻因水锤作用产生的危害，而在树状管中，则往往因此而使管线损坏。但是，环状管网管线总长度较大，建设投资明显高于树状管网。环状管网适用于对供水连续性、安全性要求较高的供水区域，一般在大、中城镇和工业企业中采用，见图 1-14。

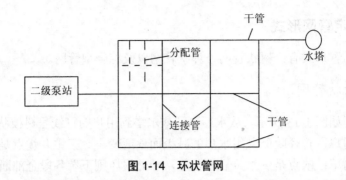

图 1-14　环状管网

（三）综合型管网

在实际工作中为了发挥给水管网的输配水能力达到既工作安全可靠，又适用经济，常采用树枝状与环状相结合的管网，即综合型管网。如在主要供水区采用环状，在外围周边区域或要求不高而距离水厂又较远的地点，可采用树枝状管网，这样比较经济合理。

（四）给水管网形式选用

一般在城镇建设初期可采用树状管网，以后随着供水事业的发展逐步连成环状网。实际上，现有城市的给水管网，多数是将树状网和环状网结合起来。供水可靠性要求较高的工矿企业须采用环状网，并用树状网或双管输水至个别较远的车间。

给水管网规划布置方案直接关系到整个给水工程投资的大小和施工的难易程度，并对今后供水系统的安全可靠运行和经营管理等有较大的影响。因此，在进行给水管网具体规划布置时，应深入调查研究，充分收集、分析有关资料，对多个可行的布置方案进行技术经济比较后再加以确定。

三、输水管（渠）定线

从水源到水厂或水厂到管网的管道或渠道叫做输水管（渠）。其实质特征是：输水管（渠）不负责向用户配水。

输水管（渠）定线就是选择和确定输水管（渠）线路的走向和具体位置。输水管（渠）定线时，应先在地形平面图上初步选定几种可能的线路方案，然后沿线踏勘了解，从投资、施工、管理等方面，对各种线路方案进行技术经济比较后再作决定。缺乏地形图时，则需在踏勘选线的基础上，进行地形图测量，绘出地形图后在图上推敲拟选的管线路径。

输水管（渠）定线时，必须与城市建设规划相结合，尽量缩短线路长度；线路简短可保证供水安全、减少拆迁、少占农田、减小工程量，有利于施工并节省投资。应选择最佳的地形和地质条件，最好能全部或部分重力输水；输水管（渠）应尽量沿现有道路定线，以方便施工和管线维护；应尽量减少与铁路、公路和河流的穿越交叉，避免穿越沼泽、岩石、滑坡、高地下水位和河水淹没与冲刷的地区，避免侵蚀性土区以及地质不良地段等，以降低造价和便于维护管理；必须穿越障碍时，须采取有效措施，保证安全供水。这些是输水管（渠）定线的基本原则。

为保证安全供水，可以用一条输水管而在用水区附近建造水池进行安全水量存储，或者采用两条输水管。输水管条数主要根据输水量、事故时须保证的用水量、输水管（渠）长度、当地有无其他备用水源等情况而定。供水不许间断时，输水管一般不宜少于两条。当输水量小、输水管长，或有其他水源可以利用时，可考虑单管输水另加安全水池的方案。

输水管（渠）的输水方式可分成两类：第一类是水源的位置低于给水区，例如取用江河水时，需通过泵站加压输水，根据地形高差、管线长度和水管承压能力等情况，还有可能在输水途中设置加压泵站。第二类是水源位置高于给水区，例如取用蓄水库水时，可采用重力自流管（渠）输水。

根据水源和给水区的地形高差及地形变化，输水管可以是重力管或压力管。远距离输水时，地形往往起伏变化较大，采用压力管的较多；而重力输水比较经济，管理方便，应优先考虑。重力管又分成明渠和暗管两种。暗管定线简单，只要将管线埋在水力坡线以下并且尽量按最短的距离输水即可。明渠选线比较困难，且不便于保护输水水质。

为避免输水管局部损坏时，输水量降低过多，可在平行的 2 条或 3 条输水管之间设置连通管，并安装必要的阀门，以缩小事故检修时断水区段的长度，使输水管线的总输水能力降低不至于过大。

输水管线的坡度没有特殊要求，但应考虑检修时的可排空性。输水管线有坡度反向的情况时，应在每个管线的凸顶点安装排气阀，在每个管线的下凹低处设置泄水阀。管线埋深应考虑防冰冻和上部荷载的要求。

四、管网定线

城市给水管网定线是指在城市用水区域的地面上确定各条配水管线的走向、路径和位置，设计时一般只限于管网的干管以及支干管，不包括接入用户的进水管。干管管径较大，用于输水到各地区。分配管的作用是从干管取水供给用户和消火栓，管径较小，城市消防流量是决定其最小管径的重要因素。

给水管线一般平行于道路中线敷设在街道下，两侧可支出支管向就近的用户配水，所以，配水管网的形状常与城镇总体规划道路网的形态一致。

城市管网定线取决于城市道路网的平面布置，供水区的地形，水源和网内调节构筑物的位置，街区和用户特别是大用户的分布，河流、铁路、桥梁等管线障碍物位置等。

配水管网就是将输水管线送来的水配给城市用户的管道系统，管网定线就是确定管线所在的位置和走向。定线的步骤和要点如下：

（1）干管布置的主要方向应按供水主要流向延伸，而供水的流向则取决于最大用水户或水塔等调节构筑物的位置。

（2）通常为了保证供水可靠，按照主要流向布置几条平行的干管，其间用连通管连接，这些管线以最短的距离到达用水量大的主要用户。干管间距视供水区的大小和供水情况而不同，一般为 500~800 m；连通管的间距为 800~1 000 m。

（3）干管一般按规划道路布置，尽量避免在高级路面或重要道路下敷设。管线在道路下的平面位置和高程应符合城市地下管线综合设计的要求。给水管线和建筑物、铁路以及其他管道的水平净距，均应符合国家标准《室外给水设计规范》（GB 50013—2006）和《城市工程管线综合规划规范》（GB 50289—1998）的有关规定。

（4）干管应尽可能布置在高地，这样可以保证用户附近配水管中有足够的压力和减低干管内压力，以增加管道的安全。

（5）干管的布置应考虑发展和分期建设的要求，并留有余地。考虑以上原则，干管通常由一系列邻接的环组成，并且较均匀地分布在城市整个供水区域。

（6）管网中还需安排其他一些管线和附属设备，例如在供水范围内的支路下需敷设分配管，以便把干管的水送到用户和小区内。考虑到消防和室外消火栓规格的要求，分配支管直径至少为 100 mm，大城市采用 150~200 mm，目的是在通过消防流量时，不致因分配支管中的水头损失过大而导致火灾地点水压过低。

五、计算草图

（一）管网图形组成

给水管网是由管段和节点构成的有向图。管网图形中每个节点通过一条或多条管段与其他节点相连接，如图 1-15 所示。

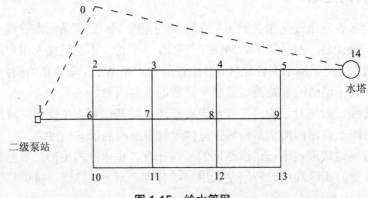

图 1-15　给水管网

1. 节点

水力条件发生变化的点，称为节点，包括：配水源节点，如泵站、水塔或高地水池等；不同管径或不同材质的交接点。管网中管段的交汇点或集中向大用户供水的点，因管中流量发生变化，也是节点。

2. 管段

两个相邻节点之间的管道称为管段，如管段1-6，表示节点1和6之间的一段管线。

3. 管线

管段首尾顺序相连为管线，如图1-15中1-6-2-3-4-5-14，是指从泵站到水塔的一条管线。

4. 基环和大环

起点与终点重合的管线构成环，如图1-15中6-2-3-7-6构成环。在一个环中不包含其他环时，称为基环，如环6-2-3-7-6、3-4-8-7-3都是基环。几个基环合成的大环，如环6-2-3-7-6、3-4-8-7-3合成的大环6-2-3-4-8-7-6。

多水源管网，为了计算方便，有时将有两个或两个以上水压一定的水源节点（泵站、水塔等）用虚管线与虚节点0连接时，也形成环，如图1-15中实管线1-6-2-3-4-5-14和虚管线14-0-1所形成的0-1-6-2-3-4-5-14-0，因实际上并不存在，故称为虚环。两个配水源时可形成一个虚环，三个配水源时形成两个虚环，由此推知虚环数等于配水源数减一，或等于虚管段数减一。

管网图形的节点（包括虚节点0）数J、管段（包括虚管段）数P和基环（包括虚环）数L之间的关系：

$$P = J + L - 1$$

对于树状管网，因环数$L=0$，所以$P=J-1$，即管段数等于节点数减1。由此可知，要将环状管网转化为树状管网，必须在每一个基环中去掉一条管段，最少去除的管段数须等于基环数L，管段去除后节点数保持不变。因所去除的管段可以不同，所以同一环状管网可以转变成为各种形式的树状管网。

（二）管网图形的简化

在管网计算中，城市管网的现状核算及旧管网的扩建计算最为常见。由于给水管线遍布在街道下，不但管线很多而且管径差别很大，如果计算全部管线，实际上既无必要，也不大可能。因此，除了新设计的管网，其定线和计算仅限于干管网的情况外，对城镇管网的现状核算以及管网的扩建或改建往往需要将实际的管网适当加以简化，保留主要的干管，略去一些次要的、水力条件影响较小的管线，使简化后的管网基本上能反映实际用水情况，而计算工作量大大减轻。通常管网越简化，计算工作量越小，但过分简化的管网，其计算结果与实际用水情况的偏差会过大。因此，管网图形简化是在保证计算结果接近于实际情况的前提下，对管线进行的简化。

在进行管网简化时，首先应对实际管网的管线情况进行充分了解和分析，然后采用分解、合并、省略等方法进行简化。以图 1-16 为例说明：

（1）图 1-16（a）反映的是城市管网的实际布置情况，图中管线上标注的数字表示管径（以 mm 计），实际管网布置图中有 43 个基环。

（2）现将这 43 个基环依据图形简化原则，按分解、合并、省略的方法简化为 21 环，如图 1-16（b）所示。分解：由一条管线连接的两个环状管网，可以将连接管段断开，分解为两个独立的小型环状管网；或由两条管线连接的分支管网，如其位于管网末端且连接管线的流向和流量可以确定时，也可进行分解，分解后的管网分别计算。合并：管径小且相互平行靠近的管线，可以考虑合并。省略：省略对水力条件影响较小的管线，也即管网中管径较小的管线。由于省略后的计算结果偏于安全，所以如省略较大管径的管段，可能计算结果会不经济。经简化的计算简图如图 1-16（c）所示。

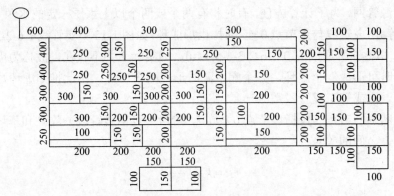

（a）管网布置图（单位：mm）

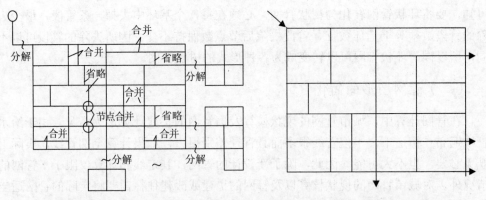

（b）管网的分解、合并、省略方案图   （c）简化后的管网计算图

图 1-16　给水管网图形的简化

思考题与习题

1. 试说明给水管网系统的类型及其特点。

2. 给水管网的规划布置应符合哪些基本原则？

3. 给水管网布置的两种基本形式是什么？试比较它们的优缺点。

4. 简要叙述给水管网定线时保证经济性和安全性的方法有哪些。

职业能力训练

结合给水管网课程设计任务资料进行给水管网规划布置，并画出给水管网计算简图。

提示：

（1）采用集镇或开发区总体规划资料；

（2）在确定水源、水厂位置及供水方案的基础上，结合规划布局、路网进行给水管网布置。

项目二　城镇给水管网设计计算

项目概述

根据给水管网布置图及设计资料，经管网计算确定管网相关参数（如管材、管径、节点水压等），并进行设备（水塔、水泵）的选择和附属设施的配置。

(1) 计算设计用水量；

(2) 根据给水系统流量关系确定管网设计流量，计算清水池、水塔容积；

(3) 计算比流量、节点流量、管段的设计流量或初分流量（环状管网）；

(4) 选择管材，确定管径、流速、水力坡度和水头损失；

(5) 对于树状管网，选择控制点和干线，先进行干线的水力计算，以控制点最小服务水头计算水泵、水塔参数，然后再进行支线的计算；

(6) 对于环状管网，根据设计工况及校核工况进行管网平差计算，综合设计工况及校核工况平差计算结果选择供水设备（水塔、水泵）；

(7) 设备（水塔、水泵）的选择；

(8) 绘制等水头线，包括等水压高程线和等自由水压线；

(9) 设计成果整理。

项目具体内容见本项目职业能力训练部分。

学习目标

学会设计用水量、管段流量计算，管道水力计算，树状管网计算和环状管网平差确定各管道参数（Q、D、i、v、h 等），供水设备选用，最后提供设计成果。

任务一　设计用水量（Q_d）的计算

给水系统用水量是系统中各单元设计流量的确定依据，因此先要计算整个给水系统的用水量。

一、设计用水量组成及表示

（一）设计用水量组成

(1) 综合生活用水（包括居民生活用水和公共建筑用水）。

（2）工业企业用水。

（3）浇洒道路和绿地用水。

（4）管网漏损水量。

（5）未预见用水。

（6）消防用水。

给水系统设计规模，按上述（1）～（5）项的最高日水量之和确定，系统中各构筑物设计流量根据设计用水量和流量关系确定。

（二）设计用水量的表示和作用

1. 平均日用水量

指规划年限内，用水量最多的一年的日平均用水量。该值一般作为水资源规划和确定城市污水量的依据。

2. 最高日用水量（Q_d）

指用水量最多一年内用水量最多一日的总用水量。该值一般作为给水取水与水处理工程规划和设计的依据。

3. 最高日平均时用水量

指最高日用水的每小时平均用水量，实际上是对最高日用水量进行了单位换算。

4. 最高日最高时用水量（Q_h）

指用水量最多的一年内用水量最高日中用水量最大的一个小时的总用水量。该值一般作为给水管网规划与设计的依据。

二、设计用水量计算方法

设计用水量常用的计算方法有：

（一）分类估算法（定额法）

先按照用水的性质对用水进行分类，然后分析各类用水的特点，确定它们的用水标准，并按用水时标准计算各类用水量，最后累计出总用水量。

原理：用水量=用水定额×用水规模

1. 综合生活用水量（Q_1）

综合生活用水量包括居民生活用水和公共建筑用水。

$$Q_1/（m^3/d）=q_1 N_1/1\ 000$$

式中：q_1——综合生活用水量标准，L/（人·d）；

N_1——规划人口数量，人。

2. 工业企业用水

包括职工生活用水量（Q_2）、淋浴用水量（Q_3）和生产用水量（Q_4）三部分。

（1）企业职工生活用水量（Q_2）

$$Q_2/(m^3/d) = \sum (N'_{2i}q'_{2i} + N''_{2i}q''_{2i}) M/1\,000$$

式中：q'_{2i}，q''_{2i} —— 分别为高温和一般车间生活用水定额，L/（人·班）；

　　　N'_{2i}，N''_{2i} —— 分别为高温和一般车间每一班工作人数，人；

　　　M —— 某工厂或车间工作班数。

（2）企业职工淋浴用水量（Q_3）

$$Q_3/(m^3/d) = \sum (q'_{3i}N'_{3i} + q''_{3i}N''_{3i}) M/1\,000$$

式中：q'_{3i}，q''_{3i} —— 分别为特殊车间和一般车间职工淋浴用水定额，L/（人·班）；

　　　N'_{3i}，N''_{3i} —— 分别为特殊车间和一般车间每一班职工淋浴人数，人。

（3）生产用水量（Q_4）

$$Q_4/(m^3/d) = \sum_{i=1}^{n} Q_{4i} \sum q_{4i}N_{4i}(1-\phi)$$

式中：Q_{4i} —— 某工业企业生产用水量，m^3/d；

　　　q_{4i} —— 某类工业企事业生产用水标准，m^3/万元或 m^3/单位产品；

　　　N_{4i} —— 相应工业每日总产值或总产量，万元或者产品数量；

　　　ϕ —— 相应工业企业用水重复利用率，%。

3. 浇洒道路用水和绿地用水（Q_5）

$$Q_5 = \frac{1}{1\,000}(q_5 A_5 + q'_5 A'_5)$$

式中：q_5，q'_5 —— 分别为每天浇洒单位道路、绿地面积用水量，L/（m^2·d）；

　　　A_5，A'_5 —— 分别为规划的道路、绿地面积，m^2。

4. 管网漏损水量（Q_6）

管网漏损水量（Q_6）为前三项的 10%～12%，即

$$Q_6 = (10\%\sim12\%)(Q_1+Q_2+Q_3+Q_4+Q_5)$$

5. 未预见用水（Q_7）

未预见用水（Q_7）为前四项的 8%～12%，即

$$Q_7 = (8\%\sim12\%)(Q_1+Q_2+Q_3+Q_4+Q_5+Q_6)$$

6. 消防用水（Q_x）

$$Q_x = N_x q_x$$

式中：q_x —— 消防用水量定额，L/s；

　　　N_x —— 同时发生火灾起数。

7. 最高日设计用水量（Q_d）

$$Q_d = Q_1+Q_2+Q_3+Q_4+Q_5+Q_6+Q_7$$

（二）年递增率法

对已经进入稳定发展的城市，年用水量有规律性地递增，有可能呈现逐年递增率 P 基本上是平稳的情况，则年用水量可用下列模式表示：

$$Q_t = Q_0 [1 + P/100]^t$$

式中：Q_0—— 基准年（一般为工程设计年的前一年）的用水量，m^3/d；

　　　P—— 用水量年增长率；

　　　Q_t—— t 年后预估用水量，m^3/d。

（三）线性回归法（一元线性回归模型）

$$Q_t = Q_0 + \Delta Qt$$

式中：Q_t—— t 年后预估用水量，m^3/d；

　　　ΔQ—— 日平均用水量的年平均增量，根据历史数据回归计算求得，m^3/d。

（四）一元二次曲线回归预测法

$$Q_t = Q_0 + at + bt^2$$

式中：a，b—— 待定参数，根据用水量数据用最小二乘法确定。

（五）非线性回归的增长曲线预测法

$$Q_t = \frac{L}{1 + ae^{-bt}}$$

式中：a，b—— 待定参数；

　　　L—— 预测用水量的上限值，m^3/d；

　　　Q_t—— 第 t 年预估用水量，m^3/d。

三、设计用水量计算有关参数确定

（一）用水量标准

用水量标准是指设计年限内达到的用水水平，是给水管网设计的主要依据，具体分为居民生活用水量标准、生产用水量标准、消防用水量标准和其他用水量标准。

1. 居民生活用水定额和综合生活用水定额

居民生活用水定额和综合生活用水定额（包括公共设施生活用水量）应根据当地国民经济和社会发展、水资源充沛程度、用水习惯，在现有用水定额基础上，结合城市总体规划和给水专业规划，本着节约用水的原则，综合分析确定。在缺乏实际用水资料的情况下，可按表 2-1 和表 2-2 选用。

表 2-1　居民生活用水定额　　　　　　　　　　单位：L/（人·d）

城市规模 用水情况 分区	特大城市		大 城 市		中、小城市	
	最高日	平均日	最高日	平均日	最高日	平均日
一	180～270	140～210	160～250	120～190	140～230	100～170
二	140～200	110～160	120～180	90～140	100～160	70～120
三	140～180	110～150	120～160	90～130	100～140	70～110

表 2-2　综合生活用水定额　　　　　　　　　　单位：L/（人·d）

城市规模 用水情况 分区	特大城市		大 城 市		中、小城市	
	最高日	平均日	最高日	平均日	最高日	平均日
一	260～410	210～340	240～390	190～310	220～370	170～280
二	190～280	150～240	170～260	130～210	150～240	110～180
三	170～270	140～230	150～250	120～200	130～230	100～170

注：（1）特大城市：指市区和近郊区非农业人口 100 万人及以上的城市；大城市：指市区和近郊区非农业人口 50
　　万人及以上，不满 100 万人的城市；中、小城市：指市区和近郊区非农业人口不满 50 万人的城市。
　　（2）一区包括：湖北、湖南、江西、浙江、福建、广东、广西、海南、上海、江苏、安徽、重庆；二区包括：
　　四川、贵州、云南、黑龙江、吉林、辽宁、北京、天津、河北、山西、河南、山东、宁夏、陕西、内蒙古河套
　　以东和甘肃黄河以东的地区；三区包括：新疆、青海、西藏、内蒙古河套以西和甘肃黄河以西的地区。
　　（3）经济开发区和特区城市，根据用水实际情况，用水定额可酌情增加。
　　（4）当采用海水或污水再生水等作为冲厕用水时，用水定额相应减少。

2．公共建筑生活用水量

按现行的室内给水排水和热水供应设计规范确定。

3．工业企业用水量标准

（1）生产用水定额

工业企业用水量应根据生产工艺要求确定。大工业用水户或经济开发区宜单独进行用水量计算；一般工业企业的用水量可根据国民经济发展规划，结合现有工业企业用水资料分析确定。

生产用水定额一般有单位产值耗水量（m^3/万元）、单位产品用水量（m^3/单位产品）和单台设备每日用水量。

（2）工业企业职工生活用水定额

指每一职工每班的生活用水量，根据车间性质决定定额，一般车间采用 25 L/（人·班），高温车间采用 35 L/（人·班）。

（3）工业企业职工淋浴用水定额

指每一职工每班的淋浴用水量，根据车间性质决定定额，一般车间采用 40 L/（人·班），特殊车间，如有毒、严重粉尘、高温、处理传染性材料、动物原料等车间采用 60L/（人·班），淋浴延续时间为下班后 1 h。

4．消防用水量

城市消防用水量通常储存在水厂清水池，灭火时由二级泵站向城市管网供给足够水量。

城镇市政消防给水设计流量，应按同一时间内的火灾起数和一起火灾灭火设计流量经计算确定。同一时间内的火灾起数和一起火灾灭火设计流量不应小于表 2-3 的规定。

表 2-3　城镇、居民区室外消防用水量

人数/万人	同一时间内的火灾起数/起	一起灭火设计流量/（L/s）
≤1.0	1	15
1.0～≤2.5	1	20
2.5～≤5.0	2	30
5.0～≤10.0	2	35
10.0～≤20.0	2	45
20.0～≤30.0	2	60
30.0～≤40.0	2	75
40.0～≤50.0	3	75
50.0～≤60.0	3	90
60.0～70.0	3	90
>70.0	3	100

注：城镇的室外消防用水量应包括居住区、工厂、仓库（含堆场、贮罐）和民用建筑的室外消火栓用水量。当工厂、仓库和民用建筑的室外消火栓用水量按表2-4、表2-5计算，其值与按本表计算不一致时，应取其较大值。

表 2-4　工厂、仓库和民用建筑同一时间内的火灾次数

名称	基地面积/hm²	附近居住区人数/万人	同一时间内的火灾起数/起	备注
工厂	≤100	≤1.5	1	按需水量大的一座建筑物（或堆场、贮罐）计算
		>1.5	2	工厂、居住区各一次
	>100	不限	2	按需水量大的两座建筑物（或堆场、贮罐）计算
仓库民用建筑	不限	不限	1	按需水量大的一座建筑物（或堆场、贮罐）计算

注：采矿、选矿等工业企业，如各分散基地有单独的消防给水系统时，可分别计算。

表 2-5　建筑物室外消火栓设计流量　　　　　单位：L/s（除标出外）

耐火等级	建筑物名称及类别	建筑体积/m³					
		V≤1500	1500<V≤3000	3000<V≤5000	5000<V≤20000	20000<V≤50000	V>50000
一、二级	工业建筑　厂房　甲、乙	15	20	25	25	30	35
	工业建筑　厂房　丙	15	20	25	25	30	40
	工业建筑　厂房　丁、戊	15	15	15	15	15	20
	工业建筑　仓库　甲、乙	15	15	15	25	25	—
	工业建筑　仓库　丙	15	15	25	25	35	45
	工业建筑　仓库　丁、戊	15	15	15	15	15	20
	民用建筑　住宅	15	15	15	15	15	15
	民用建筑　公共建筑　单层及多层	15	15	15	25	30	40
	民用建筑　公共建筑　高层	—	—	—	25	30	40
	地下建筑（包括地铁）、平战结合的人防工程	15	15	15	15	25	30
三级	工业建筑　乙、丙	15	20	30	40	45	—
	工业建筑　丁、戊	15	15	15	20	25	30
	单层及多层民用建筑	15	20	25	30	—	—
四级	丁、戊类工业建筑	15	20	25	—	—	—
	单层及多层民用建筑	15	20	25	—	—	—

注：（1）成组布置的建筑物体积应按消火栓设计流量较大的相邻两座建筑的体积之和确定；

（2）火车站、码头和机场的中转库房，其室外消火栓设计流量应按相应耐火等级的丙类物品库房确定；

（3）国家级文物保护单位的重点砖木、木结构的建筑物室外消火栓设计流量，按三级耐火等级民用建筑物消火栓设计流量确定；

（4）当单座建筑的总建筑面积大于 500 000 m² 时，建筑物室外消火栓设计流量应按本表规定的最大值增加 1 倍；

（5）宿舍、公寓等非住宅类居住建筑的室外消火栓设计流量，应按本表中的公共建筑确定；工业园区、商务区、居住区等市政消防给水设计流量，宜根据其规划区域的规模、同一时间的火灾起数以及规划中的各类建筑室内外同时作用的水灭火系统设计流量之和经计算分析确定。

5. 浇洒道路和绿地用水量

浇洒道路和绿地用水量应根据路面、绿化、气候和土壤等条件确定。

浇洒道路用水可按浇洒面积以 2.0～3.0 L/（m²·d）计算；浇洒绿地用水可按浇洒面积以 1.0～3.0 L/（m²·d）计算。

（二）用水量变化

城市用水量逐日逐时都在变化，这种变化受诸多因素的影响。如生活用水量随着生活习惯、季节等变化；生产用水量则受生产工艺、生产计划等影响而变化。为了反映用水量变化情况引入用水量变化系数和用水量变化曲线。

1. 用水量变化系数

（1）日变化系数（K_d）

最高日用水量与平均日用水量的比值，称为日变化系数。

$$K_d = \frac{Q_d}{Q_d}$$

（2）时变化系数（K_h）

最高日最高时用水量与该日平均时用水量的比值，称为时变化系数。

$$K_h = \frac{Q_h}{Q_h}$$

（3）用水量变化系数的确定

1）根据城市最高日用水量变化曲线确定

根据城市最高日用水量变化曲线查出最高日最大时用水百分数，再除以平均时用水百分数的比值即为时变化系数。

2）经验参数

最高日城市综合用水的时变化系数 K_h 宜采用 1.2～1.6，日变化系数 K_d 为 1.1～1.5，工业企业职工生活用水时变化系数为 2.5～3.0；工业生产用水可均匀分配。

2. 用水量变化曲线

在设计给水系统时，为了合理确定调节构筑物（二级泵站、确定清水池）的容量，需了解最高日 24 h 的用水量逐时变化情况。将最高日内各小时用水量按时间顺序，并用比例线段绘制的曲线，称为用水量时变化曲线，如图 2-1 所示。

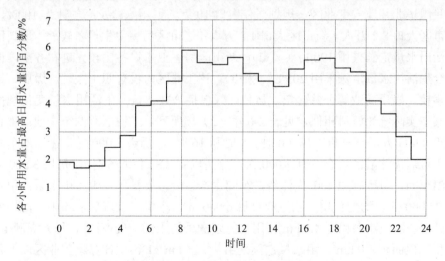

图 2-1　某城市用水量时变化曲线

某工业企业职工生活用水量时变化曲线如图 2-2 所示。

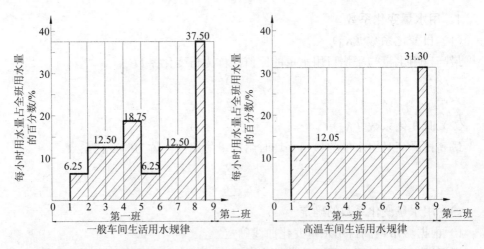

图 2-2 工业企业职工生活用水量时变化曲线

用水量变化曲线是多年统计资料整理的结果，资料统计时间越长，数据越完整，用水量变化曲线与实际用水情况就越接近。对于新设计的给水系统，用水量变化规律只能按工程所在地区的气候、居住条件、工业生产工艺、设备生产能力、产值情况，参考附近城市的实际用水资料确定。对于扩建、改建工程，也可进行实地调查，获得用水量及其变化规律的资料。

四、设计用水量计算实例

我国华北某地一工业区，规划居住人口 10 万人，用水普及率预计为 100%，其中老市区人口 8.2 万人，新市区人口 1.8 万人；老市区房屋卫生设备较差，最高日综合生活用水量定额采用 190 L/（人·d），新市区房屋卫生设备比较先进和齐全，最高日综合生活用水量定额采用 205 L/（人·d）。该工业区内设有职工医院、饭店、招待所、学校、娱乐商业等公共建筑。居住区（包括公共建筑）生活用水量变化规律与现在某市实际统计资料相似，见表 2-6 第（2）项所列。工业区有两个企业：甲企业有职工 9 000 人，分三班工作（0 时、8 时和 16 时），每班 3 000 人，无一般车间，每班下班后需沐浴；乙企业有 7 000 人，分两班制（8 时和 16 时），每班 3 500 人，无高温车间，每班有 2 400 人沐浴，车间生产轻度污染身体。生产用水量：甲企业每日 24 000 m^3，均匀使用；乙企业每日 6 000 m^3，集中在上班后前 4 小时内均匀使用。城市浇洒道路面积为 4.5 hm^2，用水量定额采用 1.5 L/（m^2·次），每天浇洒 1 次，大面积绿化面积 6.0 hm^2，用水量定额采用 2.0 L/（m^2·d）。试计算该工业区以下各项用水量：

（1）最高日设计用水量及逐时用水量；

（2）最高日平均时和最高时设计用水量；

（3）工业区所需消防用水量。

【解】（一）工业区最高日设计用水量及逐时用水量计算

1. 生活用水量计算

（1）居住区综合生活用水量

$$Q_1 = \sum_{i=1}^{2} \frac{N_i q_i}{1\,000} = \frac{82\,000 \times 190 + 18\,000 \times 205}{1\,000} = 19\,270 \text{ m}^3/\text{d}$$

根据表 2-6 第（2）项逐时变化系数计算居住区（包括公共建筑）的各小时用水量并列于表 2-6 第（3）项内。

（2）工业企业职工生活用水量

职工生活用水量标准采用：高温车间为 35 L/（人·班）；一般车间为 25 L/（人·班）。则甲、乙企业职工生活用水量：

$$Q_2 = \frac{1}{1\,000} \sum_{i=1}^{n} M \left(N'_{2i} q'_{2i} + N''_{2i} q''_{2i} \right)$$

$$= \frac{3 \times 3\,000 \times 35 + 2 \times 3\,500 \times 25}{1\,000}$$

$$= 315 + 175$$

$$= 490 \text{ m}^3/\text{d}$$

将图 2-2 中的变化系数，按班制分配于表 2-6 中的第（4）、第（8）项，甲企业高温车间生活用水量按第（4）项变化系数计算，各小时用水量列于表 2-6 第（5）项；乙企业一般车间生活用水量按第（8）项变化系数计算，各小时用水量列于表 2-6 第（9）项。

（3）工业企业职工沐浴用水量

职工沐浴用水量标准：高温污染车间为 60 L/（人·班），一般车间为 40 L/（人·班），则甲、乙企业职工沐浴用水量：

$$Q_3 = \frac{1}{1\,000} \sum_{i=1}^{n} M \left(N'_{3i} q'_{3i} + N''_{3i} q''_{3i} \right)$$

$$= \frac{3 \times 3\,000 \times 60 + 2 \times 2\,400 \times 40}{1\,000}$$

$$= 540 + 192$$

$$= 732 \text{ m}^3/\text{d}$$

沐浴时间为下班后一小时内，甲、乙企业职工沐浴用水量分别列于表 2-6 中第（6）、第（10）项。

2. 工业企业生产用水量计算

工业企业生产用水量：

$$Q_4 = \sum_{i=1}^{n} Q_{4i} = 24\,000 + 6\,000 = 30\,000 \text{ m}^3/\text{d}$$

甲企业 24 小时均匀使用水，则平均每小时用水量为 1 000 m³；乙企业在上班后 4 小时内使用，按两班制计算，平均每小时用水量为 750 m³，分别列于表 2-6 中的第（7）、第（11）项。

3. 市政用水量计算

$$Q_5 = \frac{1}{1\,000}(A_5 q_5 + A_5' q_5')$$

$$= \frac{1.5 \times 45\,000 + 2.0 \times 60\,000}{1\,000}$$

$$= 67.5 + 120 = 187.5 \text{ m}^3/\text{d}$$

考虑到供水的安全可靠性，在设计时市政用水量一般放在用水高峰时段，市政用水量列于表 2-6 中第（12）项。

4. 未预见水量及管网漏失水量计算（$Q_6 + Q_7$）

（1）管网漏损水量（Q_6）

管网漏损水量（Q_6）按前五项的 10% 计，即

$$Q_6 = 10\% (Q_1 + Q_2 + Q_3 + Q_4 + Q_5)$$

$$= 0.1 \times (19\,270 + 490 + 732 + 30\,000 + 187.5)$$

$$= 5\,067.95 \text{ m}^3/\text{d}$$

取 $Q_6 = 5\,068$ m³/d。

（2）未预见用水（Q_7）

未预见用水（Q_7）按前六项的 9.09% 计，即

$$Q_7 = 9.09\% (Q_1 + Q_2 + Q_3 + Q_4 + Q_5 + Q_6)$$

$$= 9.09\% \times (19\,270 + 490 + 732 + 30\,000 + 187.5 + 5\,068)$$

$$= 5\,067.4 \text{ m}^3/\text{d}$$

取 $Q_7 = 5\,068$ m³/d。

则未预见水量及管网漏失水量为 10 136 m³/d。

在工程规模、施工质量和维护管理水平一定时，系统每小时漏失的水量与管网压力 H 的 0.5 次方成正比；发生在每小时的未预见水量基本上随用水量的增加而增加。权衡考虑诸因素，未预见及管网漏失水量 24 h 均匀分配，较为经济合理，见表 2-6 第（13）项。

因此，该工业区最高日设计用水量为：

$$Q_d = Q_1 + Q_2 + Q_3 + Q_4 + Q_5 + Q_6 + Q_7$$

$$= 19\,270 + 490 + 732 + 30\,000 + 187.5 + 5\,068 + 5\,068$$

$$= 60\,815.5 \text{ m}^3/\text{d}$$

取 Q_d=60 816 m³/d。

该工作区的用水量变化如表 2-6 第（14）、（15）项所列。

（二）最高日平均时和最高时设计用水量计算

1．最高日平均时设计用水量，按下式计算：

$$\overline{Q_h} = \frac{Q_d}{T} = \frac{60\,816}{24} = 2\,534 \text{ m}^3/\text{d}$$

2．最高日最高时设计用水量，由表 2-6 第（14）项查出：最高用水时发生在 8～9 时，Q_h=3 845.4 m³/h，占最高日设计用水量的百分数为 6.32%，则：

$$K_h = \frac{Q_h}{\overline{Q_h}} = \frac{3\,845.4}{2\,534} = 1.52$$

或

$$K_h = \frac{6.32}{4.17} = 1.52$$

（三）工业区所需消防用水量

该工业区在规划年限内的人口为 10 万人，参照国家现行《建筑设计防火规范》，确定消防用水量为 35 L/s，同时发生火灾起数为 2 起。则该工业区所需消防总流量，按下式计算：

$$Q_x = N_x q_x = 35 \times 2 = 70 \text{ L/s}$$

设计该工业区给水系统时作为消防校核计算的依据。

表 2-6　用水量计算

时间	居住区（包括公共建筑）用水		甲企业				乙企业				市政用水量/m³	未预见水量及管网漏失量/m³	每小时用水	
	占一天用水量的比例/%	用水量/m³	高温车间生活用水		沐浴用水/m³	生产用水/m³	一般车间生活用水		沐浴用水/m³	生产用水/m³			每小时用水量/m³	占最高日用水量的比例/%
			变化系数	m³			变化系数	m³						
1	2	3	4	5	6	7	8	9	10	11	12	13	14	15
0～1	1.1	211	(31.30)	16.4	180	1 000	(37.50)	16.4	96			423	1 942.8	3.19
1～2	0.7	135	12.05	12.6		1 000						422	1 569.6	2.58
2～3	0.9	174	12.05	12.7		1 000						423	1 609.7	2.65
3～4	1.1	211	12.05	12.7		1 000						422	1 645.7	2.71
4～5	1.3	251	12.05	12.6		1 000						423	1 686.6	2.77
5～6	3.91	754	12.05	12.7		1 000						422	2 188.7	3.6
6～7	6.61	1 274	12.05	12.7		1 000					67.5	422	2 776.2	4.61

时间	居住区（包括公共建筑）用水		甲企业				乙企业				市政用水量/m³	未预见水及管网漏失量/m³	每小时用水	
	占一天用水量的比例/%	用水量/m³	高温车间生活用水 变化系数	m³	沐浴用水/m³	生产用水/m³	一般车间生活用水 变化系数	m³	沐浴用水/m³	生产用水/m³			每小时用水量/m³	占最高日用水量的比例/%
1	2	3	4	5	6	7	8	9	10	11	12	13	14	15
7～8	5.84	1 125	12.05	12.6		1 000							423	2 560.6	4.21
8～9	7.04	1 357	(31.30)	16.4	180	1 000				750	120	422	3 845.4	6.32
9～10	6.69	1 289	12.05	12.6		1 000	6.25	5.47		750		423	3 480.1	5.72
10～11	7.17	1 382	12.05	12.7		1 000	12.5	10.94		750		422	3 577.6	5.88
11～12	7.31	1 409	12.05	12.7		1 000	12.5	10.94		750		422	3 604.6	5.93
12～13	6.62	1 276	12.05	12.6		1 000	18.75	16.4				423	2 728	4.49
13～14	5.23	1 008	12.05	12.7		1 000	6.25	5.47				422	2 448.2	4.03
14～15	3.59	692	12.05	12.7		1 000	12.5	10.94				423	2 138.6	3.57
15～16	4.76	917	12.05	12.7		1 000	12.5	10.94				422	2 362.5	3.88
16～17	4.24	817	(31.30)	16.4	180	1 000	(37.50)	16.4	96	750		422	3 297.8	5.42
17～18	5.99	1 154	12.05	12.6		1 000	6.25	5.47		750		422	3 344.1	5.5
18～19	6.97	1 343	12.05	12.7		1 000	12.5	10.94		750		422	3 538.6	5.82
19～20	5.66	1 091	12.05	12.7		1 000	12.5	10.94		750		422	3 286.6	5.4
20～21	3.05	588	12.05	12.6		1 000	18.75	16.4				423	2 040	3.35
21～22	2.01	387	12.05	12.7		1 000	6.25	5.47				422	1 827.2	3
22～23	1.42	274	12.05	12.7		1 000	12.5	10.94				422	1 719.6	2.83
23～24	0.79	151	12.05	12.6		1 000	12.5	10.94				422	1 596.5	2.63
累计	100	19 270		315	540	24 000		175	192	6 000	187.5	10 136	60 816	100

注：加括号的数据表示用水持续时间为 30 min。

思考题与习题

1. 设计城市给水系统时应考虑哪些用水量？
2. 什么是用水定额？设计时，用水定额选定的高低对给水工程有何影响？
3. 影响生活用水量的主要因素有哪些？
4. 说明日变化系数和时变化系数的意义，并解释各符号的意义。

职业能力训练

训练一：调查所在城市用水量计算方法及相关计算参数的取值情况

训练二：集镇用水量预测

经资料收集整理成如下基础资料，进行用水量计算。

1. 规划布局

（1）人口规划

近期总人口 7 743 人；远期总人口 11 000 人。

（2）道路布局

规划道路分三级，一级道路（过境主干道路）24 m，二级道路（环形道路，远景规划的过境公路）14 m，三级道路（组团内支路）6 m。规划道路、广场用地 14.8 hm²。

（3）公共设施

镇政府驻地主要考虑给水、供电、邮政、公厕、垃圾站、污水处理站、汽车加油、维修等用地。

（4）规划公共建筑用地 15.29 hm²；居住建筑用地 21 hm²；同时规划一些绿化用地和景观用地。

2. 用水量标准

（1）综合生活用水量（包括居民生活用水和公共建筑用水）

根据《室外给水设计规范》，按乡镇供水建议的生活用水指标综合考虑，取近期人均综合生活用水量指标为 180 L/（人·d），远期人均综合生活用水量指标为 200 L/（人·d）。

（2）乡镇企业用水量

乡镇企业用水量指标取 2.0 万 m³/（km²·d），规划规模：近期 2.16 hm²；远期 3.23 hm²。

（3）浇洒道路、场地和绿地用水量

浇洒道路和场地用水量取 0.2 万 m³/（km²·d），规模：近期 5.87 hm²；远期 4.8 hm²。绿地用水量取 0.15 万 m³/（km²·d），规模：近期 6.29 hm²；远期 11.79 hm²。每日考虑道路、场地与绿地 40%的面积浇洒。

（4）未预见用水量

一般这部分用水量取上述用水量的 10%。

（5）消防用水量

按镇内同一时间的火灾次数为 2 次，一次灭火用水量为 25 L/s，灭火时间按 2 h 计。消防用水量为镇内常备水量，仅在水厂清水池考虑这部分水量，不计入镇内日产水量。

提示：

按分类估算法（定额法）计算。

任务二　给水系统的工作工况

一、给水系统各单元设计流量的确定——流量关系

为了保证供水的可靠性，给水系统中所有构筑物都应以最高日设计用水量 Q_d 为基础进行设计计算。但是，给水系统中各组成部分的工作特点不同，其设计流量也不一样。下面通过给水系统流量关系分析确定给水系统各工程设施的设计流量。

（一）取水构筑物、一级泵站及水处理构筑物

取水构筑物、一级泵站及水处理构筑物的设计流量主要取决于一级泵站和水厂的工作情况，通常一级泵站及水处理构筑物是连续均匀地工作，原因如下：流量稳定，有利于水处理构筑物运行和管理，保证出水水质，使水厂运行管理简单。而从造价方面看，构筑物尺寸、设备容量降低，有利于降低工程造价。因此，取水构筑物、一级泵站及水处理构筑物的设计流量（Q_i）均按最高日平均时设计用水量加上水厂自用水量计算。

$$Q_i = \frac{\alpha Q_d}{T}$$

式中：α —— 水厂自用水系数，一般 $\alpha = 1.05 \sim 1.1$；对于地下水水源仅设置网前消毒给水系统，取 $\alpha = 1.0$；

　　　　T —— 每天工作小时数；

　　　　Q_d —— 最高日设计用水量，m^3/d。

（二）二级泵站、输水管、配水管网及调节构筑物

二级泵站、输水管、配水管网的设计流量及水塔、清水池的调节容积，按照用户用水情况和一、二级泵站的工作情况确定。

1．二级泵站工作情况

二级泵站的工作情况与管网中是否设置流量调节构筑物（水塔或高地水池等）有关。当管网中无流量调节构筑物时，为安全、经济地满足用户对给水的要求，二级泵站必须按照用户用水量变化曲线工作，即每时每刻供水量应等于用水量。这种情况下，二级泵站最大供水流量，应等于最高日最高时设计用水量 Q_h；为使二级泵站在任何时候都既能保证安全供水，又能在高效率下经济运转，设计二级泵站时，应根据用水量变化曲线选用多台大小搭配的水泵（或采用改变水泵转速的方式）来适应用水量变化。在实际运行时，由管网的压力进行控制。例如，管网压力上升，表明用水量减少，应适当减开水泵或大泵换成小泵（或降低水泵转速）；反之，应增开水泵或小泵换成大泵（或提高水泵转速）。水泵切换（或转速改变）均可自动控制。这种供水方式，完全通过二级泵站的工况调节来适应用水量的变化，使二级泵站供水曲线符合用户用水曲线。目前，大中城市一般不设水塔，均采用此种供水方式。

对于用水量变化较大的小城镇、农村或自备给水系统的小区域供水问题，除采用上述供水方式外，修建水塔或高地水池等流量调节构筑物来调节供水与用水之间的流量不平衡，以改善水泵的运行条件，也是一种常见的供水方式。

2．二级泵站设计流量

给水管网最高时供水来自给水处理系统，水厂处理好的清水先存放在清水池中，由供水泵站加压后送入管网。对于单水源给水系统或用水量变化较大时，可能需要在管网中设置水塔或高位水池，水塔或高位水池在供水低峰时将水量贮存起来，而在供水高峰时与供水泵站一起向管网供水，这样可以降低供水泵站的设计规模。

（1）供水设计的原则

1）设计供水总流量必须等于设计用水量。

2）对于多水源给水系统，由于有多个泵站，水泵工作组合方案多，供水调节能力比较强，所以一般不需要在管网中设置水塔或高位水池进行用水量调节，设计时直接使各水源供水泵站的设计流量之和等于最高时用水量，但各水源供水量的比例应通过水源能力、制水成本、输水费用、水质情况等技术经济比较确定。

3）对于单水源给水系统，可以考虑管网中不设水塔（或高位水池）或者设置水塔（或高位水池）两种方案。

当给水管网中不设水塔（或高位水池）时，供水泵站设计供水流量为最高时用水流量；当给水管网中设置水塔（或高位水池）时，应先设计泵站供水曲线，具体要求是：

供水一般分两级，如高峰供水时段分一级，低峰供水时段分一级，最多可以分三级，即在高峰和低峰供水之间加一级，分级太多不便于水泵机组的运转管理；

泵站各级供水线尽量接近用水线，以减小水塔（或高位水池）的调节容积，一般各级供水量可以取相应时段用水量的平均值；

分级供水时，应注意每级能否选到合适的水泵，以及水泵机组的合理搭配，并尽可能满足目前和今后一段时间内用水量增长的需要。

必须使泵站 24 h 供水量之和与最高日用水量相等，如果在用水量变化曲线上绘制泵站供水量曲线，各小时供水量也要用其占最高日总用水量（也就是总供水量）的百分数表示，24 h 供水量百分数之和应为 100%。

如图 2-3 中 4.17% 处的虚线代表日平均供水量，相当于给水处理系统的供水量。图中点画线即泵站供水曲线，分为两级：第一级从 22 点到 5 点，供水量比例为 2.22%；第二级从 5 点到 22 点，供水量比例为 4.97%，最高日泵站总供水量比例为 2.22%×7 + 4.97%×17＝100%。

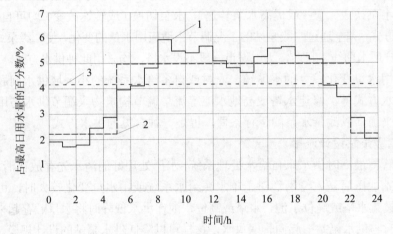

1—用水曲线；2—二级泵站供水曲线；3—一级泵站供水曲线

图 2-3　用水量变化曲线

从图 2-3 所示的用水量曲线和泵站供水曲线可以看出水塔（或高位水池）的流量调节作用。供水量高于用水量时，多余的水进入水塔或高位水池内贮存；相反，当供水量低于用水量时，则从水塔或高位水池流出以补充泵站供水量的不足。由此可见，供水线和用水线越接近，则水塔调节流量就越小。为了适应流量的变化，泵站工作的分级数或水泵机组数可能增加。尽管各城市的具体条件有差别，水塔或高位水池在管网内的位置可能不同，例如可放在管网的起端、中间或末端，但水塔或高位水池的调节流量作用并不因此而有变化。

（2）管网中无流量调节设施时泵站流量

任何时刻供水量等于用水量；为使水泵高效工作，应使用大小搭配的多台水泵来适应用水量的变化；泵站管理，可根据管网的压力来切换水泵。

$$Q_{二泵}=Q_h$$

（3）管网有流量调节设施时泵站流量

特点：每小时供水量可以不等于用水量，但 24 h 总供水量等于总用水量；二级泵站的工作是按照设计供水曲线进行的，设计供水曲线是根据用水量变化曲线拟定的，拟定时注意：供水曲线尽量接近于用水曲线，且分级数不宜超过三级；有利于选泵及水泵的合理搭配，适当留有发展余地。

$$Q_{二泵} = Q_{\text{II} \max}$$

【例题一】某城市最高日用水量为 45 000 m^3/d，最高日内用水量变化曲线如图 2-3 所示。（1）若管网中不设置水塔或高位水池，试求供水泵站设计供水流量；（2）若管网中设置水塔或高位水池，试求供水泵站设计供水流量是多少？水塔或高位水池的设计供水流量是多少？水塔或高位水池的最大进水量为多少？

【解】（1）管网中不设水塔或高位水池时，供水泵站设计供水流量为：

45 000×5.92%×1 000÷3 600＝740 L/s

（2）管网中设置水塔或高位水池时，供水泵站设计供水流量为：

45 000×4.97%×1 000÷3 600＝621 L/s

水塔或高位水池的设计供水流量为：

45 000×（5.92－4.97）%×1 000÷3 600＝119 L/s

水塔或高位水池的最大进水量为：

45 000×（4.97－3.65）%×1 000÷3 600＝165 L/s

3．输水管和配水管网的设计流量

输水管和配水管网的计算流量均应按输配水系统在最高日最高用水时工作情况确定，并与管网中有无水塔（或高地水池）及其在管网中的位置有关。

（1）当管网中无水塔时，泵站到管网的输水管和配水管网都应以最高日最高时设计用水量（Q_h）作为设计流量。

（2）管网起端设水塔时（网前水塔），泵站到水塔的输水管直径应按泵站分级工作的最大一级供水流量计算，水塔到管网的输水管和管网的设计流量仍按最高时用水量（Q_h）计算。

（3）管网末端设水塔时（对置水塔或网后水塔），因最高时用水量必须从二级泵站和水塔同时向管网供水，泵站到管网的输水管以泵站分级工作的最大一级供水流量作为设计流量，水塔到管网的输水管流量按照最大用水时水塔输入管网的流量进行计算。

4．清水池和水塔

（1）清水池和水塔的作用

清水池用来调节一、二级泵站供水量的差额。一级泵站通常均匀供水，而二级泵站一般为分级供水，所以一、二级泵站每小时供水量并不相等。为了调节两泵站供水量的差额，必须在一、二级泵站之间建造清水池。图 2-4 中，线 2 表示二级泵站工作线，线 1 表示一级泵站工作线。一级泵站供水量大于二级泵站供水量这段时间内（图 2-4 中为 22 时到次日 5 时），多余水量在清水池中贮存；而在 5 时至 22 时，因一级泵站供水量小于二级泵站，这段时间内需取用清水池中的存水，以满足用水量的需要。但在一天内，贮存的水量刚好等于取用的水量，即清水池所需调节容积或等于图 2-4 中二级泵站供水量大于一级泵站时累计的 A 部分面积，或等于 B 部分面积。换言之，等于累计贮存水量或累计取用的水量。

水塔用来调节二级泵站供水量与用户用水量的差额。当用户用水量小于二级泵站供水量时，多余的水进入水塔储存；当用户用水量大于二级泵站供水量时，管网中的水由二级泵站和水塔共同提供。

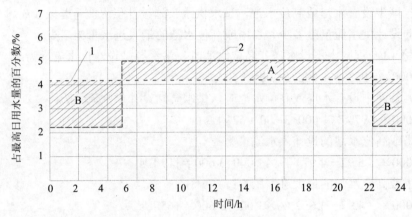

图 2-4　清水池调节容积

（2）清水池和水塔容积计算

清水池和水塔的调节容积的计算，通常采用两种方法：一种是根据 24 h 供水量和用水量的变化曲线推算，另一种是凭经验估算。

当有城市 24 h 的用水量变化的详细资料时，清水池和水塔的调节容积可按连续相加法等方法进行计算。清水池调节容积按最高日用水量的 10%～20%估算。水塔的调节容积按最高日用水量的 2.5%～6%估算。清水池中除了贮存调节用水以外，还存放消防用水和水厂生产用水，因此，清水池有效容积等于：

$$W=W_1+W_2+W_3+W_4$$

式中：W_1 —— 清水池调节容积，m^3；

　　　W_2 —— 消防贮水量，m^3，按 2 h 火灾延续时间计算；

　　　W_3 —— 水厂冲洗滤池和沉淀池排泥等生产用水，m^3，等于最高日用水量的 5%～10%；

　　　W_4 —— 安全贮水量，m^3。

水塔除了贮存调节用水量以外，还需贮存室内消防用水量。因此，水塔设计有效容积为：

$$W=W_1+W_2$$

式中：W_1 —— 调节容积，m^3；

$\quad\quad W_2$ —— 消防贮水量，m^3，按 10 min 室内消防用水量计算。

【例题二】某城市用水量变化如图 2-3 所示，用水量变化幅度从最高日用水量的1.70%（1～2 时）到 5.92%（8～9 时）。二级泵站供水线按用水量变化情况，采用 2.22%（22～5 时）和 4.97%（5～22 时）两级供水（图 2-4），见表 2-7 中的第（3）项，它比均匀地一级供水，可减少水塔调节容积，节省造价。

无论是清水池还是水塔，调节构筑物的共同特点是调节注入和流出两个流量之差，其调节容积为：

$$W_1=\max\Sigma\left(Q_1-Q_2\right)-\min\Sigma\left(Q_1-Q_2\right)$$

式中：Q_1，Q_2 —— 要调节的两个流量，用表 2-7 中相应的百分数与最高日用水量Q_d 相乘求得，m^3/h。

设水塔时清水池的调节容积占最高日用水量的百分数见表 2-7 中第（4）项。参照附近某城市最高日用水量变化曲线得出，第（2）项为假定一级泵站 24 h 均匀供水；当管网中设置水塔时，清水池调节容积百分数计算见表 2-7 中第（5）、（6）列，Q_1 为第（2）项与最高日用水量 Q_d 的乘积，Q_2 为第（3）项与最高日用水量 Q_d 的乘积，第（5）列为调节流量（Q_1-Q_2）的百分数，第（6）列为调节流量（Q_1-Q_2）百分数累计值，其最大值为 9.74%，最小值为−3.89%；则设水塔时清水池调节容积百分数为：9.74%−（−3.89%）=13.63%。

当管网中不设水塔时，清水池调节容积百分数计算见表 2-7 中第（7）、（8）列，Q_1 为第（2）项与最高日用水量 Q_d 的乘积，Q_2 为第（4）项与最高日用水量 Q_d 的乘积，第（7）列为调节流量（Q_1-Q_2）的百分数，第（8）列为调节流量（Q_1-Q_2）百分数累计值，其最大值为 10.40%，最小值为−4.06%，则清水池调节容积百分数为：10.40%−（−4.06%）=14.46%。

水塔调节容积百分数计算见表 2-7 中第（9）、（10）列，Q_1 为第（3）项与最高日用水量 Q_d 的乘积，Q_2 为第（4）项与最高日用水量 Q_d 的乘积，第（9）列为调节流量（Q_1-Q_2）百分数，第（10）列为调节流量（Q_1-Q_2）的百分数累计值，其最大值为 2.43%，最小值为−1.78%，则水塔调节容积百分数为：2.43%−（−1.78%）=4.21%。

表 2-7　清水池与水塔调节容积百分数计算

时间	一级泵站供水量计算/%	二级泵站供水量计算/%		清水池调节容积计算/%				水塔调节容积计算/%	
		设置水塔	不设水塔	设置水塔		不设水塔			
				(5)	(6)	(7)	(8)	(9)	(10)
(1)	(2)	(3)	(4)	(2)−(3)	Σ[(2)−(3)]	(2)−(4)	Σ[(2)−(4)]	(3)−(4)	Σ[(3)−(4)]
0～1	4.17	2.22	1.92	1.95	1.95	2.25	2.25	0.30	0.30
1～2	4.17	2.22	1.70	1.95	3.90	2.47	4.72	0.52	0.82
2～3	4.16	2.22	1.77	1.94	5.84	2.39	7.11	0.45	1.27
3～4	4.17	2.22	2.45	1.95	7.79	1.72	8.83	−0.23	1.04
4～5	4.17	2.22	2.87	1.95	9.74	1.30	10.13	−0.65	0.39
5～6	4.16	4.97	3.95	−0.81	8.93	0.21	10.34	1.02	1.41
6～7	4.17	4.97	4.11	−0.80	8.13	0.06	10.40	0.86	2.27
7～8	4.17	4.97	4.81	−0.80	7.33	−0.64	9.76	0.16	2.43
8～9	4.16	4.97	5.92	−0.81	6.52	−1.76	8.00	−0.95	1.48
9～10	4.17	4.96	5.47	−0.79	5.73	−1.30	6.70	−0.51	0.97
10～11	4.17	4.97	5.40	−0.80	4.93	−1.23	5.47	−0.43	0.54
11～12	4.16	4.97	5.66	−0.81	4.12	−1.50	3.97	−0.69	−0.15
12～13	4.17	4.97	5.08	−0.80	3.32	−0.91	3.06	−0.11	−0.26
13～14	4.17	4.97	4.81	−0.80	2.52	−0.64	2.42	0.16	−0.10
14～15	4.16	4.96	4.62	−0.80	1.72	−0.46	1.96	0.34	0.24
15～16	4.17	4.97	5.24	−0.80	0.92	−1.07	0.89	−0.27	−0.03
16～17	4.17	4.97	5.57	−0.80	0.12	−1.40	−0.51	−0.60	−0.63
17～18	4.16	4.97	5.63	−0.81	−0.69	−1.47	−1.98	−0.66	−1.29
18～19	4.17	4.96	5.28	−0.79	−1.48	−1.11	−3.09	−0.32	−1.61
19～20	4.17	4.97	5.14	−0.80	−2.28	−0.97	−4.06	−0.17	−1.78
20～21	4.16	4.97	4.11	−0.81	−3.09	0.05	−4.01	0.86	−0.92
21～22	4.17	4.97	3.65	−0.80	−3.89	0.52	−3.49	1.32	0.40
22～23	4.17	2.22	2.83	1.95	−1.94	1.34	−2.15	−0.61	−0.21
23～24	4.16	2.22	2.01	1.94	0.00	2.15	0.00	0.21	0.00
累计	100	100	100	调节容积=13.63		调节容积=14.46		调节容积=4.21	

（3）清水池的构造

在给水工程中，清水池一般为圆形和矩形钢筋混凝土水池，其主要由进水管、出水管、溢流管、放空管、通气孔及检修孔、导流墙、水位指示器等组成。

我国已编有容量 50～1 000 m³ 圆形钢筋混凝土水池标准图集和矩形钢筋混凝土水池标准图集，供设计时选用。

（4）水塔的构造

水塔主要由水柜（或水箱）、塔体、管道及基础组成。

1）水柜

水柜主要用于贮存水，它的容积包括调节容量和消防贮量。水柜通常做成圆形，必须牢固不透水。其材料可用钢材、钢筋混凝土或木材，容积很小时，可用砖砌。

2）塔体

塔体可以支撑水柜，常用钢筋混凝土、砖石或钢材建造。近年来也采用装配式和预应力钢筋混凝土水塔。

3）管道和设备

水塔的进水管和出水管可合用，也可以分别单独设置。合用时进水管伸到高水位附近，出水管靠近柜底，出水柜后合并连接。溢水管和放空管可合并。管径可和进、出水管相同，当进、出水管直径大于 200 mm 时可小一档。溢水管上不装阀门，放空管从柜底接出。

另外，水塔上还有一些附属设施，如塔顶设置防雷电的避雷针；设置浮标水位池或水位传示仪，以便值班人员观察水柜内的水位；还应根据当地气温采取水柜保温措施。

4）基础

水塔基础可采用单独基础、条形基础和整体基础。常用的材料有砖石、混凝土、钢筋混凝土等。

我国已编有容量 $30\sim400$ m³，高 $15\sim32$ m 水塔的标准图集。

二、给水系统能量关系

（一）基本概念

1．水压高程

液体能量常用几何长度表示，它包括位置高度 z、压强水头 p/γ 和流速水头 $v^2/2g$ 三部分；以地面高程的基准面为起算点来表示液体所具有的能量，称为水压高程，以 mH_2O 计。

2．最小服务水头

用户需要的从地面高程起算来表示液体所具有的能量，以 mH_2O 计。城市给水管网需保持的最小服务水头为：1 层 $10\ mH_2O$，2 层 $12\ mH_2O$，2 层以上每层增加 $4\ mH_2O$。

3．自由水压

管网提供的从地面高程起算来表示液体所具有的能量，以 mH_2O 计。

4．控制点

控制点是指整个给水系统中水压最不容易满足的地点（又称最不利点），用于控制整个供水系统的水压，只要控制点的最小服务水头满足用户及消防等要求，则全管网的各点服务水头就均能符合要求。一般情况下，控制点通常在系统的下列地点：

（1）地形最高点；

（2）距离供水起点最远点；

（3）要求自由水压最高点。

（二）水塔高度确定

水塔是靠重力作用将所需的流量送到用户的。大中城市一般不设水塔，因城市用水大，水塔容积小了不起作用，容积太大则造价太高，况且水塔高度一经确定，对给水管网的发展将产生影响。小城镇和工业企业则可考虑设置水塔，既可缩短水泵工作时间，又可保证恒定的水压。水塔在管网中的位置，可靠近水厂、位于管网中间或靠近管网末端，不管哪类水塔，水塔高度是指水柜底面或最低水位离地面的高度。计算示意图如图2-5所示。

$$H_t = \Delta Z + H_a + \sum h$$

式中：H_t —— 水塔高度，m；

ΔZ —— 水塔位置和控制点地形高差，m；

H_a —— 管网控制点最小服务水头，mH_2O；

$\sum h$ —— 水塔到控制点的管路水头损失，mH_2O。

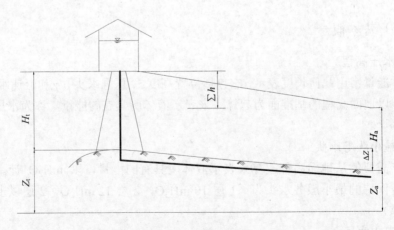

图 2-5　水塔高度计算

（三）水泵扬程确定

1．一级泵站水泵扬程

一级泵站水泵扬程计算示意图如图 2-6 所示。

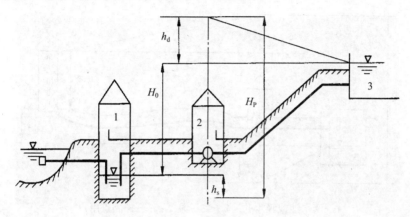

1—吸水井；2——一级泵站；3—水厂构筑物

图 2-6　一级泵站扬程计算

$$H_P = H_0 + \sum h$$

其中

$$\sum h = h_s + h_d$$

则有

$$H_P = H_0 + h_s + h_d$$

式中：H_P —— 水泵扬程，m；

　　　H_0 —— 静扬程，水泵吸水井最低水位和水厂配水井水面高程之差，m；

　　　$\sum h$ —— 由水泵吸水井最低水位到水厂配水井水面的管路水头损失，mH_2O；

　　　h_s —— 吸水管路水头损失，mH_2O；

　　　h_d —— 水泵出口到水厂配水井水面管路水头损失，mH_2O。

2．二级泵站水泵扬程

二级泵站水泵扬程计算示意图如图 2-7 所示。

（1）当无水塔时

$$H_P = H_{st} + H_0 + \sum h$$

$$\sum h = h_s + h_c$$

式中：H_{st} —— 清水池（或水泵吸水井）最低水位与管网控制点地面高程之差，m；

　　　H_0 —— 管网控制点最小服务水头，mH_2O；

$\sum h$——由水泵吸水口到控制点的水头损失，mH_2O；

h_s——吸水管路的水头损失，mH_2O；

h_c——水泵出口到控制点管路的水头损失，mH_2O。

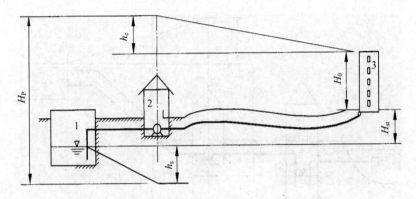

1—清水池或吸水井；2—二级泵站；3—控制点用户

图 2-7　二级泵站扬程计算

（2）网前水塔时

$$H_P= H_{st}+H_0 +\sum h$$

此时控制点为水塔，H_0 包括水塔高度和水塔的水深。

（3）对置水塔时

$$H_P= H_{st}+H_0 +\sum h$$

对置水塔分两种情况，一是最大用水量时，此时控制点在水塔和泵站的供水分界线上；二是最大转输时，此时控制点为水塔。

（4）对二级泵站还应根据消防、事故等特殊工况进行校核。

三、管网计算工况

（一）设计工况

最高日最高用水时属于正常供水中最不利的工作情况，此时供水流量较大，分析推算出来的出厂水压较大。为确保供水安全可靠，系统中的给水管网、水泵扬程和水塔高度等都是按此时的工况设计的。

1. 流量

按最高日最大时流量（Q_h）设计。

2. 水塔高度和水泵扬程

水塔高度（H_t）和水泵扬程（H_p）按控制点最小服务水头确定。

（二）校核工况

1. 消防工况

此种情况是指在最高日最高用水时发生火灾，此时管网既供应最高时用水量 Q_h，又供应消防所需流量 Q_x，其总流量为 Q_h+Q_x，是用水流量最大的一种工作情况。虽然消防时比最高用水时所需服务水头要小得多，但因消防时通过管网的流量增大，各管段的水头损失相应增加，按最高用水时确定的水泵扬程有可能不能满足消防时的需要，这时须放大个别管段的直径，以减小水头损失。个别情况下因最高用水时和消防时的水泵扬程相差很大（多见于中小型管网），须设专用消防泵供消防时使用。

（1）校核流量

按最高日最大时流量（Q_h）与消防流量（Q_x）之和计算。

（2）水塔高度和水泵扬程

水塔高度（H_t）和水泵扬程（H_p）按失火点自由水头不小于 10 mH₂O 确定。

2. 事故工况

最不利管段发生故障时和管网主要管线损坏时必须及时检修，在检修期间和恢复供水前，该管段停止输水，整个管网的水力特性必然改变，供水能力降低。国家有关规范规定，城市给水管网在事故工况下，必须保证 70%以上用水量，但设计水压不能降低；在这种情况下，大部分管线流量减小，水头损失减小，但由于主要管线损坏不能通水，部分管线的流量会明显增加，使水头损失增加很多，因此所需出厂水压仍有可能最大。

（1）校核流量

事故流量按最高日最大时流量（Q_h）的 70%计。

（2）水塔高度和水泵扬程

水塔高度（H_t）和水泵扬程（H_p）按控制点最小服务水头确定。

3. 转输工况

最大转输时，如为设置对置水塔或靠近供水末端的网中水塔的管网系统，当泵站供水流量大于用户用水流量时，多余的水将通过管网流入水塔内贮存，流入水塔的流量叫作转输流量，其中转输流量最大的那一小时的流量称为最大转输流量。此时虽然管网中用水量较小，但因最大转输流量通过整个管网才能进入水塔，输水距离长，其管网水头损失可能仍较大，且水塔较高，因此也可能出现要求出厂水压最高的情况。

（1）校核流量

取最大转输流量。

（2）水泵扬程

水泵扬程（H_p）由水塔高度（H_t）确定。

四、管网计算内容

管网设计计算时，主要内容有水量计算、管径确定、水头损失计算、水压确定，并确定供水设备。通常依据工程性质不同（如新建、改建、扩建等），大体上分两种情况考虑：

（1）供水起点水压未知，已知管网控制点所需水压，要进行管路设计，确定水泵和水塔。一般适用于新建工程。计算步骤为：计算管段流量；管段水力计算；管路计算；确定水泵和水塔；计算节点水压高程。

（2）供水起点水压已知，要通过管路设计以满足各用户水量及水压要求。计算步骤为：充分利用能量的条件下选定经济管径；管段水力计算；复核各节点水压高程是否满足要求。

思考题与习题

1. 取用地表水源时，水处理构筑物、泵站和管网等按什么流量设计？

2. 管网中有、无水塔及水塔位置的变更，对二级泵站的工作情况和设计流量有何影响？

3. 已知用水量曲线时，怎样定出二级泵站工作线？

4. 清水池和水塔各起什么作用？其有效容积由哪几部分组成？哪些情况下应设置水塔？

5. 怎样确定清水池和水塔的调节容积？

6. 无水塔的管网系统，二级泵站可采取什么方法和措施来适应用户用水量的变化？试举例说明。

7. 你如何理解水塔和清水池的调节容积是可以相互转移的？

8. 在水厂运行中，可通过哪些措施减小清水池调节水量所需的调节容积？为什么？

9. 写出消防时的二级泵站扬程计算式。

10. 有水塔和无水塔的管网，二级泵站的计算流量有何差别？

11. 什么是控制点？它具有什么基本特征？每一管网系统各种工况的控制点是否是同一地点？试举例说明。

12. 为什么水塔应建造在地形较高的地方？

13. 管网应按哪种供水条件进行设计计算？设计计算完毕后还应按哪些供水条件进行校核计算？

14. 为什么要进行管网的校核计算？各自的核算条件是什么？怎样根据设计计

算和校核计算结果进行泵站的水泵组合设计？

职业能力训练

某城市给水系统最高日用水量为 15 万 m^3/d，每小时用水量变化见表2-8，试求：

（1）最高日最高时和平均时流量；

（2）无水塔时清水池的调节容积；

（3）若二级泵站采用 2.78%（20 时到 5 时）和 5.00%（5 时到 20 时）两级供水，计算水塔和清水池的调节容积。

表 2-8　某城市用水量变化情况表

时间	0~1	1~2	2~3	3~4	4~5	5~6	6~7	7~8
用水量[1]/%	1.70	1.67	1.63	1.63	2.56	4.35	5.14	5.64
时间	8~9	9~10	10~11	11~12	12~13	13~14	14~15	15~16
用水量/%	6.00	5.84	5.07	5.15	5.15	5.15	5.27	5.52
时间	16~17	17~18	18~19	19~20	20~21	21~22	22~23	23~24
用水量/%	5.75	5.83	5.62	5.00	3.19	2.69	2.58	1.87

注：①实指该时段用水量占最高日用水量的百分数，余同。

任务三　管段设计流量计算

一、沿线流量

给水管网中，每一段管线均与若干用户的配水支管相连接，以向两侧和下游的用水户供水。用水户可分为两类：一类是大用水户，如工厂、宾馆、医院等，用水量大，集中出流，故称为集中流量，常用 Q_1，Q_2，…，Q_n 表示；另一类是小用户，其用水量常用 q_1，q_2，…，q_n 表示，管道沿线分配的小用户用水量称为沿线流量，如图2-8所示。

由于管道实际供水时向两侧供水往往比较复杂，因此常采用简化计算方法。对于集中流量，可直接作为一个计算节点或分配到管段和上下游计算节点上，而沿线流量则通过比流量法进行简化计算。

计算沿线流量的简化方法为比流量法，假设小用户是沿线均布在配水干管上或均匀分布在整个供水面积上，则单位长度管线或管线单位面积上所承担的配水流量，称为比流量，有长度比流量和面积比流量之分。

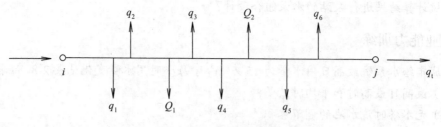

图 2-8　干管供水情况

（一）长度比流量法

假定水量沿管网长度均匀流出，则管线单位长度上的配水流量称为长度比流量，记作 q_{cb}。

$$q_{cb} = \frac{Q - \sum Q_i}{\sum l}$$

式中：q_{cb} —— 长度比流量，L/（s·m）；

Q —— 管网总流量，L/s；

$\sum Q_i$ —— 大用户集中用水量总和，L/s；

$\sum l$ —— 管网的计算长度，m；计算时，单侧配水的管段按实际长度的一半计入，双侧配水的管段，计算长度等于实际长度，两侧不配水的管线长度不计入。

由长度比流量计算每一段管段的沿线流量：

$$q_l = q_{cb} l$$

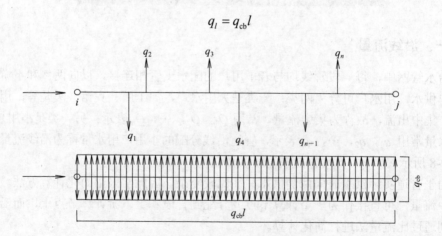

图 2-9　长度比流量法计算沿线流量

（二）面积比流量法

假定沿线流量均匀分布在整个供水面积上，则单位面积上的配水流量称为面积比流量，记作 q_{mb}。用下式计算：

$$q_{mb} = \frac{Q_h - \sum Q_i}{\sum A}$$

式中：q_{mb} —— 面积比流量，L/$(s \cdot m^2)$；

$\quad Q$ —— 管网总流量，L/s；

$\quad \sum Q_i$ —— 大用户集中用水量总和，L/s；

$\quad \sum A$ —— 给水区域内沿线配水的供水面积总和，m^2。

则每一计算管段的沿线流量（记作 q_l）为：

$$q_l = q_{mb} A_i$$

式中：A_i —— 该管段负担的供水面积，m^2。

每一管段所负担的供水面积可按分角线法和对角线法来划分（图 2-10）。

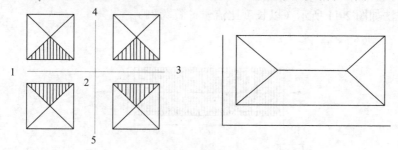

图 2-10　面积比流量法计算沿线流量

（三）用比流量法计算沿线流量的注意事项

（1）面积比流量考虑了沿线供水面积（人数）多少对管线配水的影响，计算结果更接近实际配水情况，但计算较麻烦。当供水区域的干管分布比较均匀时，用长度比流量和面积比流量计算的结果相差很小。这时，用长度比流量较好。

（2）当供水区域内各区卫生设备或人口密度相差较大时，各区的比流量应分别计算。

（3）同一管网，比流量的大小随用水量变化而变化，各种工况下需分别计算。

二、节点流量计算

求出各管段的沿线流量后，因为管道中的沿线流量是顺管线沿途流向用户的，所以管段里的流量沿程是变化的，沿着水流方向逐渐减小。因而管段的口径和水头损失还是不易确定。为了便于水力计算，将沿线流量再分配在管段两端的节点上，这样管网计算图上便只有集中于节点的流量（包括集中流量和沿线流量转化到节点上的流量）。

（一）集中流量的处理方法

大用户集中流量简化有两种方法：一是将集中流量位置作为一个计算节点；二是根据集中流量位置与上下游节点的距离把集中流量分配到上下游计算节点上（按与上下游节点的距离成反比分配）。

（二）沿线流量转化到节点上

管道中的沿线流量是顺管线沿途流向用户，所以管段里的流量是沿着水流方向逐渐减小。为了方便计算，根据连续性方程和能量方程将管段的沿线流量（q_l）简化为两部分流量，分别从管段的起端（αq_l）和末端流出（$q_l - \alpha q_l$），这样就可以计算出恒定管段折算流量（$q_l - \alpha q_l + q_t$），在实际计算中取 $\alpha = 0.5$，沿线流量分配到节点上的计算方法如图 2-11 所示（以长度比流量计算为例）。

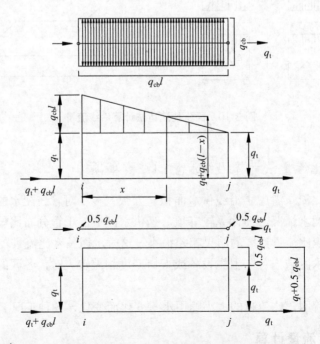

图 2-11　沿线流量分配到节点上（以长度比流量计算为例）

通过比流量、沿线流量及节点流量计算后（$q_{cb} \rightarrow q_l = q_{cb}l \rightarrow q_i$），管网计算图上便只有集中于节点的流量（包括大用户集中流量）。

三、沿线流量、节点流量计算实例

某城市最高时总用水量为 260 L/s，其中集中供应的工业用水量 120 L/s（分别在节点 2、3、4 集中出流 40 L/s）。各管段长度（m）和节点编号如图 2-12 所示。管段 1-5、2-3、3-4 为一侧供水，其余为双侧供水。试求：（1）比流量；（2）各管段的沿线流量；（3）各节点流量。

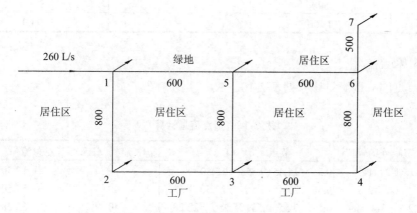

图 2-12 节点流量计算例题

解：配水干管计算总长度

$$\sum l = 0.5l_{1-5} + 0.5l_{2-3} + 0.5l_{3-4} + l_{1-2} + l_{3-5} + l_{5-6} + l_{4-6} + l_{6-7}$$
$$= 0.5 \times (600 + 600 + 600) + 3 \times 800 + 600 + 500$$
$$= 4\,400 \text{ m}$$

（1）配水干管比流量

$$q_{cb} = \frac{Q_h - \sum q_i}{\sum l} = \frac{260 - 120}{4\,400} = 0.031\,82 \text{ L/(s·m)}$$

（2）沿线流量

各管段的沿线流量计算见表 2-9。

表2-9　沿线流量计算

管段编号	管段计算长度/m	比流量/[L/（s·m）]	沿线流量/（L/s）
1-2	800		25.45
2-3	0.5×600=300		9.55
3-4	0.5×600=300		9.55
1-5	0.5×600=300		9.55
3-5	800	0.031 82	25.45
4-6	800		25.45
5-6	600		19.09
6-7	500		15.91
合　计	4 400	—	140.00

（3）节点流量

各节点的节点流量计算见表2-10。

表2-10　节点流量计算

节点	节点连的管段	节点流量/（L/s）	集中流量/（L/s）	节点总流量/（L/s）
1	1-2，1-5	0.5×（25.45+9.55）=17.50	—	17.50
2	1-2，2-3	0.5×（25.45+9.55）=17.50	40	57.50
3	2-3，3-4，3-5	0.5×（9.55+9.55+25.45）=22.28	40	62.28
4	3-4，4-6	0.5×（25.45+9.55）=17.50	40	57.50
5	1-5，3-5，5-6	0.5×（9.55+25.45+19.09）=27.05	—	27.05
6	4-6，5-6，6-7	0.5×（25.45+19.09+15.91）=30.22	—	30.22
7	6-7	0.5×（15.91）=7.95	—	7.95
合计	—	140.00	120.00	260.00

将节点流量的集中流量标注于相应节点上，节点流量计算结果如图2-13所示。

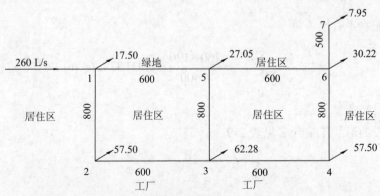

图2-13　管网节点流量例题计算结果

四、管段流量计算

（一）计算原理及原则

管网各节点流量求出后，可进行管网流量分配，确定各管段的计算流量。

流量分配前，将大用户的集中流量布置在附近的节点上。则管网各节点输出流量总和等于二级泵站及水塔的总水量。

按照质量守恒原理，流向某节点的流量等于从该节点流出的流量。若以流向节点的流量为正值，以流出节点的流量为负值，则两者代数和等于零。即

$$\sum Q = q_i + \sum q_{ij} = 0$$

依此条件，用二级泵站、水塔输送至管网的总流量，沿各节点进行流量分配，所得出的每条管段所通过的初步流量，即为各管段的计算流量。

对于树状管网，其每一管段的水流方向只有一个，所以各管段的计算流量比较容易确定。而环状管网则比较复杂，每一节点的流量，可以从不同方向供给。所以，在进行流量分配时，必须先定出各管段的水流方向。

流量分配时，应按以下原则进行：

（1）确定供水主要流向，拟定各管段的水流方向，并力求使水流沿最短线路到达大用水户及调节构筑物。

（2）在平行的干管中，分配给每条管线的流量应基本相同，以免一条干管损坏时其余干管负荷过重。

（3）分配流量时，各节点必须满足$\sum Q=0$的条件。

（二）树状管网管段计算流量

单水源的树状管网中，从水源（二级泵站、高地水池等）供水到各节点的每一管段的水流方向和计算流量都是确定的，每管段的计算流量等于该管段后面（顺水流方向）的所有节点流量和大用户用水量之和。

如图 2-14 所示的一树状管网，部分管段的计算流量有：

$$q_{4-5} = q_5$$

$$q_{3-4} = q_4 + q_5$$

$$q_{2-3} = q_3 + q_4 + q_5 + q_8 + q_{11}$$

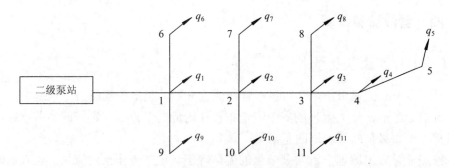

图 2-14 树状管网管段流量计算示意

（三）环状管网管段初分流量

对于环状管网来说，根据连续性方程（满足节点流量平衡条件）其管段流量分配方案不是唯一的，是有多种组合可能的；在管网设计计算时，我们必须人为地先假定各管段的流量分配值，也叫流量预分配，以此确定管段的经济管径。在流量预分配时，应遵循经济性和可靠性的原则。

环状管网流量分配的依据是节点流量平衡条件，并保证各干管的流量应沿主要流向逐渐减少，具体步骤如下：①按供水方向，初步拟定各管段的水流方向，并确定控制点的位置。②按可靠性原则，选定几条主要的平行干线分配相近流量，避免主要管线损坏时，其余管线负荷过重，使管网流量减少过多；各干管通过的流量沿主要流向逐渐减少，不要忽多忽少。③对于干管间的连接管可分配相应小些的流量。

对于多水源管网来说，其流量分配原则与要求同单水源管网，所不同的只是多水源管网中存在一供水分界线。我们可先将多水源管网中各水源点所负责的供水区域初步确定，对各区域内的管网流量分配可视为单水源供水考虑；然后对于位于供水分界线上的管段节点流量，可考虑为各水源点对该节点供给的节点流量之和。

环状管网的初分流量为预分配（图 2-15），用来选择管径，真正值由平差结果定。

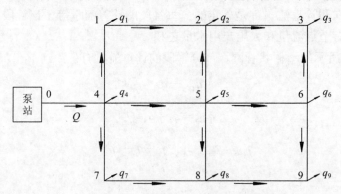

图 2-15 环状管网管段初分流量示意

思考题与习题

1. 什么叫比流量？什么是沿线流量、集中流量？比流量是否随用水量变化而变化？

2. 什么叫长度比流量？面积比流量？怎样计算？各有什么优缺点及适用条件？

3. 什么是节点流量？它是否存在？为何能用来进行管网计算？

4. 为什么管网计算须先求出节点流量？怎样计算节点流量？

5. 为什么要分配流量？流量分配要考虑哪些要求？树状管网和环状管网流量分配有何异同？

6. 什么是供水分界线？单水源管网与多水源管网的流量分配有什么区别？

职业能力训练

某城镇环状管网布置图如图 2-16 所示。已知该城镇最高用水时的设计水量为 699 m^3/h，其中大用户集中用水量为 15 L/s、20 L/s，分别作用于 11、12 节点。各管段长度为：L_{0-1}=2 000 m、L_{1-2}=L_{4-5}=L_{7-8}=L_{10-11}=L_{1-3}=L_{4-6}=L_{7-9}=L_{10-12}=500 m，L_{2-5}=L_{5-8}=L_{8-11}=L_{1-4}=L_{4-7}=L_{7-10}=L_{3-6}=L_{6-9}=L_{9-12}=550 m，其中管段 0-1 为输水管段，管段 1-2、1-3 为单侧配水，其余均为双侧配水。试对管网中各管段的流量进行初分配。

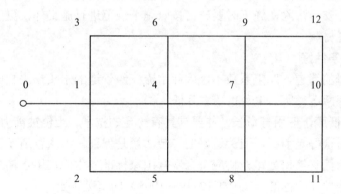

图 2-16　某城镇环状管网布置

任务四 管段的水力计算

一、管材的选用

（一）供水管道的要求

供水企业的根本任务是向用户提供清洁的饮用水，连续供应有压力的水，同时降低供水费用。为此，供水管网作为供水系统的重要环节，对于它的硬件有以下四点要求：

1. 封闭性能高

管道水密性的好坏，直接影响到管网运行成本及运行安全。如果水密性较差，则管道漏水现象严重，水量损失较大，其运行成本增加；同时漏水会泡软管道基础或直接冲刷地层，造成很大的安全隐患（对在公路、铁路下埋设的管道影响更加严重），导致严重事故的发生。

2. 强度应能承受各种外部荷载

由于给水管道通常是沿公路或铁路埋地敷设的，有的甚至需要穿越公路或铁路，为保证其运行安全，除在施工时要严格按照施工规范进行施工外，更应注意选择强度有保证的管材。

3. 水力条件好

内壁光滑的管道，摩阻系数小，因此水流流经管道的水头损失相应降低，水泵扬程减少，管网运行所需电费也随之降低。

4. 价格低廉，使用寿命长，并要求具有一定的抗水、土侵蚀能力

当然管材选好是前提，但管道好的安装质量是保证。要求管道安装工艺简单，技术可靠。承插管接口处填充料应符合现行国家标准《生活饮用水输配水设备及防护材料的安全性评价标准》（GB/T 17219—1998）的有关规定。

（二）常用管材介绍

给水工程常用的管材有金属、非金属两大类。各管材具体性能介绍如下：

1. 铸铁管

铸铁管是给水管网及输水管道最常用的管材。它抗腐蚀性好，经久耐用，价格较钢管低。但质脆、不耐振动和弯折，工作压力较钢管低，管壁较钢管厚，且自重大。

铸铁管接口形式有承插式和法兰式两种，如图2-17所示。室外直埋管线通常采用承插式接口，构造物内部管线则较多采用法兰式接口。

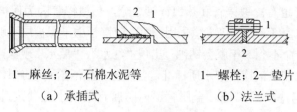

1—麻丝；2—石棉水泥等　　　　1—螺栓；2—垫片

（a）承插式　　　　　　　（b）法兰式

图 2-17　铸铁管接口形式

国产铸铁管内径为 75～1 500 mm，长度为 4～6 m，按承受压力分为低压、普压和高压三种规格，见表 2-11。

表 2-11　铸铁管规格

类别	高压管				普压管				低压管			
	直径/mm	长度/m	试验压力/MPa	工作压力/MPa	直径/mm	长度/m	试验压力/MPa	工作压力/MPa	直径/mm	长度/m	试验压力/MPa	工作压力/MPa
连铸	75～1 200	4～5	2.5～3	1	75～1 500	4～6	2～2.5	0.75	75～900	4～5	1.5～2	0.45
沙型离心	150～500	5～6	2.5～3	1	75～1 500	4～6	2～2.5	0.75	75～900	4～5	1.5～2	0.45

2．球墨铸铁管

该管材选用优质生铁，采用水冷金属型模离心浇铸技术，并经退火处理，获得的稳匀的金相组织，能保持较高的延伸率，故也称为可延性铸铁管。球墨铸铁管具有高强度、高延伸度、抗腐蚀的卓越性能。

球墨铸铁管采用柔性接口。按接口型式分为机械式、滑入式两种。机械式接口型式又分为 N 型、K 型和 S 型三种，滑入式接口型式为 T 型。

球墨铸铁管外壁采用喷涂沥青或喷锌防腐，内壁衬水泥砂浆防腐，最大口径达DN2200。

由于球墨铸铁管性能好且施工方便，不需要在现场进行焊接及防腐操作，加上产量及口径的增加、管配件的配套供应等，其已在国内得到广泛应用。

3．钢管

钢管有焊接钢管和无缝钢管之分。以防腐蚀性能来说可分为保护层型、无保护层型与质地型；按壁厚又有普通钢管和加厚钢管之分。国内最大钢管直径可达DN4000，每节钢管的长度一般在 10 m 左右。

保护层型（主要指的是管道内壁）有金属保护层型与非金属保护层型。金属保护层型常用的有表面镀层保护层型、表面压合保护层型。表面镀层保护层型中常见的是镀锌管，镀锌管也有冷镀锌管和热镀锌管之分，热镀锌管因为保护层致密均匀、附着力强、稳定性比较好，目前仍大量采用。而冷镀锌管由于保护层不够致密均匀、稳定性差，一般使用寿命不到 5 年就会锈蚀，出现"红水"、"黑水"现象，铁腥味严重，各种有害细菌超过国家生活饮用水水质标准，各地已在生活给水管道中禁止使用。

金属管道应考虑防腐措施。金属管道内防腐宜采用水泥砂浆衬里，金属管道外防腐宜采用环氧煤沥青、胶黏带等涂料。金属管道敷设在腐蚀性土中以及电气化铁路附近或其他有杂散电流存在的地区时，为防止发生电化学腐蚀，应采取阴极保护措施（外加电流阴极保护或牺牲阳极）。

4．预应力和自应力钢筋混凝土管

预应力钢筋混凝土管的最大工作压力为 1.18 MPa，管径一般为 400～1 400 mm，管节长为 5 m。

自应力钢筋混凝土管的工作压力为 0.4～0.1 MPa，管径一般为 100～600 mm。接口均采用承插式橡胶圈接口。弯头和渐缩管等采用特制铸铁或钢制管件。

二者均具有良好的抗渗性和耐久性、施工安装方便、水力条件好等优点。因自重大、质地脆，搬运时严禁抛掷和碰撞。

5．塑料管

塑料管具有表面光滑、耐腐蚀、质量轻、加工和接头方便等优点。

常用的塑料管有硬聚氯乙烯管（UPVC）、聚乙烯管（PE）、高密度聚乙烯管（HDPE）、聚丙烯管（PP）、聚丙烯腈-丁二烯-苯乙烯塑料管（ABS）等。塑料管根据管壁结构不同可分为不同种类，如 PE 管分为双壁波纹管、缠绕结构壁管、塑钢缠绕管、钢带增强螺旋波纹管。表 2-12 为 PE80 级聚乙烯管材公称压力和规格尺寸。

表 2-12　PE80 级聚乙烯管材公称压力和规格尺寸

公称外径 d_n/mm	公称壁厚 e_n/mm			
	标准尺寸比			
	SDR21	SDR17	SDR13.6	SDR11
	公称压力 PN/MPa			
	0.60	0.80	1.00	1.25
32	—	—	—	3.0
（40）	—	—	—	3.7
50	—	—	—	4.6
63	—	—	4.7	5.8
（75）	—	4.5	5.6	6.8
90	4.3	5.4	6.7	8.2
110	5.3	6.6	8.1	10.0
160	7.7	9.5	11.8	14.6
200	9.6	11.9	14.7	18.2

公称外径 d_n/mm	公称壁厚 e_n/mm			
	标准尺寸比			
	SDR21	SDR17	SDR13.6	SDR11
	公称压力 PN/MPa			
	0.60	0.80	1.00	1.25
(250)	11.9	14.8	18.4	22.7
315	15.0	18.7	23.2	28.6
400	19.1	23.7	29.4	36.3
450	21.5	26.7	33.1	40.9
500	23.9	29.7	36.8	45.4
(560)	26.7	33.2	41.2	50.8
630	30.0	37.4	46.3	57.2
710	33.9	42.1	52.2	—
800	38.1	47.4	58.8	—
900	42.9	53.3	—	—
1 000	47.7	59.3	—	—

注：括号内管径为非常用规格；SDR：外径与壁厚的比值。

由于塑料管的种类很多，不同种类管材的性能特点不尽相同，故在设计中应当根据各工程的实际情况合理选择塑料管材种类，并确定其管壁形式、接口方式及能采用的管径范围等。

上述各种给水管多埋在道路下。水管管顶覆土厚度，在不冰冻地区由外部荷载、水管强度以及其他管线交叉情况等决定，金属管道的管顶覆土厚度通常不小于 0.7 m。聚乙烯给水管道埋设在车行道下时，在满足回填土密实度的前提下，最小管顶覆土厚度不小于 0.8 m。冰冻地区的覆土厚度应考虑土壤的冰冻线深度。

（三）管材选用

给水管材应根据水压、外部荷载、土的性质、施工维护和材料供应等条件确定，一般可参照表 2-13 选择。

表 2-13　各种管材的选用

管道	接口		连接配件方式	优缺点及适用条件
	型式	性质		
铸铁管	承插口，法兰接口	刚性接口、半柔性及柔性接口	可直接连接标准铸铁配件	（1）使用年代较久，应用最为普遍； （2）防腐能力比钢管强，但内外仍需一般防腐处理； （3）较钢管质脆、强度差； （4）有标准配件、适用于配件及支管过多的管线； （5）管道接口施工麻烦、劳动强度大

管道	接口		连接配件方式	优缺点及适用条件
	型式	性质		
球墨铸铁管	承插口，法兰接口	滑入式橡胶柔性接口	可直接连接标准铸铁配件	（1）管材强度、工作压力较高； （2）敷设方便、适应性强，可埋设穿越各种障碍； （3）耐腐蚀性差，内外都需做较强的防腐处理； （4）造价较高
钢管	较灵活，可焊接，法兰丝扣以及制承插口	一般为刚性	（1）直接连接标准铸铁配件； （2）用钢配件连接； （3）小口径也可与白铁配件连接	（1）能防腐，内外不需做防腐处理； （2）有不同性质接口适应不同地基； （3）管道短，接口多； （4）管道口径较小； （5）管道强度较低
预应力和自应力钢筋混凝土管	承插口	橡胶柔性接口	（1）采用特制的转换口配件来连接标准的配件； （2）采用特制的钢配件连接； （3）采用钢筋混凝土配件连接	（1）承插式胶圈柔性接口对各种地基的适应能力强； （2）防腐能力强，不需要做内外防腐处理； （3）施工安装方便； （4）节约金属； （5）承插口加工黏度要求高，如间隙不均将影响止水； （6）尚无标准配件，不宜使用于配件及支管过多的管线
塑料管	焊接、螺纹、法兰、黏结	刚性接口	（1）采用镀锌焊接管（白铁）配件； （2）采用特制圆锥形管螺纹塑料配件	（1）耐腐蚀； （2）管内光滑不易结垢，水头损失小； （3）质量轻，安装方便； （4）价格较低； （5）管材强度低，热胀冷缩大

二、管径的确定

确定管网中每一管段的直径是输水和配水系统设计计算的主要课题之一。管段的直径应按分配后的流量确定。

（一）根据流速确定

通过流量分配，求出各管段计算流量，再按下式拟定管径。

$$D = \sqrt{\frac{4Q}{\pi v}}$$

式中：D —— 管段直径，m；

Q —— 管段的计算流量，m^3/s；

v —— 流速，m/s。

由上式可以看出，管径不但和管段流量有关，还与管段水流流速大小有关。因此，必须选取适宜的流速。

1．允许流速

一般最大流速限定为 2.5～3.0 m/s，最小流速限定为 0.6 m/s。需根据经济条件和经营管理费用等因素，选择适宜的流速——经济流速。

为了防止管网因水锤现象而损坏，在技术上最大设计流速限定在 2.5～3.0 m/s 范围内；在输送混浊的原水时，为了避免水中悬浮物质在水管内沉积，最低流速通常应大于 0.60 m/s，由此可见，在技术上允许的流速范围是较大的。因此，还需在上述流速范围内，根据当地的经济条件，考虑管网的造价和经营管理费用，来选定合适的流速。

2．经济流速

从公式可以看出，流量一定时，管径与流速的平方根成反比。如果流速选用的大一些，管径就会减小，相应的管网造价便可降低，但水头损失明显增加，所需的水泵扬程将增大，从而使经营管理费（主要指电费）增大，同时流速过大，管内压力高，因水锤现象引起的破坏作用也随之增大。相反，若流速选用小一些，因管径增大，管网造价会增加。但因水头损失减小，可节约电费，使经营管理费降低。因此，管网造价和经营管理费（主要指电费）这两项经济因素是决定流速的关键。在一定年限 t（称为投资偿还期）内，管网造价和经营管理费用之和为最小的流速，称为经济流速，以此来确定的管径，称为经济管径。

3．平均经济流速

由于实际管网的复杂性，加上情况在不断地变化，例如流量在不断增加，管网逐步扩展，诸多经济指标如水管价格、电费等也随时变化，要从理论上计算管网造价和年管理费用相当复杂且有一定难度。在条件不具备时，设计中也可采用由各地统计资料计算出的平均经济流速（表 2-14）来确定管径，得出的是近似经济管径。

表 2-14　平均经济流速

管径/mm	平均经济流速 v_e/（m/s）
D=100～400	0.6～0.9
D≥400	0.9～1.4

在使用各地区提供的经济流速或按平均经济流速确定管网管径时，需考虑以下原则：

（1）一般大管径可取较大的经济流速，小管径可取较小的经济流速。

（2）首先定出管网所采用的最小管径（由消防流量确定），按 v_e 确定的管径小于最小管径时，一律采用最小管径。

（3）连接管属于管网的构造管，应注重安全可靠性，其管径应由管网构造来确定，即按与它连接的次要干管管径相当或小一号确定。

（4）由管径和管道比阻α之间的关系可知，当管径较小时，管径缩小或放大一号，水头损失会大幅度增减，而所需管材用量变化不多；相反，当管径较大时，管径缩小或放大一号，水头损失增减不很明显，而所需管材用量变化较大。因此，在确定管网管径时，一般对于管网起端的大口径管道可按略高于平均经济流速来确定管径；对于管网末端较小口径的管道，可按略低于平均经济流速来确定管径。特别是对确定水泵扬程影响较大的管段，适当降低流速，使管径放大一号，比较经济。

（5）管线造价（含管材价格、施工费用等）较高而电价相对较低时，取较大的经济流速，反之取较小的经济流速。

以上是指水泵供水时的经济管径确定方法，在求经济管径时，考虑了抽水所需的电费。重力供水时，由于水源水位高于给水区所需水压，两者的标高差 H 可使水在管内重力流动。此时，各管段的经济管径应按输水管和管网通过设计流量时，供水起点至控制点的水头损失总和等于或略小于可利用的水头来确定。

（二）根据界限流量表确定

各城市的经济流速值应按当地条件，如水管材料和价格、施工条件、电费等来确定，不能直接套用其他城市的数据。另外，管网中各管段的经济流速也不一样，须随管网图形、该管段在管网中的位置、该管段流量和管网总流量的比例等决定。因为计算复杂，有时简便地应用"界限流量表"（表 2-15）确定经济管径。

表 2-15　界限流量表

管径/mm	界限流量/（L/s）	管径/mm	界限流量/（L/s）	管径/mm	界限流量/（L/s）
100	<9	350	68～<96	700	355～<490
150	9～<15	400	96～<130	800	490～<685
200	15～<28.5	450	130～<168	950	685～<822
250	28.5～<45	500	168～<237	1 000	822～1 120
300	45～<68	600	237～<355	—	—

三、水头损失计算

（一）管（渠）道总水头损失

管（渠）道总水头损失可按下列公式计算：

$$h_z = h_y + h_j$$

式中：h_z——管（渠）道总水头损失，m；

　　　h_y——管（渠）道沿程水头损失，m；

　　　h_j——管（渠）道局部水头损失，m。

（二）管（渠）道沿程水头损失

1. 塑料管

$$h_y = \lambda \times \frac{l}{d_j} \times \frac{v^2}{2g}$$

式中：λ —— 沿程阻力系数，λ 与管道的相对当量粗糙度（Δ/d_j）和雷诺数（Re）有关，其中 Δ 为管道当量粗糙度（mm）；

l —— 管段长度，m；

d_j —— 管道计算内径，m；

v —— 管道断面水流平均流速，m/s；

g —— 重力加速度，9.81 m/s²。

埋地聚乙烯给水管道水力坡降表见附录二。

2. 混凝土管（渠）及采用水泥砂浆内衬的金属管道

$$i = \frac{h_y}{l} = \frac{v^2}{C^2 R}$$

式中：R —— 水力半径，m；

C —— 流速系数，$m^{1/2}/s$；

$$C = \frac{1}{n} R^y$$

式中：n —— 管（渠）道的粗糙系数；

y 可按下式计算：

$$y = 2.5\sqrt{n} - 0.13 - 0.75\sqrt{R}(\sqrt{n} - 0.1)$$

上式适用于 $0.1 \leqslant R \leqslant 3.0$，$0.011 \leqslant n \leqslant 0.040$ 管道计算时，y 也可取 1/6，即按 $C = \frac{1}{n} R^{1/6}$ 计算。

3. 输配水管道、配水管网水力平差计算

$$i = \frac{h_y}{l} = \frac{10.67 q^{1.852}}{C_h^{1.852} d_j^{4.87}}$$

式中：q —— 设计流量，m^3/s；

C_h —— 海曾-威廉系数，见表 2-16。

表 2-16 海曾-威廉系数

管道材料	C_h	管道材料	C_h
塑料管	150	新铸铁管、涂沥青或水泥的铸铁管	130
石棉水泥管	120～140	使用 5 年的铸铁管、焊接钢管	120
混凝土管、焊接钢管、木管	120	使用 10 年的铸铁管、焊接钢管	110
水泥衬里管	120	使用 20 年的铸铁管	90～100
陶土管	110	使用 30 年的铸铁管	75～90

在管网平差计算时常用的水头损失计算公式为：

$$h = sq^2$$

式中：q —— 设计流量，m^3/s；

s —— 管道摩阻，s^2/m^5。

（三）管（渠）道的局部水头损失

$$h_j = \sum \xi \frac{v^2}{2g}$$

式中：ξ —— 管（渠）道局部水头损失系数。

（四）水力计算表及使用

在工程设计中，常按不同管材和相应水头损失计算公式预先算好，编制成各种管渠水力计算表，表中列有流量、管径、流速和水力坡度的配套数据，供计算时查表使用。本书附录附有给水管水力计算表（铸铁管）（附录一）及埋地聚乙烯（SDR11）给水管道水力坡降表（附录二）供选用。

思考题与习题

1. 什么是经济流速？影响经济流速的主要因素有哪些？设计时能否任意套用？

2. 平均经济流速一般是多少？依据经济流速初选管径时，还应注意哪些问题？为什么？

任务五 树状管网水力计算

一、树状管网水力计算步骤

（1）按城镇管网布置图，绘制计算草图，对节点和管段顺序编号，并标明管段长度和节点地形标高。

（2）按最高日最高时用水量计算节点流量，并在节点旁引出箭头，注明节点流量。大用户的集中流量也标注在相应节点上。

（3）在管网计算草图上，从距二级泵站最远的管网末梢的节点开始，按照任一管段中的流量等于其下游所有节点流量之和的关系，逐个向二级泵站推算每个管段的流量。

（4）确定管网的最不利点（控制点），选定泵房到控制点的管线为干线。有时控制点不明显，可初选几个点作为管网的控制点。

（5）根据管段流量和经济流速求出干线上各管段的管径和水头损失。

（6）按控制点要求的最小服务水头和从水泵到控制点管线的总水头损失，求出水塔高度和水泵扬程。（若初选了几个点作为控制点，则使二级泵站所需扬程最大的管路为干线，相应的点为控制点。）

（7）支管管径参照支管的水力坡度选定，即按充分利用起点水压的条件来确定。

（8）根据管网各节点的压力和地形标高，绘制等水压线和自由水压线图。

二、树状管网水力计算例题

（一）计算条件

某管网布置如图 2-18 所示，用水量较大的工厂和公共建筑集中流量分别为 $Q_6=25.0$ L/s 和 $Q_9=17.4$ L/s，分别由管段 5-6 和 8-9 供给，其两侧无其他用户。最小服务水头（用户从地面算起所需要的水压高程）为 $H_a=20$ m。

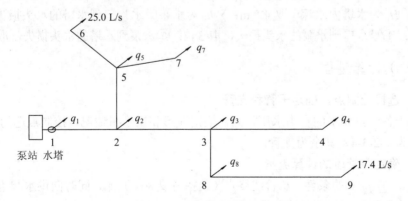

图 2-18　树状管网计算例题示意

1. 标高

管网各节点及水塔位置处的地面标高见表 2-17。

表2-17　节点地面高程

位置	1（水塔）	2	3	4	5	6	7	8	9
标高/m	57.4	56.6	56.3	56.0	56.3	56.0	56.1	56.2	55.7

2. 节点流量

管网各节点流量值见表2-18。

表2-18　节点流量

位置	q_1	q_2	q_3	q_4	q_5	q_6	q_7	q_8	q_9
流量/（L/s）	8.45	28.51	30.62	12.67	16.27	25.00	6.76	7.39	17.40

3. 管段长度

各管段长度见计算过程中各表。

（二）计算要求

（1）管段流量计算

某管段的管段流量等于该管段后所有节点流量之和。

（2）管材选用给水铸铁管，确定管径。

（3）进行管段的水力计算，计算水头损失。

（4）确定水塔高度 H_t（依据 $Z_t + H_t = Z_a + H_a + \sum h_{ij}$，$Z_a$ 为控制点高程），并计算各节点水压高程和自由水压。

（5）确定水泵扬程 H_p：依据 $Z_p + H_p = Z_t + H_4 + H_0 + \sum h_{ij}$，$Z_p$ 为最低水面高程，取 53.0 m；H_0 为水塔内水深，取 4.5 m；$\sum h_{ij}$ 为水泵吸水管口到水塔的水头损失，包括两部分：①吸水口到水泵的水头损失，取 3 m；②水泵到水塔的水头损失，取 0.5 m。

（三）计算过程

1. 选择控制点，确定干管和支管

由于各节点要求的自由水压相同，根据地形和用水量情况，控制点选为节点4，干管定为 1-2-3-4，其余为支管。

2. 确定各管段的计算流量

按 $q_i + \sum q_{ij} = 0$ 的条件，从管线终点（包括各支管）开始，同时向供水起点方向逐个节点推算，即可得到各管段的计算流量：

由 4 节点得 $q_{3-4} = q_4 = 12.67$ L/s

由 3 节点得 $q_{2-3} = q_3 + q_{3-4} + q_8 + q_{8-9} = $ 30.62＋12.67＋7.39＋17.4＝68.08 L/s

同理，可得其余各管段计算流量。

3. 编制干管水力计算表，见表 2-19

（1）由各管段的计算流量，查铸铁管水力计算表，参照经济流速，确定各管段的管径和相应的 1 000i 及流速。

管段 3-4 的计算流量 12.67 L/s，由铸铁管水力计算表查得：当管径为 125 mm、150 mm、200 mm 时，相应的流速分别为 1.04 m/s、0.72 m/s、0.40 m/s。前已指出，当管径 $D<400$ mm 时，平均经济流速为 0.6～0.9 m/s，所以管段 3-4 的管径应确定为 150 mm，相应的 1 000$i=7.20$，$v=0.73$ m/s。同理，可确定其余管段的管径和相应的 1 000i 和流速，其结果见计算表 2-19 中第（6）、（7）、（8）项。

（2）根据 $h=iL$ 计算出各管段的水头损失，计算结果见表 2-19 第（9）项。

（3）计算干管各节点的水压标高和自由水压。

因管段起端水压标高 H_i 和终端水压标高 H_j 与该管段的水头损失 h_{ij} 存在下列关系：

$$H_i=H_j+h_{ij}$$

干管节点水压标高 H_i、自由水压 H_{0i} 与该处地形标高 Z_i 存在下列关系：

$$H_{0i}=H_i-Z_i$$

由于控制点 4 节点要求的水压标高为已知：

$$H_4=Z_4+H_{04}=56.0+20=76.0 \text{ m}$$

干管上各节点的水压标高和自由水压计算结果见表 2-19 第（10）、（11）项。

表 2-19　干管水力计算

节点	标高/m	管段编号	管长/m	流量/(L/s)	管径/mm	1 000i	流速/(m/s)	水头损失/m	水压标高/m	自由水压/m
（1）	（2）	（3）	（4）	（5）	（6）	（7）	（8）	（9）	（10）	（11）
4	56.0								76.00	20.0
		3-4	600	12.67	150	7.20	0.73	4.32		
3	56.3								80.32	24.02
		2-3	500	68.08	300	4.90	0.96	2.45		
2	56.6								82.77	26.17
		1-2	400	144.62	500	1.53	0.73	0.61		
1	57.4								83.38	25.98

4. 支管水力计算

由于干管上各节点的水压已经确定，即支管起点的水压已定，因此支管各管段的经济管径选定必须满足：从干管节点到该支管的控制点（常为支管的终点）的水头损失之和应等于或小于干管上此节点的水压标高与支管控制点所需的水压标高之差，即按平均水力坡度确定管径。但当支管由两个或两个以上管段串联而成时，各管段水头损失之和可有多种组合能满足上述要求。现以支管 3-8-9 为例说明：

首先计算支管 3-8-9 的平均允许水力坡度，即：

$$允许1\,000\,i = 1\,000 \times \frac{80.32-(55.7+20.0)}{350+700} = 4.4$$

由 $q_{3\text{-}8}$=24.79 L/s，查铸铁管水力计算表，参照允许 $1\,000\,i$=4.4，得 $D_{3\text{-}8}$=200 mm，相应的实际 $1\,000\,i$=5.88，则：

$$h_{3\text{-}8} = \frac{5.88}{1\,000} \times 350 = 2.06 \text{ m}$$

计算 8 点的水压标高和自由水压：

$$H_8 = H_3 - h_{3\text{-}8} = 80.32 - 2.06 = 78.26 \text{ m}$$

$$H_{08} = H_8 - Z_8 = 78.26 - 56.2 = 22.06 \text{ m}$$

由节点 8 的水压标高即可计算管段 8-9 的平均允许 $1\,000\,i$ 为：

$$允许1\,000\,i = 1\,000 \times \frac{78.26-(55.7+20.0)}{700} = 3.66$$

由 $q_{8\text{-}9}$=17.4 L/s，查铸铁管水力计算表，参照允许 $1\,000\,i$=3.66，$D_{8\text{-}9}$=200 mm，相应的实际 $1\,000\,i$=3.09，则：

$$h_{8\text{-}9} = \frac{3.09}{1\,000} \times 700 = 2.16 \text{ m}$$

同理，可计算出节点 9 的水压标高和自由水压：

$$H_9 = H_8 - h_{8\text{-}9} = 78.26 - 2.16 = 76.10 \text{ m}$$

$$H_{09} = H_9 - Z_9 = 76.10 - 55.7 = 20.40 \text{ m}$$

按上述方法可计算出所有支管管段水力，计算结果见表 2-20。

表 2-20 支管水力计算

节点	地形标高/m	管段编号	管段长度/m	流量/(L/s)	$1\,000\,i$（参考）	管径/mm	$1\,000\,i$	水头损失/m	水压标高/m	自由水压/m
(1)	(2)	(3)	(4)	(5)	(6)	(7)	(8)	(9)	(10)	(11)
3	56.3	3-8	350	24.79	4.4	200	5.88	2.06	80.32	24.02
8	56.2								78.26	22.06
9	55.7	8-9	700	17.4	3.66	200	3.09	2.16	76.10	20.40
2	56.6	2-5	450	48.03	8.7	250	6.53	2.94	82.77	26.17
5	56.3								79.83	23.53
5	56.3	5-7	320	6.76	11.65	150	2.31	0.74	79.83	23.53
7	56.1								79.09	22.99
5	56.3	5-6	370	25.00	10.35	200	5.98	2.21	79.83	23.53
6	56.0								77.62	21.62

5. 确定水塔高度

水塔高度应为 H_t=25.98 m。

6. 确定二级泵站所需的总扬程

设吸水井最低水位标高 Z_p=53.0 m，泵站内吸、压水管的水头损失取 $\sum h_p$=3.0 m，水塔水柜深度为 4.5 m，水泵至 1 点间的水头损失为 0.5 m，则二级泵站所需总扬程为：

$$H_p=H_{ST}+\sum h+\sum h_p=(Z_t+H_t+H_0-Z_p)+h_{泵-1}+\sum h_p$$
$$=(57.4+25.98+4.5-53.0)+0.5+3.0$$
$$=38.38 \text{ m}$$

思考题与习题

1. 简述树状管网的计算步骤。

2. 树状管网计算时，干管和支管如何划分？两者确定管径的方法有何不同？

职业能力训练

一工厂区给水管网按树状管网考虑，节点 1 处和环状的城市给水管网相连，城市管网的工作压力为 0.2 MPa，城市向该工矿区最高日最高时的供水量为 60 L/s，各节点标高、节点流量及管段长度如图 2-19 所示。工厂区房屋多数为六层，因节点 9 距离节点 1 最远，选为计算的控制点，该点所需水头定为 28 m，问各管段的口径选为多少？节点 1 若设一串联加压站，这加压站出水水头应为多少？

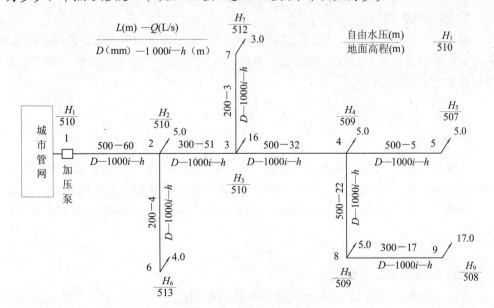

图 2-19　树状管网计算示意

提示：

（1）首先是确定各管段中的计算流量

在树状管网中，因水流方向已定，可以由离管网最远的末端节点 9 向供水点推算，推算时应使每一节点流进的流量和流出的流量一致。如：管段 3-4 的流量为 32.0 L/s，管段 3-7 的流量为 3.0 L/s，节点 3 的节点流量为 16.0 L/s，则管段 2-3 的管段流量为 51.0 L/s。其他管段可以此类推。

（2）根据管段流量和经济流速的关系选定管径（D），从水力计算表查出 1 000i，计算出各管段的水头损失（h）。

（3）计算节点水压高程（H_i'）及自由水压（H_i）。

按控制节点 9 的地面标高及所需水压（自由水压）H_9，求出该点水压高程 H_9'，再加上管段 8-9、4-8、3-4、2-3、1-2 的水头损失值，求得节点 1 的水压高程 H_1'，用节点 1 的水压高程 H_1' 减去节点 1 的地面标高得出加压站出水水头值。

同理可求出其他节点的水压高程及自由水压（H_i）。

任务六　环状管网计算

一、环状管网计算原理

根据水力学的原理，环状管网计算时，必须满足下列基本水力条件。

1. 连续性方程

对任一节点来说，流入该节点的流量必须等于流出该节点的流量。若规定流出、流入节点流量正负号，如流入节点流量为正，流出节点流量为负，则任一节点的流量代数和等于零，即：

$$Q_i + \Sigma q_{ij} = 0$$

2. 能量方程

环状管网任一闭合环路内，水流为顺时针方向的各段水头损失之和等于水流为逆时针方向的各段水头损失之和。若规定顺时针方向的各段水头损失为正，逆时针方向的各段水头损失为负，则在任一闭合环路内各管段水头损失的代数和等于零，即：

$$\Sigma h_{ij} = 0$$

如图 2-20 所示，根据能量方程有：

$$h_{12} + h_{24} = h_{13} + h_{34} = H_1 - H_4$$

若规定顺时针方向的 1-2、2-4 管段水头损失为正，逆时针方向的 1-3、3-4 管段水头损失为负，则有：

$$h_{12} + h_{24} + (-h_{34}) + (-h_{13}) = 0$$

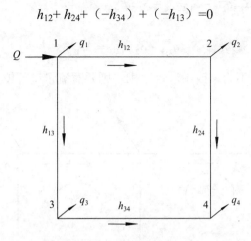

图 2-20　环状管网示意

对于环状管网，拟定了管段水流方向就可根据连续性方程（节点流量平衡）对管网各节点流量进行流量的初分配，从而可得到管段的初分流量，根据初分流量和经济流速可拟定管径，并计算水头损失。但是能量方程就有可能不满足，即环内正反两个方向的水头损失不相等（或闭合环内正反两个方向的水头损失代数和不等于零）。环内正反两个方向的水头损失之差，或闭合环内正反两个方向的水头损失代数和称作闭合差。若存在闭合差，表示水流不会按原拟定的水流方式流动，因此需调整管段流量，使闭合差等于零或减少闭合差到一定精度范围，这个调整流量的过程就叫管网平差。

管网平差计算时，一般基环和大环闭合差达到一定精度要求后，管网平差就结束。手工计算时，基环闭合差要求小于 0.5 m，大环闭合差要求小于 1.0 m；电算时，闭合差可达到任何精度，一般采用 0.01～0.05 m。

二、环状管网平差计算

（一）哈代-克罗斯法

1. 条件

将管段初分流量 $q_{ij}^{(0)}$ 赋予正负号，如顺时针为正，逆时针为负，进行管段的水力计算，即由 $q_{ij}^{(0)}$ 选出管径，计算出各管段的水头损失。对计算的水头损失跟流量赋予相同的正负号，并计算各环中各管段水头损失代数和 $\sum h_{ij}$（闭合差 Δh）。如图 2-21 所示，有：

环 I ，$S_{1-2}q_{1-2}^2 + S_{2-5}q_{2-5}^2 - S_{1-4}q_{1-4}^2 - S_{4-5}q_{4-5}^2 = \Delta h_{\mathrm{I}}$

环 II ，$S_{3-6}q_{3-6}^2 + S_{5-6}q_{5-6}^2 - S_{2-3}q_{2-3}^2 - S_{2-5}q_{2-5}^2 = \Delta h_{\mathrm{II}}$

若计算的闭合差不为零或不满足要求，则要对流量进行校正，进行平差计算。

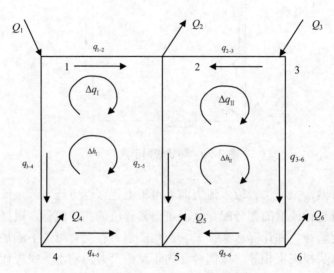

图 2-21　环状管网平差计算示意

2. 求校正流量

计算校正流量可按下式估算：

$$\Delta q = -\frac{\Delta h}{2\sum S_{ij}\left|q_{ij}\right|} = -\frac{\Delta h}{2\sum \dfrac{S_{ij}\left|q_{ij}^2\right|}{q_{ij}}} = -\frac{\Delta h}{2\sum \left|\dfrac{h_{ij}}{q_{ij}}\right|}$$

式中：Δq —— 某环的校正流量，L/s；

　　　Δh —— 某环的闭合差，等于各管段水头损失代数和，m；

　　　h_{ij} —— 管段的水头损失，m；

　　　S_{ij} —— 管段的摩阻，$\mathrm{s^2/m^5}$。

3. 管段校正后的流量

$$q_{ij}{}^{(1)} = q_{ij}{}^{(0)} + \Delta q_{本}{}^{(0)} - \Delta q_{邻}{}^{(0)}$$

式中：$q_{ij}{}^{(1)}$ —— 管段的一次校正后的流量，L/s；

　　　$q_{ij}{}^{(0)}$ —— 管段的初分流量，L/s；

　　　$\Delta q_{本}{}^{(0)}$ —— 本环的校正流量，L/s；

$\Delta q_{邻}{}^{(0)}$——邻环的校正流量，L/s。

4.环状管网平差步骤及计算表格

计算步骤：

（1）根据连续性条件初步分配管段流量，并给管段流量赋予正负号，如顺时针方向为正，逆时针方向为负；

（2）确定各管段管径，计算水头损失；

（3）把水头损失与流量损失赋予相同正负号，以顺时针方向为正，逆时针方向为负，计算各环的水头损失闭合差；

（4）计算各管段的 $|S_{ij}q_{ij}|$ 和每一环的 $\Sigma|S_{ij}q_i|_j$；

（5）计算各环的校正流量；

（6）计算各管段的校正后流量；

（7）对管段流量加上校正后流量重新计算水头损失，直到最大闭合差小于允许误差为止。

管网平差计算的表格见表 2-21。

表 2-21 管网平差计算

环号	管段	管长 L/m	管径 D/ mm	初分流量				第一次校正				
				q/（L/s）	1 000i	h/m	$\|h/q\|$	Δq/（L/s）	q/（L/s）	1 000i	h/m

5.环状管网计算步骤

（1）按城镇管网布置图，绘制计算草图，对节点和管段顺序编号，并标明管段长度和节点地形标高。

（2）按最高日最高时用水量计算节点流量，并在节点旁引出箭头，注明节点流量。大用户的集中流量也标注在相应节点上。

（3）在管网计算草图上，将最高用水时由二级泵站和水塔供入管网的流量（指对置水塔的管网），沿各节点进行流量预分配，定出各管段的计算流量。

（4）根据所定出的各管段计算流量和经济流速，选取各管段的管径。

（5）计算各管段的水头损失 h 及各个环内的水头损失代数和 Σh。

（6）若 Σh 超过规定值（出现闭合差 Δh），须进行管网平差，将预分配的流量进行校正，以使各个环的闭合差达到所规定的允许范围。

（7）按控制点要求的最小服务水头和从水泵到控制点管线的总水头损失，求出水塔高度和水泵扬程。

（8）根据管网各节点的压力和地形标高，绘制等水压线和自由水压线图。

（二）环状管网平差简化计算方法

在用哈代-克罗斯法对管网进行平差计算时，每一次平差计算都必须对所有环一起进行平差，工作量较大。在实际手工管网平差过程中，往往仅对闭合差较大的部分环进行平差，这样的校正平差方法叫最大闭合差环的校正法，是管网平差的简化计算方法。

采用最大闭合差环的校正法校正流量，流量校正与哈代-克罗斯法相同，关键在于最大闭合差环的选择。理解以下最大闭合差环的校正法对相邻环闭合差的影响情况，有利于管网简化计算中最大闭合差环的选择。

（1）由于大环闭合差等于构成该大环各基环闭合差的代数和，因此通常选择闭合差方向相同的相邻环组成大环进行大环平差。

（2）采用最大闭合差环的校正法时，对与大环闭合差方向相反的邻环是有利的，即闭合差会降低，而对与大环闭合差方向相同的邻环是不利的，即闭合差反而会升高。

如图 2-22（a）所示，选择闭合差最大的 4-5-8-7-4 环（闭合差 3.0 m，为逆时针）进行平差，于相邻环 1-2-5-4-1（闭合差 0.8 m，为顺时针）和 5-6-9-8-5（闭合差 0.7 m，为顺时针）都是有利的。

如图 2-22（b）所示，选择由 4-5-8-7-4 和环 5-6-9-8-5 组成的大环 4-5-6-9-8-7-4（闭合差 4.5 m，为逆时针）进行平差，对相邻环 1-2-5-4-1（闭合差 0.9 m，为顺时针）和 2-3-6-5-2（闭合差 0.8 m，为顺时针）都是有利的。

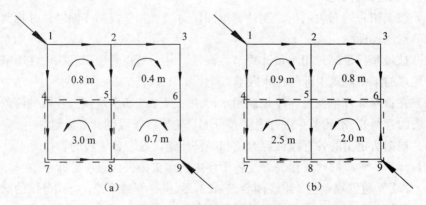

图 2-22　管网平差简化算示意

（三）管网校核计算

管网的中管段的管径和水泵的扬程是按设计年限内最高日最高用水时的用水量

和水压要求确定的，但是用水情况是会变化的，为了核算所定的管径和水泵能否满足不同工作情况下的要求，就需进行其他用水量条件下的计算，以确保经济地供水。通过核算，有时需将管网中个别管段适当放大，也有可能需另选合适的水泵。

1. 消防时校核

消防时的核算，是以最高时用水量确定的管径为基础，然后按最高时用水量另加消防流量进行流量分配。因此，应按最高时用水流量加消防流量及消防压力进行核算。核算时，将消防流量加在设定失火点处的节点上，即该节点总流量等于最高用水时节点流量加一次灭火用水流量，其他节点仍按最高用水时的节点流量，管网供水区内设定的灭火点数目和一次灭火用水流量均按现行的《建筑设计防火规范》确定。若只有一处失火，可考虑发生在控制点处；若同时有两处失火，应从经济和安全等方面考虑，一处可放在控制点，另一处可设定在离二级泵站较远或靠近大用户的节点。

核算时，应按消防对水压的要求进行管网的水压分析计算，低压消防制一般要求失火点处的自由水压不低于 $10\,\mathrm{mH_2O}$（$98\,\mathrm{kPa}$）。虽然消防时比最高时所需的服务水头要小得多，但因消防时通过管网的流量增大，各管段的水头损失相应增加，按最高时确定的水泵扬程有可能不能满足消防时的需要，这时需放大个别管段的管径，以减小水头损失。若最高时和消防时的水泵扬程相差很大，须专设消防泵供消防时使用。

2. 事故时校核

管网主要管段发生损坏时，必须及时检修，在检修时间内供水量允许减少，但设计水压一般不应降低。事故时管网供水流量与最高时设计流量之比，称为事故流量降落比，用 R 表示。R 的取值根据供水要求确定，城镇的事故流量降落比 R 一般不低于70%，工业企业的事故流量按有关规定确定。

核算时，管网各节点的流量应按事故时用户对供水的要求确定。若无特殊要求，也可按事故流量降落比统一折算，即事故时管网的节点流量等于最高时各节点的节点流量乘上事故降落比 R。

经过核算后不符合要求时，应在技术上采取措施。若当地给水管理部门检修力量较强，损坏的管段能及时修复，且断水产生的损失较小时，事故时的管网核算要求可适当降低。

3. 最大转输时

设对置水塔的管网，在最高用水时由泵站和水塔同时向管网供水，但在一天内抽水量大于用水量的时段内，多余的水经过管网送入水塔贮存，因此，这种管网还应按最大转输流量来核算，以确定水泵能否将水送进水塔。核算时，管网各节点的流量需按最大转输时管网各节点的实际用水量求出。因节点流量随用水量的变化成比例地增减，所以最大转输时各节点流量可按下式计算：

$$q_{zi} = k_{zs}q_i$$

式中：q_i —— 最高用水时的节点流量，L/s；

k_{zs} —— 最大转输时节点流量折减系数，其值可按下式计算：

$$k_{zs} = \frac{Q_{zy} - \sum Q_{zi}}{Q_h - \sum Q_i}$$

式中：Q_{zy}，Q_h —— 分别为最大转输时和最高用水时管网总用水量，L/s；

Q_{zi}，Q_i —— 分别为最大转输时已确定节点流量和与之相对应的最高用水时的
节点流量，L/s。

然后，按最大转输时的流量进行分配和计算。核算时，应按最大转输流量输入
水塔水柜中的最高水位所需水压进行管网的水压计算。

（四）计算结果整理

管网平差结束后，将最终平差结果 l_{ij}（m）、D_{ij}（mm）、q_{ij}（L/s）、i、h_{ij}（m）
按一定的形式标注在管网平面图上相应的管段旁，并继续进行下列内容的计算：

1. 管网各节点水压标高和自由水压计算

起点水压未知的管网进行水压计算时，应首先选择管网的控制点，由控制点所
要求的水压标高依次推出各节点的水压标高和自由水压，计算方法同树状管网。由
于存在闭合差，即 $\Delta h \neq 0$，利用不同管线水头损失所求得的同一节点的水压值常不
同，但差异较小，不影响选泵，可不必调整。

网前水塔管网系统在进行消防和事故工作校核时，由控制点按相应条件推算到
水塔处的水压标高可能出现以下三种情况：① 高于水塔最高水位，此时必须关闭水
塔，其水压计算与无水塔管网系统相同；② 低于水塔最低水位，此时水塔无须关闭，
仍可由其起调节流量作用，但由于水塔高度一定，不能改变，所以这种情况管网系
统的水压应由水塔控制，即由水塔开始，推算到各节点（包括二级泵站）；③ 介于
水塔最高水位和最低水位之间，此种情况水塔调节容积不能全部利用，应视具体情
况按上述两种情况之一进行水压计算。

对于起点水压已定的管网进行水压计算时，无论何种情况，均从起点开始，按
该点现有的水压值推算到各节点，并核算各节点的自由水压是否满足要求。

经上述计算得出的各节点水压标高、自由水压及该节点处的地形标高，按一定
格式写在相应管网平面图的节点旁。

2. 绘制管网水压线图

管网水压线图分为等水压线图和等自由水压线图两种，其绘制方法与绘制地形
等高线图相似。两节点间管径无变化时，水压标高将沿管线的水流方向均匀降低，
据此从已知水压点开始，按 0.5～1.0 m 的等高距（水压标高差）推算出各管段上的

标高点。在管网平面图，用插值法按比例用细实线连接相同的水压标高点即可绘出等水压线图。水压线的疏密可反映出管线的负荷大小，整个管网的水压线最好均匀分布。如某一地区的水压线过密，表示该处管网的负荷过大，所选用的管径偏小。水压线的密集程度可作为今后放大管径或增敷管线的依据。

由等水压线图标高减去各点地面标高得自由水压，用细实线连接相同的自由水压即可绘出等自由水压线图，如图 2-23 所示。管网等自由水压线图可直观反映整个供水区域内高、低压区的分布情况和服务水压偏低的程度。因此，管网水压线图对供水企业的管理和管网改造有很好的参考价值。

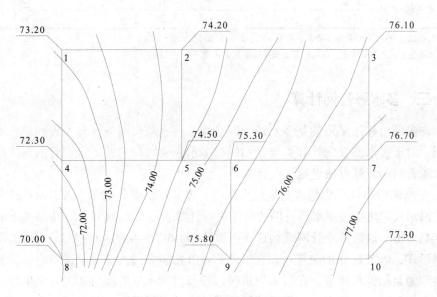

图 2-23　管网等自由水压线

3．水塔高度计算

按最高时平差结果和设计水压求出水塔高度。在核算时，水塔高度若不能满足其他最不利工作情况的供水要求，则一般不修正水塔高度。网前水塔只需将水塔关闭，而对置水塔只需调整供水流量。

4．水泵扬程及供水总流量计算

由管网控制点开始，按相应的计算条件（最高时、消防时、事故时、最大转输时），经管网和输水管推算到二级泵站，求出水泵扬程和供水总流量，便于选泵。管网有几种计算情况就对应有几组数据。各种管网系统在最不利工作情况下，其二级泵站的设计参数见表 2-22。

表 2-22　二级泵站的设计参数

工作情况	管网系统种类	无水塔管网系统	网前水塔管网系统		对置水塔管网系统
			不关闭水塔时	关闭水塔时	
最高时	流量	Q_h	$Q_{II\,max}$	—	$Q_{II\,max}$
	扬程	H_p	H_p		H_p
消防时	流量	$Q_h + Q_x$	$Q_{II\,max} + Q_x$	—	$Q_{II\,max} + Q_x$
	扬程	H_{px}	H_{px}	H_{px}	H_{px}
事故时	流量	RQ_h	$RQ_{II\,max}$	—	$RQ_{II\,max}$
	扬程	H_{psk}	H_{psk}	H_{psk}	H_{psk}
最大转输时	流量	—	—		$Q_{II\,zs}$
	扬程				H_{pz}

注：1. $Q_{II\,max}$、$Q_{II\,zs}$ 分别表示二级泵站最大一级和最大转输时供水量；
　　2. R 为事故流量降落比，城镇的事故流量降落比 R 一般不小于70%。

三、多水源管网计算

　　许多城市往往采用的是多水源管网系统，多水源管网的计算原理和单水源管网相同。对于多水源管网计算关键是如何把多水源管网构建成单水源管网形式，再用单水源管网的计算方法进行平差计算。

　　多水源管网计算思想就是通过虚管段、虚节点、虚环把多水源管网构造为单水源管网形式，然后按单水源管网的方法进行计算。如图 2-24 所示，虚节点 0 和虚管段 0-1、0-14，这样整个管网就构造成由虚环 0-1-6-2-3-4-5-14-0 和实环组成的单水源管网形式。虚节点 0 的位置可以任意选定，其水压假设为零。从虚节点流向泵站的流量即为泵站供水流量。在最高用水时，虚节点到水塔的流量即为水塔供水流量。规定虚管段的水头损失大小等于管段两端节点的水压高差，其符号规定如下：流向虚节点的水压为正，流出虚节点的水压为负。因此，从虚节点流向泵站的水头损失为 $-H_p'$，最高用水时，虚节点到水塔的水头损失为 $-H_t'$，这样虚环的水头损失应满足能量平衡方程（图 2-25）：

$$(-H_t') + h_{14\text{-}5} + h_{5\text{-}4} + [-(-H_p')] + (-h_{1\text{-}6}) + (-h_{6\text{-}2}) + (-h_{2\text{-}3}) + (-h_{3\text{-}4}) = 0$$

即：

$$H_p' - h_{1\text{-}6} - h_{6\text{-}2} - h_{2\text{-}3} - h_{3\text{-}4} + h_{14\text{-}5} + h_{5\text{-}4} - H_t' = 0$$

式中：H_t'、H_p' —— 分别表示水塔、水泵的水压高程，m。

　　多水源供水能量平衡如图 2-25 所示。

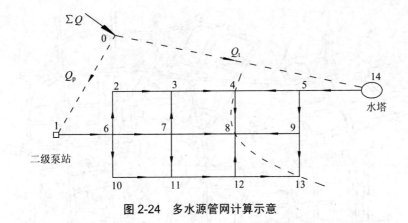

图 2-24　多水源管网计算示意

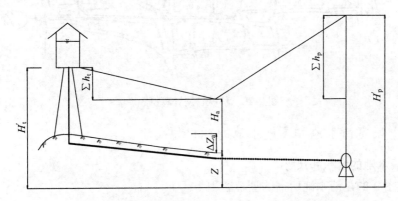

图 2-25　多水源供水能量平衡示意（最高用水时）

四、环状管网计算实例

某城镇规划人口为 4.5 万人，拟采用高地水池调节供水量，管网布置及节点地形标高如图 2-26 所示。各节点的自由水压要求不低于 24 mH₂O。该城镇最高日设计用水量为 Q_d=12 400 m³/d，其中工业集中流量为 80 L/s，分别在 3、6、7、8 节点集中流出，3、6 节点的工业为 24 h 均匀用水，7、8 节点为一班制（8～16 时）均匀用水。用水量及供水量曲线如图 2-27 所示。水厂在城北 1 000 m 处，二级泵站按两级供水设计，每小时供水量：6～22 时为 4.5% Q_d，22 时至次日 6 时为 3.5% Q_d。试对该城镇级水管网进行设计计算。

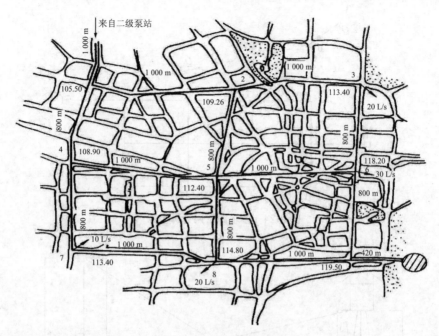

图 2-26　环状管网计算例题

（一）确定清水池和高地水池的容积和尺寸

1. 清水池的容积和尺寸

根据图 2-27，清水池所需的调节容积为：

$$W_1 = k_1 Q_d = (4.5 - \frac{100}{24}) \times 16 Q_d = 5.33\% \times 12\,400 = 661\,\text{m}^3$$

式中，k_1 为清水池调节容积百分数，计算方法及过程参照表 2-7，本题计算的 k_1 为 5.33%，计算过程略。

水厂自用水量调节容积按最高日设计用水量的 3% 计算，则：

$$W_2 = 3\% Q_d = 3\% \times 12\,400 = 372\,\text{m}^3$$

该城镇规划人口为 4.5 万人，查表 2-3，确定同一时间内火灾起数为两起，一起灭火用水量为 30 L/s，灭火延续时间按 2 h 计，故火灾延续时间内所需总水量为：

$$Q_x = 2 \times 30 \times 3.6 \times 2 = 432\,\text{m}^3$$

因设置有对置高地水池，故考虑清水池和高地水池共同分担消防贮备水量，即清水池消防贮备容积 W_3 按 216 m³ 计算。

清水池安全贮备量 W_4 按以上三部分容积的 1/6 计算。因此清水池的有效容积为：

$$W_e = (1 + \frac{1}{6})(W_1 + W_2 + W_3) = \left(1 + \frac{1}{6}\right) \times (661 + 372 + 216) = 1\,457\,\text{m}^3$$

考虑部分安全调节容积，取清水池有效总容积为 1 600 m³。采用两座钢筋混凝土水池（图集号 04S803），每座池子有效容积为 800 m³，直径为 16.50 m，有效水深为 3.8 m。

2．高地水池的有效容积和尺寸

根据图 2-27，确定高地水池调节容积百分数 k_2=3.41%，则高地水池的调节容积为：

$$W_1 = k_2 Q_d = 3.41\% \times 12\ 400 = 423\ \text{m}^3$$

高地水池消防贮备容积 W_3 按 216 m³ 计，则高地水池的有效容积为：

$$W_c = W_1 + W_3 = 423 + 216 = 639\ \text{m}^3$$

采用钢筋混凝土水池，直径为 15.50 m，有效水深为 3.8 m。

（二）按最高日最高时流量设计计算

1．确定供水量

最高日最高时设计用水量：

$$Q_h = 12\ 400 \times 5.46\% = 677.04\ \text{m}^3/\text{h} = 188\ \text{L/s}$$

二级泵站最高时供水量：

$$Q_h = 12\ 400 \times 4.5\% = 558\ \text{m}^3/\text{h} = 155\ \text{L/s}$$

高地水池最高时的供水量：

$$Q_h = 188 - 155 = 33\ \text{L/s}$$

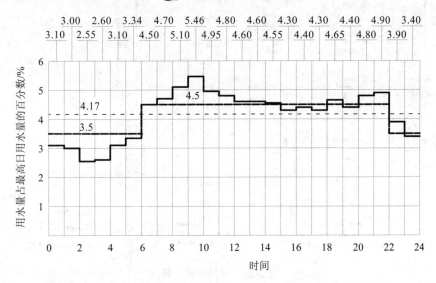

虚线——一级泵站供水线；点画线——二级泵站供水线；实线——用户用水线

图 2-27　用水量及供水量变化曲线

2．节点流量计算

方法：求 q_{cb}—q_l—q_i

由于该城镇各区的人口密度、给水排水卫生设备完善程度基本相同，干管分布比较均匀，故按长度比流量法计算沿线流量，求得各节点流量。

干管总计算长度为：

$$\sum l=1\ 000\times6+800\times6=10\ 800\ \text{m}$$

干管长度比流量为：

$$q_{cb}=\frac{Q_h-\sum Q_i}{\sum l}=\frac{188-80}{10\ 800}=0.01\ \text{L/（s·m）}$$

取 $\alpha=0.5$ 计算节点流量，计算结果如图 2-28 所示。

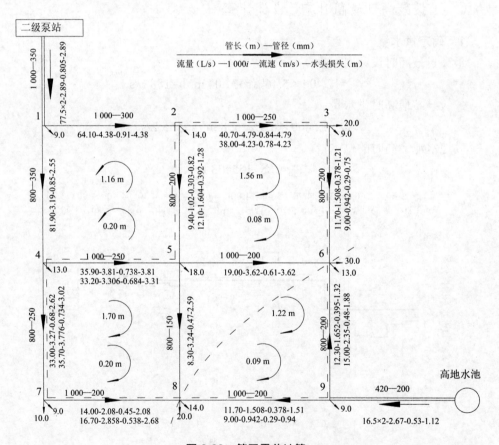

图 2-28　管网平差计算

3. 流量分配

为保证供水安全，二级泵站和高地水池至给水区的输水管均采用两根。

根据管网布置及用水情况，假定各管段的流向如图 2-28 所示，按环状管网流量分配原则和方法进行流量预分配。

各管段的流量预分配结果如图 2-28 所示。

4. 管段的水力计算，确定管径和水头损失

预分配各管段流量后，以平均经济流速选定管径，查铸铁管水力计算表得 1 000i，按 $h=il$ 计算各管段水头损失，如图 2-28 所示。

5. 管网平差

根据管段的水力计算结果求各环闭合差：

Ⅰ环 1-2-5-4-1，$\Delta h_{\mathrm{I}}^{(0)} = -1.16$ m

Ⅱ环 2-3-6-5-2，$\Delta h_{\mathrm{II}}^{(0)} = 1.56$ m

Ⅲ环 4-5-8-7-4，$\Delta h_{\mathrm{III}}^{(0)} = 1.70$ m

Ⅳ环 5-6-9-8-5，$\Delta h_{\mathrm{IV}}^{(0)} = 1.22$ m

四个环的闭合差均不满足规定要求，其中Ⅱ、Ⅲ、Ⅳ环闭合差为顺时针方向，且数值较大，可构成一个大环平差，而与大环相邻的Ⅰ环闭合差为逆时针方向，故采用大环平差方案。

另外，当闭合环路上各管段的长度和管径相差不大时，校正流量可按下式估算：

$$\Delta q = -\frac{q_{\mathrm{a}}\Delta h}{2\sum|h_{ij}|}$$

式中：q_{a} —— 闭合环路上各管段流量的平均值，L/s；

Δh —— 闭合差，m；

$\sum|h_{ij}|$ —— 闭合环路上所有管段水头损失的绝对值之和，m。

大环闭合差 Δh_k=1.56+1.70+1.22=4.48 m

q_{a}＝（9.40+40.70+11.70+12.30+11.70+14.00+33.00+35.90）/8=21.09 L/s

$\sum|h_{ij}|$＝0.82+4.79+1.21+1.32+1.51+2.08+2.62+3.81=18.16 m

$$\Delta q = -\frac{q_{\mathrm{a}}\Delta h}{2\sum|h_{ij}|} = -\frac{21.09\times4.48}{2\times18.16} = -2.6 \text{ L/s}$$

将计算的 Δq=-2.6 L/s 对大环管段的流量进行校正，流量校正后进行管段水头损失、环的闭合差计算。

Ⅰ环 1-2-5-4-1，$\Delta h_{\mathrm{I}}^{(1)} = -0.20$ m

Ⅱ环 2-3-6-5-2，$\Delta h_{\mathrm{II}}^{(1)} = 0.08$ m

Ⅲ环 4-5-8-7-4，$\Delta h_{\mathrm{III}}^{(1)} = 0.20$ m

Ⅳ环 5-6-9-8-5, $\Delta h_{\text{Ⅳ}}^{(1)} = 0.09$ m

大环闭合差 $\Delta h = -0.20+0.08+0.20+0.09 = 0.17$ m

经一次平差后基环和大环的闭合差均满足要求,平差过程及结果见图 2-28。

6. 计算水泵的扬程、高地水池设计标高及节点水压高程计算

选择节点 6 为控制点,按该节点要求的水压高程(由最小服务水头决定),分别向泵站和高地水池方向推算,可得各节点水压高程、高地水池设计标高和水泵的扬程,计算的各节点地面标高、水压标高、自由水压标注在相应的节点上,如图 2-29所示。

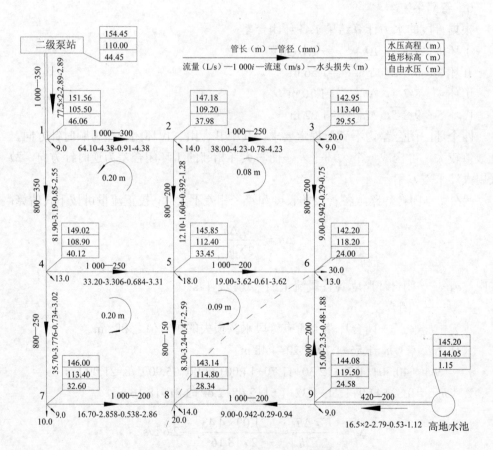

图 2-29 管网平差及水压计算成果

高地水池的设计标高：

$$145.20 - \frac{4 \times 216}{3.14 \times 15.50^2} = 144.05 \text{ m}$$

式中：145.20 为消防贮水量的水位标高；15.50 为高地水池的直径，单位为 m。

设清水池底标高为 105.50 m，则清水池的最低水位标高[①]为：

$$105.50 + 0.5 + \frac{4 \times 216}{2 \times 3.14 \times 16.50^2} = 106.50 \text{ m}$$

式中，0.5 为安全贮水量的水深，16.50 为清水池的直径，单位为 m。

假定泵站内吸、压水管路的水头损失取 3.0 m，则最高用水时二级泵站扬程为：

$$H_\text{p} = 154.45 - 106.50 + 3.0 = 50.95 \text{ m}$$

（三）管网核算

1. 消防时校核

该城镇同一时间火灾起数为两起，一起灭火用水量为 30 L/s。从安全及经济角度考虑，失火点分别设定在节点 6 和节点 8 处。消防时管网各节点的流量除节点 6、8 处各附加 30 L/s 消防流量外，其余各节点流量与最高用水时相同。

消防时需向管网供应的总流量为：

$$Q_\text{h} + Q_\text{x} = 188 + 30 \times 2 = 248 \text{ L/s}$$

其中，二级泵站供水 155+30=185 L/s

高地水池供水量 33+30=63 L/s

消防时，管网平差及水压计算成果如图 2-30 所示。

由图 2-30 可知，管网各节点处的实际自由水压均大于 10 mH₂O（98 kPa），符合低压消防制要求。因此，高地水池设计标高满足消防时核算条件。

消防时，所需二级泵站最低供水水压标高为 151.36 m（计算线路为：高地水池-9-8-7-4-1-二级泵站），清水池最低设计水位标高等于池底标高 105.50 m 加安全贮量水深 0.5 m，泵站内水头损失取 3.0 m，则所需二级泵站总扬程为：

$$H_\text{px} = 151.36 - （105.50 + 0.5） + 3.0 = 48.36 \text{ m}$$

---

① 指清水池中安全贮水量和消防贮水量对应的水位标高。

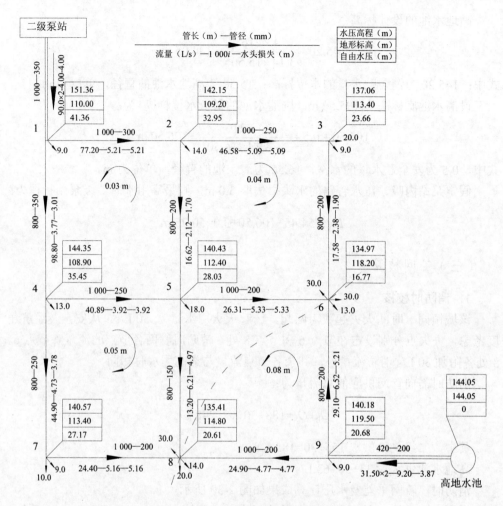

图 2-30　消防工况管网计算成果

2. 事故时校核

设 1-4 管段损坏需关闭检修，并按事故时流量降落比 $R=70\%$ 及设计水压进行核算，此时管网供应的总流量为 $Q_a=70\%\times188.0=131.6$ L/s，其中二级泵站供水流量为 $70\%\,Q_{II}=70\%\times155.0=108.5$ L/s；高地水池供水流量为 $131.6-108.5=23.1$ L/s。

事故时，管网各节点流量可按最高时各节点流量的 70% 计算。管网平差及水压计算成果如图 2-31 所示。

由图 2-31 可知，管网中各节点处的实际自由水压均大于 24.0 mH$_2$O（235.2 kPa）。因此高水池设计标高满足事故时核算条件。

事故时，所需二级泵站最低供水水压标高为 170.01 m，清水池最低水位（消防贮水位）标高为 106.50 m，泵站内水头损失取 2.5 m，则所需二级泵站总扬程为：

$$H_{psk}=170.01-106.50+2.5=66.01 \text{ m}$$

大于最高用水时所需水泵扬程 H_p=50.95m。

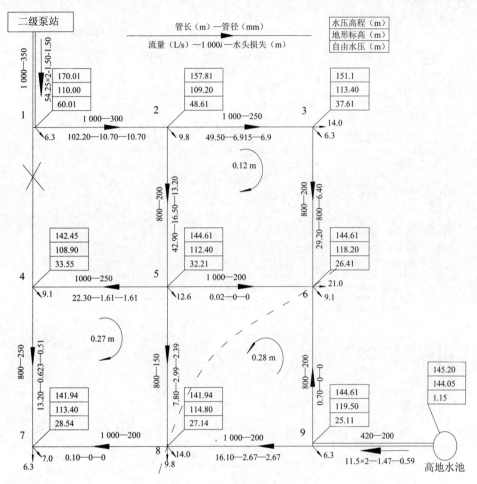

图 2-31　事故工况管网校核计算成果

3．最大转输时校核

最大转输时发生在 2～3 时（图 2-32），此时管网用水量为最高日设计用水量的 2.55%，即 2.55%×12 400=316.2 m³/h=87.83 L/s，此时二级泵站供水量为：

$$3.5\%\times12\,400=434.0 \text{ m}^3/\text{h}=120.56 \text{ L/s}$$

则最大转输流量为：120.56-87.83=32.73 L/s

最大转输时工业集中流量为 20+30=50 L/s，所以最大转输时节点流量折减系数为：

$$\frac{87.83-50}{188-80.0}=\frac{37.83}{108}=0.35$$

最高时管网的节点流量（生活用水）乘以折减系数 0.35 得最大转输时管网的节点流量。管网平差及水压计算成果如图 2-32 所示。图中高地水池水压标高 147.85 m 是高地水池最高水位标高。

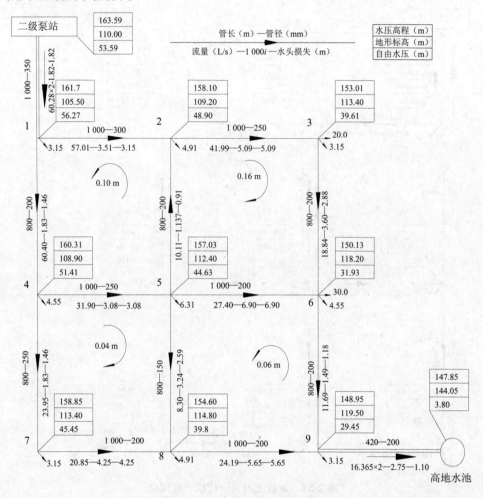

图 2-32 最大转输工况管网校核计算成果

最大转输时，所需二级泵站供水水压标高为 163.59 m，清水池最低设计水位标高为 106.50 m，泵站内水头损失取 2.5 m，安全出流水头取 1.5 m，则所需二级泵站总扬程为：

$$H_{pzs}=163.59-106.50+2.5+1.5=61.09 \text{ m}$$

大于最高时所需水泵扬程 $H_p=50.95$ m。

4. 计算成果及水泵选择

上述核算结果表明，最高时选定的管网管径、高地水池设计标高均满足核算条件，管网水头损失分布也比较均匀，且各核算工况所需水泵扬程与最高时相比相关不大（事故时 H_{psk} 与 H_p 相差 15.06 m），经水泵初选基本可以兼顾，故计算成果成立，不需调整。

　　管网设计管径和计算工况的各节点水压及高地水池设计供水参数如图 2-29、图 2-30、图 2-31、图 2-32 所示。二级泵站设计供水参数及选泵结果见表 2-23。

　　因此，二级泵站共需设置 5 台水泵（包括备用泵），其中 3 台 8Sh-9 型水泵，1 台 8Sh-9A 型水泵、1 台 6Sh-6A 型水泵。正常工况下，共需 3 台水泵。其中 6～22 时，1 台 8Sh-9 和 1 台 8Sh-9A 并联工作；22～6 时，1 台 8Sh-9 和 1 台 6Sh-6A 并联工作。每一级供水中水泵的切换可通过水位远传仪由高地水池水位控制。

　　消防时和事故时，由两台 8Sh-9 型水泵并联工作即可得到满足。

　　给水工程建成通水需若干年后达到最高日设计用水量，达到后每年也有许多天用水量低于最高日用水量。本例题二级泵站还可设置 2 台 8Sh-9 型、1 台 8Sh-9A 型、2 台 6Sh-6A 型水泵以满足最高用水时、最大转输时、消防时和事故时的设计要求。设置 2 台 6Sh-6A 型水泵可互为备用，且可作为 1 台 8Sh-9 型水泵的备用泵。

表 2-23　二级泵站设计供水参数及选泵

项目 工况	设计供水参数		水泵选择			备注
	Q/（L/s）	H/m	型号	性能	台数	
最高用水时	155.00	50.95	8Sh-9	$Q=97.5\sim60$ L/s $H=50\sim69$ m	1 台	备用两台 8Sh-9
			8Sh-9A	$Q=90\sim50$ L/s $H=37.5\sim54.5$ m	1 台	
最大转输时	120.56	61.09	8Sh-9	$Q=97.5\sim60$ L/s $H=50\sim69$ m	1 台	备用两台 8Sh-9
			6Sh-6A	$Q=50\sim31.5$ L/s $H=55\sim67$ m	1 台	
消防时	185.00	48.36	8Sh-9	同上	2 台	由备用泵满足
事故时	108.50	66.01	8Sh-9	同上	2 台	

　　本例题属于多水源管网系统，各种工况下配水源（泵站和高地）水池的真实流量分配及管网实际运行情况，只能在上述选泵的基础上，应用虚环概念，进行多水源管网平差后，才能获得。

思考题与习题

　　1. 什么是节点流量平衡条件？什么是闭合环路内水头损失平衡条件？为何环状管网计算须同时满足这两个条件？

　　2. 什么是闭合差？闭合差大小及正负各说明什么问题？

3. 什么是管网平差？为什么要进行管网平差？

4. 绘制管网等水压线图有什么意义？应怎样绘制？

5. 多水源管网水力计算和单水源管网计算时各应满足什么要求？

职业能力训练

某城镇给水管网布置图如图 2-33 所示，已知最高日最高时的流量为 219.8 L/s，试进行平差计算，并确定水塔高度（假设各节点地面标高均为 1 900.00 m，水塔处地面标高为 1 920.00 m，控制点最小服务水头为 28 m）。

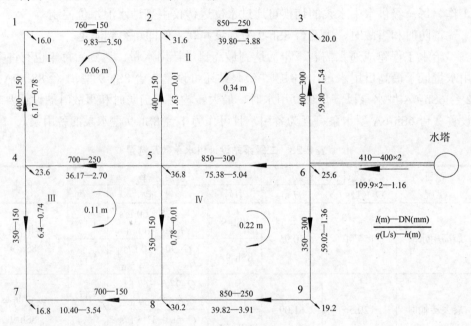

图 2-33　管网计算实训

提示：

（1）由管网总用水量和各管段长度计算各节点的节点流量，方法：求 $q_b - q_1 - q_i$。

（2）拟定水流方向，进行管网初始流量分配，考虑经济流速选定各管段管径，计算各管段水头损失。

（3）进行第一次管网平差计算（计算闭合差、校正流量及管段调整后的流量和水头损失），可参考表 2-24。

（4）计算管段流量第一次平差调整后的各环的闭和差 Δh，若 Δh 超过规定值，须进行第二次管网平差，直至各个环的闭合差达到所规定的允许范围之内。

（5）平差结束后，按控制点要求的最小服务水头和从控制点到水塔管线的总水头损失，求出水塔高度。

（6）计算各节点水压高程和自由水压，绘制等水压线和等自由水压线。

表 2-24　管网平差计算参考表格

环号	管段	管长/m	管径/mm	初步分配流量 q/(L/s)	1000i	h/m	|sq|	q/(L/s)	第一次校正 1000i	h/m	|sq|
I	1-2	760	150	-12.0	6.55	-4.98	0.415	-12+2.17=-9.83	4.60	-3.50	0.356
	1-4	400	150	4.0	0.909	0.36	0.090	4.0+2.17=6.17	1.96	0.78	0.126
	2-5	400	150	-4.0	0.909	-0.36	0.090	-4+2.17+0.2=-1.63	0.10	-0.04	0.025
	4-5	700	250	31.60	3.02	2.11	0.067	31.6+2.17+2.4=36.17	3.86	2.70	0.075
						-2.87	0.662			-0.06	0.582
	$\Delta q_{\mathrm{I}}=-2.87/(2\times0.662)=2.17$											
II	2-3	850	250	-39.6	4.55	-3.88	0.098	-39.6-0.2=-39.8	4.57	-3.88	0.097
	2-5	400	150	4.0	0.909	0.36	0.090	4-0.2-2.17=1.63	0.10	0.04	0.025
	3-6	400	300	-59.6	3.84	-1.54	0.026	-59.6-0.2=-59.8	3.85	-1.54	0.026
	5-6	850	300	76.4	6.08	5.17	0.068	76.4-0.2-0.82=75.38	5.93	5.04	0.067
						0.11	0.282			-0.34	0.215
	$\Delta q_{\mathrm{II}}=-0.11/(2\times0.282)=-0.20$											
III	4-5	700	250	-31.6	3.02	-2.11	0.067	-31.6-2.4-2.17=-36.17	3.86	-2.70	0.075
	4-7	350	150	-4.0	0.909	-0.32	0.080	-4.0-2.4=-6.4	2.10	-0.74	0.116
	5-8	350	150	4.0	0.909	0.32	0.080	4.0-2.4-0.82=0.78	0.026	0.009	0.012
	7-8	700	150	12.8	7.33	5.13	0.401	12.8-2.4=10.4	5.06	3.54	0.340
						3.02	0.628			0.109	0.543
	$\Delta q_{\mathrm{III}}=-3.02/(2\times0.628)=-2.40$											
IV	5-6	850	300	-76.4	6.08	-5.17	0.068	-76.4+0.82+0.20=-75.38	5.93	-5.04	0.067
	6-9	350	300	58.2	3.67	1.28	0.022	58.2+0.82=59.02	3.88	1.36	0.023
	5-8	350	150	-4.0	0.909	-0.32	0.080	-4.0+0.82+2.40=-0.78	0.026	-0.009	0.012
	8-9	850	250	39.0	4.44	3.77	0.097	39.0+0.82=39.82	4.60	3.91	0.098
						-0.44	0.267			0.221	0.200
	$\Delta q_{\mathrm{IV}}=0.44/(2\times0.267)=0.82$											

任务七 输水管渠设计

一、概述

1. 输水管渠

沿线不发生流量变化。

（1）水源到水厂，设计流量为：最高日平均时流量加水厂自用水量；

（2）水厂到管网，设计流量为二级泵站最大供水量。

基本要求：保证不间断供水。

2. 输水管渠设计依据

设计流量，输水水质，输水区地形图及工程地质资料，输水起点、终点高程等。

3. 输水管渠的设计内容

确定输水方式（压力、重力、压力—重力），输水管渠的形式（明渠、暗渠、管道）及结构，输水管渠的过水断面，管渠长度，管道接口方式及管材，附属构筑物、附件的设置等。

4. 确定输水方案

管渠形式：明渠、暗渠、管道；

输水方式：压力、重力、压力—重力方式；

输水安全：单管、单管加水池、双管加连接管。

（1）压力输水管渠，高地水源或水泵供水时采用这种形式。

（2）无压输水管渠（非满流水管或暗渠），单位长度造价较压力管渠低，重力无压输水管渠可节约电费。

（3）明渠，适用于远距离输送在流量水，特点是损耗大、易污染和造价低。

（4）加压与重力相结合的输水系统，适用于输水地形起伏变化的情况。

5. 输水管渠定线的原则

（1）沿现有道路或规划道路；

（2）尽量缩短输水距离；

（3）充分利用地形高差，优先考虑重力输水；

（4）尽可能避开障碍物和工程地质条件不良地区；

（5）减少拆迁，少占农田，不占农田；

（6）便于施工、运行、维护。

在高处或 0.5~1.0 km（坡度小于 1:1 000）装设排气阀；低处装设泄水阀及排水管。

6．输水管水力计算的任务

确定管径和水头损失，以及达到一定事故流量所需的输水管的条数和需设置的连接管条数。

要求：

（1）保证正常水量、水压要求；

（2）保证事故流量（Q_a）为设计流量的 70%，$R=\dfrac{Q_a}{Q}\geqslant 70\%$。

7．计算公式

（1）管径确定

$$D=\sqrt{\dfrac{4Q}{\pi v_e}}$$

式中：v_e—— 平均经济流速，m/s；$D=100\sim400$ mm 时，$v_e=0.6\sim0.9$ m/s；$D\geqslant400$ mm 时，$v_e=0.9\sim1.4$ m/s。

（2）水头损失计算

$$h=(1.05\sim1.10)il=(1.05\sim1.10)Sq^2$$

二、输水管水力计算

（一）重力供水时的压力输水管

水源在高地时（如取用蓄水库水时），若水源水位和水厂内第一个水处理构筑物之间有足够的水位高差克服两者管道的水头损失时，可利用水源水位向水厂重力输水。

（1）重力流压力输水管输水时，位置水头=水头损失，能量关系如图 2-34 所示。

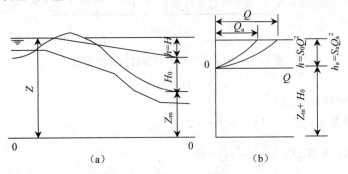

图 2-34　重力流压力输水管

（2）n 条并联输水管（S、n、Q）计算原理

并联管路摩阻：$\dfrac{1}{\sqrt{S_0}}=\dfrac{1}{\sqrt{S_1}}+\dfrac{1}{\sqrt{S_2}}+\dfrac{1}{\sqrt{S_3}}+\cdots+\dfrac{1}{\sqrt{S_n}}$

若 $S_1=S_2=S_3=\cdots=S$，则有：$S_0=\dfrac{S}{n^2}$

正常供水：$h=S_0Q^2=\dfrac{S}{n^2}Q^2=H$

事故时：$h_a=S_aQ_a{}^2=\dfrac{S}{(n-1)^2}Q_a{}^2=H$

$$\dfrac{S}{(n-1)^2}Q_a{}^2=\dfrac{S}{n^2}Q^2$$

$$R=\dfrac{Q_a}{Q}=\dfrac{n-1}{n}\geqslant 70\%$$

（3）n 条并联输水管加 m 条连接管输水（S、n、m、Q）计算原理

输水管正常时和事故时工作情况如图 2-35 所示。

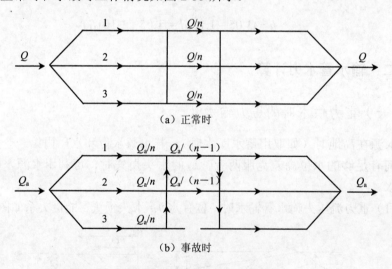

（a）正常时

（b）事故时

图 2-35 输水管正常时和事故时工作情况

并联管路摩阻计算同前。

串联管路摩阻：$S_0=S_1+S_2+S_3+\cdots+S_n$

正常供水：$h=S_0Q^2=\dfrac{(m+1)S}{n^2}Q^2=H$

事故时：$h_a=S_aQ_a{}^2=\left[\dfrac{mS}{n^2}+\dfrac{S}{(n-1)^2}\right]Q_a{}^2=H$

$$\frac{(m+1)S}{n^2}Q^2=[\frac{mS}{n^2}+\frac{S}{(n-1)^2}]Q_a^2=H$$

$$R=\frac{Q_a}{Q}=\sqrt{\frac{S_0}{S_a}}=\sqrt{\frac{S\frac{(m+1)}{n^2}}{\frac{m}{n^2}S+S\frac{1}{(n-1)^2}}}\geqslant70\%$$

重力供水时，输水管及连接管条数根据表 2-25 选择。

表 2-25　取不同 m、n 值时的 R 值

n	当 m 为下列值时的 R 值				
	0	1	2	3	4
2	0.5	0.63	0.71	0.76	0.79
3	0.67	0.78	0.84	0.87	0.89
4	0.75	0.85	0.89	0.91	0.93

（二）水泵供水时的压力输水管

1. 计算内容及依据

（1）内容

在两条并联输水管的条件下，连接管数（m）的确定。

（2）依据

水泵特性曲线：$H_p=H_b-SQ^2$，S 为水泵的摩阻。

输水管特性曲线：$H_p=H_{st}+S'Q^2$，S' 为管路摩阻，$S'=S_p+S_d$。

正常供水时（Q，H_P）——S_0

出现事故时（Q_a，H_a）——S_1

2. 设置网前水塔时

$$m+1=N=\frac{(S_1-S_d)R^2}{(S+S_p+S_d)(1-R^2)}$$

式中：S —— 水泵的摩阻，s^2/m^5；

　　　S_p —— 泵站内部管道的摩阻，s^2/m^5；

　　　S_1 —— 事故输水管的摩阻，s^2/m^5；

　　　S_d —— 输水系统正常工作时的总摩阻，s^2/m^5；

　　　R —— 事故时允许流量降落比，按供水要求确定；

　　　m —— 连接管数量。

3. 设置对置水塔时

$$m+1 = N = \frac{(S_1 - S_d)R^2}{(S + S_p + S_c + S_d)(1 - R^2)}$$

式中：S_c —— 管网起点至控制点管路的总摩阻。

思考题与习题

1. 几条平行管线组成的压力输水系统，在中间设置连接管有什么作用？连接管数量应如何确定？如何计算连接管条数？

2. 城镇的事故供水量规定为设计用水量的 70%，为保证事故输水量，再敷设两条平行输水管，需设置多少条连接管？

任务八　给水管道附件及附属设施

一、给水管道附件

为了保证给水系统正常运行，便于维修和使用，在管道上需设置必要的阀门、消火栓、排气阀和泄水阀、给水栓等附件。

（一）阀门

阀门是控制水流和调节管道内的水量、水压的重要设备，并具有在紧急抢修中迅速隔离故障管段的作用。

输水管道和配水管网应根据具体情况设置分段和分区检修的阀门，通常在输配水干管直线段上距离为 400～1 000 m 处装设一检修阀门，且不超过 3 条配水支管；干线与支线交接处的阀门应设在支线上。配水管网上的阀门，不应超过 5 个消火栓的布置长度。

阀门的口径一般与管道直径相同，但阀门价格较高，为降低造价，当管径大于 500 mm 时，允许安装 0.8 倍管径的阀门。

阀门的种类按闸板分为楔式和平行式两种；按闸杆的上下移动分为明杆和暗杆两种。泵站一般采用明杆；输配水管道一般采用手动暗杆楔式阀门。

工程上还常用蝶阀。其具有构造简单、外形尺寸小、重量轻、操作轻便灵活、价格低等特点，其功能与上述阀门相同。

（二）排气阀和泄水阀

排气阀的作用是自动排除管道中聚集的空气。一般安装在管网隆起点和平直段的必要位置。

泄水阀的作用是排除管道中的沉积物以及检修时放空管道内存水。一般安装在管网低处和平直段的必要位置。

（三）消火栓

消火栓按安装形式可分为地上式和地下式两种。消防规范规定：接室外消火栓的管径不得小于 100 mm，消火栓保护半径不应超过 150 m，相邻两消火栓的间距不应大于 120 m；距离建筑物外墙不得小于 5 m，距离行车道边不大于 2 m 且不宜小于 0.5 m。

二、给水管网附属构筑物

（一）井室

管网中的各种附件一般装在井室内，以便操作和检修。井室的深度由管道的埋深确定。平面尺寸由管道直径和附件的种类及数量确定，为便于安装和维修要求如下：

（1）承口或法兰下边缘至井底的距离不小于 0.1 m。

（2）法兰盘和井壁的距离应大于 0.15 m，承口外缘到井壁的距离应大于 0.3 m。井室的形式可根据附件的类型、尺寸确定，可参照给排水标准图选用。

（二）给水管线穿越障碍物的措施

1．管道穿越铁路和公路的措施

管道一般在路基下垂直穿越。通常采用如下措施：

（1）设套管。开槽法施工套管比管道直径大 300 mm，管材采用钢制套管或钢筋混凝土套管。掘进顶管施工套管比管道直径大 500～800 mm，其管顶距轨底或路面不宜小于 1.2 m。

（2）当穿越临时铁路、次要公路及一般公路且埋深较大时，可不设套管。

（3）当给水管线穿越铁路的两端时，应设阀门井。在管线较低的一端，设泄水阀和集水井。

2．管道穿越河谷的措施

（1）当河道上设有桥梁时，管道可在人行道下悬吊过桥。

（2）可敷设倒虹吸管。

（3）管道直径较大，可修建管道桥。

（三）支墩

承插式接口的给水管道，在转弯处和三通管端、管堵顶端等处，会产生向外的推力，易引起承插接口松动、脱节而造成破坏。因此，在承插式管道垂直或水平方向转弯等处应设置支墩。支墩可参考给排水标准图进行设置。

当管径≤350 mm 时或转角小于 10°，且试验压力不大于 1.0 MPa 时，其接头足以承受推力，可不设支墩。

思考题与习题

1. 给水管有哪些附件？在何种情况下使用？
2. 排气阀和泄水阀应在哪些情况下设置？设置位置应如何考虑？
3. 在什么情况下应考虑设置给水支墩？有哪些设置要求？

任务九　管网设计成果整理

一、给水系统规划成果资料

1．规划图

规划图纸的比例采用 1/5 000～1/10 000，图中应包括给水水源和取水位置，水厂厂址、泵站位置，以及输水管（渠）和管网的布置等，如图 2-36 所示。

2．规划文本

文字说明应包括规划项目的性质、建设规模、方案的组成及优缺点、工程造价、所需主要设备材料以及能源消耗等；此外，还应附规划设计的基础资料。

二、施工图

管道施工包括管道带状平面图、纵断面图和大样图等。

（一）带状平面图

管道带状平面图是在管网规划的基础上进行设计的，通常采用 1∶500～1∶1 000 的比例，带状平面图的宽度应根据标明管道相对位置的需要而定，一般在 30～100 m。由于带状平面图是截取地形图的一部分，因此图上的地物、地貌的标注方法应与相同比例的地形图一致，并按管道图的有关要求在图上标明以下内容：

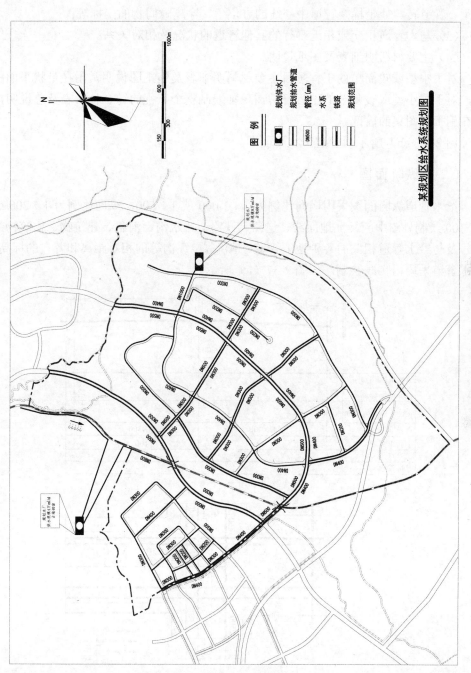

图 2-36　给水系统规划示意

某规划区给水系统规划图

（1）现状道路或规划道路中心线及折点坐标；

（2）管道代号、管道与道路中心线或永久性地物间的相对距离、间距、节点号、管距、管道转弯处坐标及管道中心线的方位角、穿越障碍物的坐标等；

（3）与本管道相交或相近平行的其他管道的状况及相对关系；

（4）主要材料明细表及图纸说明。

对于小型或较简单的工程项目主要材料明细表及施工图说明常附在带状平面图上，对于中小型或较复杂的工程，常需单独编制整个工程的综合材料表及总说明，放在施工图图集的前部。

图 2-37（b）所示为管道带状平面图。

（二）纵断面图

给水管道纵断面图采用横向比例为 1：1 000 或 1：500，纵向比例为 1：200 或 1：100 绘制。图中应标注地面线、道路、铁路、排水沟、河谷、建筑物、构筑物的编号及与给水管道相关的各种地下管道、地沟、电缆沟等的相对距离和各自的标高。给水管道采用粗实线绘制，如图 2-37（a）所示。

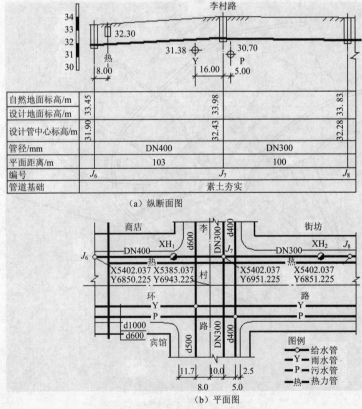

（a）纵断面图

（b）平面图

图 2-37　给水管道纵断、平面示意

（三）大样图

在给水管网中，管线相交点称为节点。在节点处通常设有弯头、三通、四通、渐缩、阀门、消火栓等管件和附件。

当给水管网、管材及管径确定后，则应进行节点详图设计，力求使各节点的配件、附件布置合理紧凑，并尽可能减小阀门尺寸，降低造价。用规范符号绘出节点详图。其各个配件、附件按类别及规格进行编号，列出节点管件一览表，如图 2-38 和图 2-39 所示。

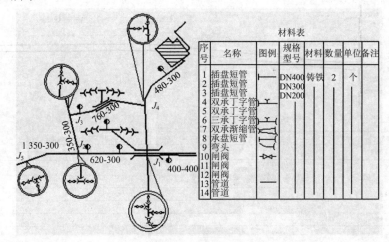

图 2-38　管网节点

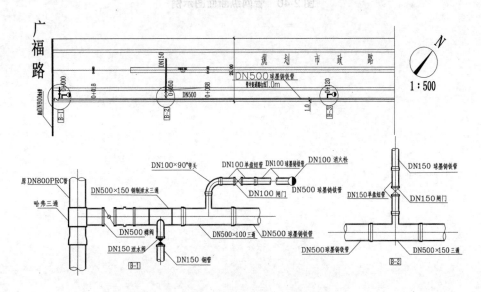

图 2-39　管网节点大样图示例

职业能力训练

依照图 2-39 所示的管网，试进行管段的纵断面及节点 B-3 的大样图设计。

提示：

（1）节点 B-3 的大样图设计参考节点 B-1 的大样图；

（2）纵断面图示例如图 2-40 所示。

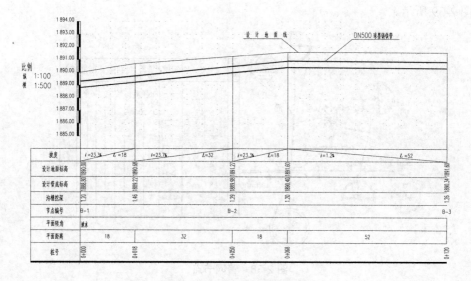

图 2-40　管网纵断面图示例

项目三　城镇排水管网规划布置

项目概述

根据所提供的城镇总体规划资料、给排水现状资料和有关自然条件的资料，确定排水系统的体制和排水管道的布置方式，完成污水管道系统、雨水管道系统和合流制管渠系统的布置。

项目具体内容见本项目职业能力训练部分。

学习目标

在学习排水管道系统基本概念、室外给排水设计规范、有关排水系统规划设计实例分析的基础上能合理确定排水体制、排水管道系统布置形式，并完成排水管渠系统（污水管道、雨水管道、合流制管渠）的布置。

任务一　排水系统体制的选择

在人们的日常生活和生产活动中，都要使用水。水在使用过程中受到了污染，成为污水，就需进行处理与排除。此外，城市内降水（雨水和冰雪融化水），径流流量较大，也应及时排放。将城市污水、降水有组织地排除与处理的工程设施称为排水系统。在城市规划与建设中，对排水系统进行全面统一安排，称为城市排水工程规划。

一、排水管道系统的组成

（一）废水的分类

城市排水可分为三类，即生活污水、工业废水和降水径流。城市污水是指排入城市排水管道的生活污水和工业废水的总和。

生活污水、工业废水以及降水的来源和特征如下：

1. 生活污水

是指人们在日常生活中所产生的污水，来自住宅、机关、学校、医院、商店、公共场所及工厂的厕所、浴室、厨房、洗衣房等处。这类污水中含有较多的有机杂质，并带有病原微生物和寄生虫卵等。

2. 工业废水

是指工业生产过程中所产生的废水，来自工厂车间或矿场等地。根据其污染程度不同，又分为生产废水和生产污水两种。

（1）生产废水

是指在生产过程中，水质只受到轻微污染或仅是水温升高、可不经处理直接排放的废水，如机械设备的冷却水等。

（2）生产污水

是指在生产过程中，水质受到较严重的污染，需经处理后方可排放的废水。其污染物质，有的主要是无机物，如发电厂的水力冲灰水；有的主要是有机物，如食品工厂废水；有的含有机物、无机物，并有毒性，如石油工业废水、化学工业废水等。废水性质因工厂类型及生产工艺过程不同而异。

3. 降水

指地面上径流的雨水和冰雪融化水。降水径流的水质与流经表面情况有关。一般是较清洁的，但初期雨水径流却比较脏。雨水径流排除的特点是：时间集中、量大，以暴雨径流危害最大。

以上三种水，均需及时妥善地处置。如解决不当，将会妨碍环境卫生、污染水体，影响工农业生产及人民生活，并对人们的身体健康带来严重危害。

城市排水工程规划的任务就是将上述三种水汇集起来，输送到污水处理厂（其中降水与工业生产废水一般可直接排入附近水体），经过处理后再排放。

（二）排水管道系统

排水管道系统一般由废水收集设施、排水管道、水量调节池、提升泵站、废水输水管（渠）和排放口等组成，如图 3-1 所示。

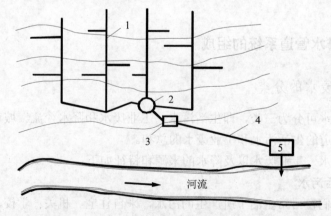

1—排水管道；2—水量调节池；3—提升泵站；4—输水管道（渠）；5—污水处理厂

图 3-1　排水管道系统示意

二、排水管网系统的体制及选择

城市污水由生活污水、工业废水和降水组成，这些污水可采用同一管渠系统进行排除，也可以采用两个或两个以上各自独立的管渠系统进行排除，污水的这种不同的排除方式称为排水体制。它有合流制和分流制两种基本方式。

（一）合流制

所谓合流制是指用同一种管渠收集和输送生活污水、工业废水和雨水的排水方式。

根据污水汇集后的处置方式不同，又可把合流制分为下列三种情况：

1. 直排式合流制

即管道系统的布置就近坡向水体，分若干排出口，混合的污水未经处理直接排入水体（图3-2），我国许多老城市的旧城区采用的是这种排水体制。这是因为以往工业尚不发达，城市人口不多，生活污水和工业废水量不大，直接排入水体，环境卫生和水体污染问题还不是很明显。但是，随着现代化城镇和工业企业的建设和发展，人们生活水平的不断提高，污水量不断增加，水质日趋复杂，造成的水体污染越来越严重。因此，这种直排式合流制排水系统目前不宜采用。

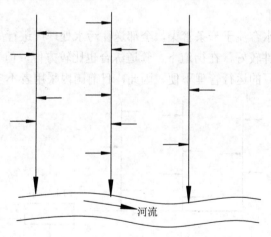

图3-2　直排式合流制

2. 截流式合流制

这是针对老城市直排式合流制排水系统严重污染水体的缺点经改进后采用的一种排水体制（图3-3）。这种系统是沿河岸边铺设一条截流干管，同时在截流干管上设置溢流井，并在下游设置污水处理厂。晴天和初降雨时，所有污水都排入污水处理厂进行处理，处理后的水再排入水体或再利用。随着降雨量的增加，雨水径流量也增加，当混合污水的流量超过截流干管的输水能力后，将会有部分污水经溢流井直接流入水体。这种排水系统虽比直排式有了较大的改进，但在雨天时，仍有部分混合污水未经处理而直接进入，成为水体的污染源而使水体遭受污染。国内外在对老城区的旧合流制改造时，通常采用这种方式。

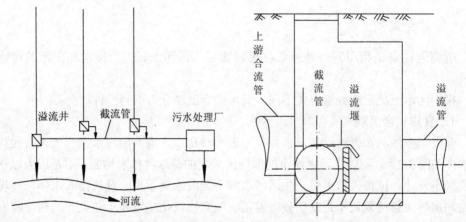

图 3-3　截流式合流制

3. 完全合流制

即将污水和雨水合流于一条管渠，全部送往污水处理厂进行处理（图 3-4）。

特点：卫生条件较好，在街道下，管道综合也比较方便，但工程量较大，初期投资大，污水处理厂的运行管理不便。因此，目前国内采用者不多。

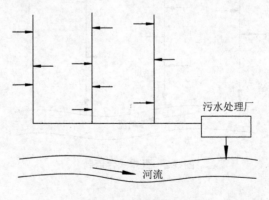

图 3-4　完全合流制

（二）分流制

分流制排水系统是指用不同管渠分别收集和输送各种污水、生产废水和雨水的排水方式。排除生活污水、工业废水的系统称为污水排水系统；排除雨水的系统称为雨水排水系统。根据雨水的排除方式不同，分流制又分为下列两种情况：

1．完全分流制排水系统

在同一排水区域内，既有污水管道系统，又有雨水管道系统（图 3-5）。生活污水和工业废水通过污水排水系统送至污水处理厂，经处理后再排入水体。雨水是通过雨水排水系统直接排入水体。这种排水系统比较符合环境保护的要求，但城市排水管渠的一次性投资较大。

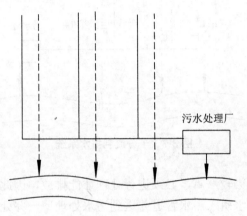

图 3-5　完全分流制

2．不完全分流制排水系统

这种体制只有污水排水系统，没有完整的雨水排水系统（图 3-6）。各种污水经过处理后排入水体；雨水沿着地面、道路边沟、明渠和小河进入水体。如城镇的地势适宜，不易积水时，在城镇建设初期，可先解决污水的排放问题，待城镇进一步发展后，再建雨水排水系统，最后形成完全分流制排水系统。这样可以节省初期投资，有利于城镇的逐步发展。

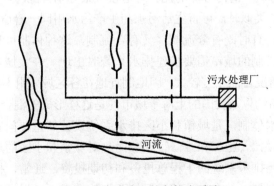

图 3-6　不完全分流制排水系统

还有一种情况称为半分流制排水系统，该种体制既有污水排水系统，又有雨水排水系统，如图 3-7 所示。

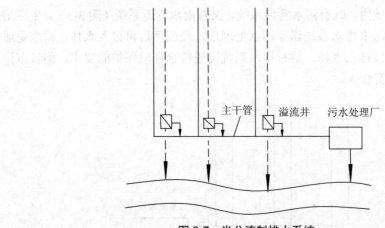

图 3-7   半分流制排水系统

由于初降雨水污染较严重，必须进行处理才能排放，因此在雨水截流干管上设置溢流井，把初降雨水引入污水管道并送到污水处理厂一并处理和利用。这种体制的排水系统，可以更好地保护水环境，但工程费用较大，目前使用不多。在一些工厂由于地面污染较严重，初降雨水也被严重污染，应进行处理才能排放，在这种情况下，可以考虑采用半分流制排水系统。

（三）排水体制的选择

在工业企业中，一般采用分流制排水系统。然而，由于工业废水的成分和性质很复杂，不但与生活污水不宜混合，而且彼此之间也不宜混合，否则造成污水和污泥处理复杂化，给废水重复利用和有用物质的回收利用造成很大困难。所以，工业企业多数采用分质分流、清污分流的几种管道系统来分别排除污水。但生产污水的成分和性质同生活污水类似时，可将生活污水和生产污水用同一管道系统来排除。

在一个城镇中，有时既有分流制，又有合流制，这种体制可称为混合制。该体制一般是在具有合流制的城镇需要扩建排水系统时出现。在大城市中，因各区域的自然条件以及修建情况可能相差较大，因地制宜地在各区域采用不同的排水体制也是合理的，如美国的纽约以及我国的上海等城市便是这样形成的混合制排水系统。

合理地选择排水体制，是城镇和小区排水系统设计的重要问题，它不仅从根本上影响排水系统的设计、施工和维修管理，而且对城镇和小区的规划和环境保护影响深远，同时也影响排水系统的工程总投资和初期投资。通常，排水体制的选择，必须符合城镇建设规划，并在满足环境保护要求的前提下，根据当地的具体条件，通过技术经济比较决定。

从城镇规划方面看，合流制仅有一条管渠系统，地下建筑相互间的矛盾较少，占地少，施工方便，但这种体制不利于城镇的分期发展。

从环境保护方面看，直排式合流制不符合卫生要求，新建的城镇和小区已不再采用。完全合流制排水系统卫生条件好，有利于环境保护，但工程量大，初期投资大，污水处理厂的运行管理不便，特别是在目前我国经济实力还不雄厚的情况下，这种体制还暂不能采用。在老城市的改造中，常采用截流式合流制，充分利用原有的排水设施，与直排式相比，减小了对环境的危害，但仍有部分混合污水通过溢流井排入水体，环境污染问题依然存在。分流制排水系统的管线多，但卫生条件较好，虽然初降雨水对水体污染相当严重，但它比较灵活，容易适应社会发展的需要，一般也能符合城镇卫生的要求，所以在国内外得到推广应用，而且也是城镇排水系统体制发展的方向。不完全分流制排水系统，初期投资少，有利于城镇建设的分期发展，在新建城镇和小区可考虑采用这种体制。半分流制卫生情况比较好，但管渠数量多，建造费用高，一般仅在地面污染较严重的区域（如某些工业区）采用。

从投资方面看，排水管道工程占整个排水工程总投资的比例很大，一般为60%～80%，所以排水体制的选择对基建投资影响很大，必须慎重考虑。合流制只敷设一条管渠，其管渠断面尺寸与分流制的雨水管渠相差不大，施工矛盾较小，据估计管道总投资较分流制低20%～40%，但泵站和污水处理厂的造价要比分流制高。如果是新建的城镇和小区，初期投资受到限制时，可以考虑采用不完全分流制，先建污水管道系统而后再建雨水管道系统，以节省初期投资，有利于城镇分期发展，且工期短，见效快；随着工程建设的发展，再逐步建设雨水排水系统。我国过去许多新建的工业小区和居民区均采用不完全分流制排水系统。

从排水系统的管理上看，合流制管道系统在晴天时污水只是部分流，流速较低，容易产生沉淀。据经验，管道中的沉淀物易被暴雨水流冲走，这样，合流制管道系统的维护管理费用可以降低；但是，流入污水处理厂的水量和水质变化较大，增加了污水处理厂运行管理的复杂性。而分流制管道系统可以保证管内水流的流速，不致发生沉淀；同时，流入污水处理厂的水量和水质较合流制变化小得多，污水处理厂的运行管理易于控制。

总的看来，排水系统体制的选择，应根据城镇和工业企业规划、当地降雨情况、排放标准、原有排水设施、污水处理和利用情况、地形和水体条件等，在满足环境保护要求的前提下，全面规划，按近期设计，考虑远期发展，通过技术经济比较，综合考虑而定。一般情况下，新建的城镇和小区宜采用分流制和不完全分流制；老城镇的城区由于历史原因，一般已采用合流制，要改造成完全分流制难度较大，故在同一城镇内可采用不同的排水体制，旧城区可采用截流式合流制，易改建地区和新建的小区宜采用分流制或不完全分流制；在干旱少雨地区，或街道较窄、地下设施较多而修建污水和雨水两条管线有困难的地区，可考虑采用完全合流制。

思考题与习题

1. 排水管道系统是由哪些部分组成的？并分别说明各组成部分的作用。
2. 什么是排水系统的体制？并简要说明如何进行体制的选择。

任务二　排水管道系统布置

一、排水管网布置原则与形式

（一）排水管网布置原则

（1）按照城市总体规划，结合当地实际情况布置排水管道，并对多方案进行技术经济比较；

（2）首先确定排水区界、排水流域和排水体制，然后布置排水管道，应按主干管、干管、支管的顺序进行布置；

（3）充分利用地形，尽量采用重力流排除污水和雨水，并力求使管线最短和埋深最小；

（4）协调好与其他地下管线和道路等工程的关系，考虑好与企业内部管网的衔接；

（5）规划时要考虑到使管渠的施工、运行和维护方便；

（6）规划布置时应远近期相结合，考虑分期建设的可能性，并留有充分的发展余地。

（二）排水管道系统布置形式

城镇排水管道系统在平面上的布置形式，应根据地形、竖向规划、污水处理厂的位置、土壤条件、河流情况以及污水种类和污染程度等因素而定。下面介绍几种以地形为主要考虑因素的布置形式（图3-8）。

在地势向水体适当倾斜的地区，各排水流域的干管可以最短距离沿与水体垂直相交的方向布置，这种布置也称正交式布置［图3-8（a）］。正交式布置的干管长度短，管径小，因而较经济，污水和雨水排出也迅速，这种布置形式多用于原老城市合流制排水系统。但由于污水未经处理就直接排放，会使水体遭受严重污染，影响环境。因此，在现代城镇中，这种布置形式仅用于排除雨水。若沿低边再敷设主干管，并将各干管的污水截流送至污水处理厂，这种布置形式称截流式布置［图3-8（b）］，所以截流式是正交式发展的结果。截流式布置对减轻水体污染，改善和保护环境有重大作用。它既适用于分流制排水系统，将生活污水、工业废水及初降雨水经处理后排入水体；也适用于区域排水系统，区域主干管截流各城镇的污水送到区域污水处理厂进行处理。

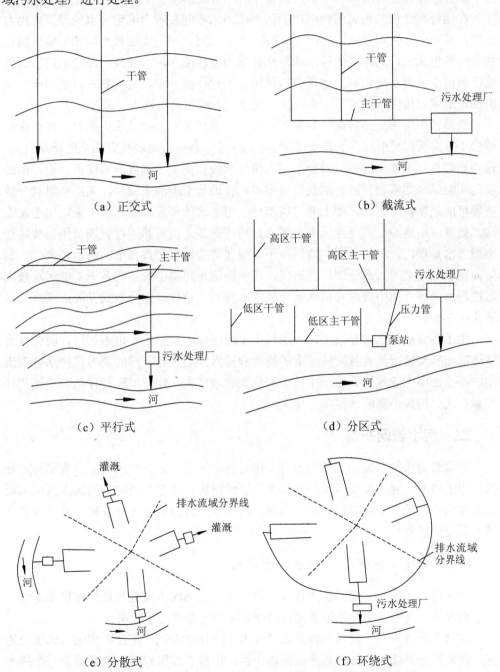

图 3-8　城镇排水管道系统布置形式

在地势向河流方向有较大倾斜的地区，为了避免因干管坡度过大而导致管内流速过大，使管道受到严重冲刷或跌水井过多，可使干管与等高线及河道基本上平行，主干管与等高线及河道成一倾斜角敷设，这种布置也称平行式布置［图 3-8（c）］。

在地势高低相差很大的地区，当污水或雨水不能靠重力流至污水处理厂或出水口时，可采用分区布置形式［图 3-8（d）］。这时，可分别在高地区和低地区敷设独立的管道系统。高地区的污水或雨水靠重力直接流入污水处理厂或出水口，而低地区的污水或雨水用水泵抽送至高地区污水处理厂或干管。这种布置只能用于个别阶梯地形或起伏很大的地区，它的优点是能充分利用地形排水，节省电力。

当城镇中央部分地势高，且向周围倾斜，四周又有多处排水出路时，各排水流域的干管常采用辐射状分散布置［图 3-8（e）］，各排水流域具有独立的排水系统。这种布置具有干管长度短、管径小、管道埋深浅和便于污水灌溉等优点，但污水处理厂和泵站（如需设置时）的数量将增多。在地势平坦的大城市，采用辐射状分散布置可能是比较有利的，如上海等城市便采用了这种布置形式。近年来，由于建造污水处理厂用地不足以及建造大型污水处理厂的基建投资和运行管理费用也较建造小型污水处理厂经济等原因，故国家不希望建造数量多、规模小的污水处理厂，而倾向建造规模大的污水处理厂。所以，可沿四周布置主干管，将各干管的污水截流送往污水处理厂集中处理（雨水就近排入水体），这样就由分散式发展成环绕式布置［图 3-8（f）］。

由于各城市地形差异很大，大中城市不同区域的地形条件也不相同，因此排水管道的布置要紧密结合各区域地形的特点和排水体制进行，同时要考虑排水管渠流动的特点，即大流量干管坡度小，小流量支管坡度大。实际工程往往结合上述几种布置形式，构成丰富的具体布置形式。

二、污水管网布置

污水管道系统布置的主要内容有：确定排水区界，划分排水流域；选择污水处理厂出水口的位置；拟定污水主干管及干管的路线；确定需要提升的排水区域和设置泵站的位置等。平面布置的正确合理，可为设计阶段奠定良好基础，并节省整个排水系统的投资。

（一）确定排水区界，划分排水流域

污水排水系统设置的界线为排水区界。它是根据城市规划的设计规模确定的。一般情况下，凡是卫生设备设置完善的建筑区都应布置污水管道。

在排水区界内，一般根据地形划分为若干个排水流域。在丘陵和地形起伏的地区，流域的分界线与地形的分水线基本一致，由分水线所围成的地区即为一个排水流域。在地势平坦无显著分水线的地区，应使主干管在最大埋深的情况下，让绝大

部分污水自流排出。如有河流或铁路等障碍物贯穿，应根据地形情况、周围水体情况及倒虹管的设置情况等，通过方案比较，决定是否分为几个排水流域。每一个排水流域应有一根或一根以上的干管，根据流域高程情况，就能确定干管水流方向和需要污水提升的地区。

图 3-9 显示了某市排水流域的划分。该市被河流划分为 4 个区域，根据自然地形，划分为 4 个排水流域。每个流域内有一条或若干条干管，Ⅰ、Ⅲ两流域形成河北排水区，Ⅱ、Ⅳ两流域形成河南排水区，两排水区的污水分别进入各区的污水处理厂，经处理后排入河流。

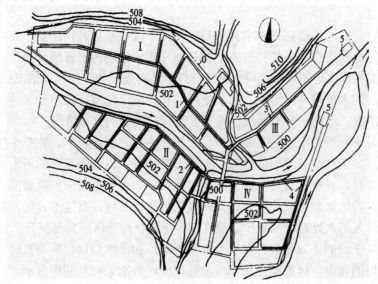

0—排水区界；Ⅰ，Ⅱ，Ⅲ，Ⅳ—排水流域编号；

1，2，3，4—各排水流域干管；5—污水处理厂

图 3-9　某市排水流域的划分及污水管道平面布置

（二）污水处理厂和出水口位置的选定

现代化的城镇，需将各排水流域的污水通过主干管送到污水处理厂，经处理后再排放，以保护受纳水体。因此，在布置污水管道系统时，应遵循以下原则选定污水处理厂和出水口的位置：

（1）出水口应位于城市河流的下游。

（2）出水口不应设回水区，以防回水区的污染。

（3）污水处理厂要位于河流的下游，并与出水口尽量靠近，以减少排放渠道的长度。

（4）污水处理厂应设在城镇夏季主导风向的下风向，并与城镇、工矿企业以及

郊区居民点保持 300 m 以上的卫生防护距离。

（5）污水处理厂应设在地质条件较好和不受雨洪水威胁的地方，并有扩建的余地。

综合考虑以上原则，在取得当地卫生和环保部门同意的条件下，确定污水处理厂和出水口的位置。

（三）污水管道的布置与定线

污水管道平面布置，一般按主干管、干管、支管的顺序进行。在总体规划中，只决定污水主干管、干管的走向与平面位置。在详细规划中，还要决定污水支管的走向及位置。

在进行定线时，要在充分掌握资料的前提下综合考虑各种因素，使拟定的路线能因地制宜地利用有利条件和避免不利条件。通常影响污水管道平面布置的主要因素有：地形和水文地质条件；城市总体规划、竖向规划和分期建设情况；排水体制、路线数目；污水处理利用情况、污水处理厂和排放口位置；排水量大的工业企业和公共建筑情况；道路和交通情况；地下管线和构筑物的分布情况。

地形是影响管道定线的主要因素。定线时应充分利用地形，在整个排水区域较低的地方，如集水线或河岸低处敷设主干管及干管，以便于支管的污水自流接入。地形较复杂时，宜布置成几个独立的排水系统，如由于地表中间隆起而布置成两个排水系统。若地势起伏较大，宜布置成高低区排水系统，高区不宜随便跌水，而是利用重力排入污水处理厂并减少管道埋深；个别低洼地区应局部提升。

污水主干管的走向与数目取决于污水处理厂和出水口的位置与数目。如大城市或地形平坦的城市，可能要建几个污水处理厂，分别处理与利用污水，这就需设几个主干管。若几个城镇合建污水处理厂，则需建造相应的区域污水管道系统。

污水干管一般沿城镇道路敷设，不宜设在交通繁忙的快车道下和狭窄的道路下，也不宜设在无道路的空地上，而通常设在污水量较大或地下管线较少一侧的人行道、绿化带或慢车道下。道路宽度超过 40 m 时，可考虑在道路两侧各设一条污水管，以减少连接支管的数目以及与其他管道的交叉，并便于施工、检修和维护管理。污水干管最好以排放大量工业废水的工厂（或污水最大的公共建筑）为起端，除了能较快发挥效用外，还能保证良好的水力条件。某城市污水管道布置如图 3-9 所示。

污水支管的平面布置取决于地形及街区建筑特征，并应便于用户接管排水。当街区面积较小而街区污水管道可采用集中出水方式时，街道支管敷设在服务街区较低侧的街道下，如图 3-10（a）所示，称低边式布置；当街区面积较大且地形平坦时，宜在街区四周的街道敷设污水支管，建筑物的污水排出管可与街道支管连接，如图 3-10（b）所示，称周边式布置；当街区已按规定确定，街区内的污水管道已按各建筑物的需要设计，组成一个系统时，可将该系统穿过其他街区并与所穿过的街区的污水管道相连接，如图 3-10（c）所示，称穿坊式布置。

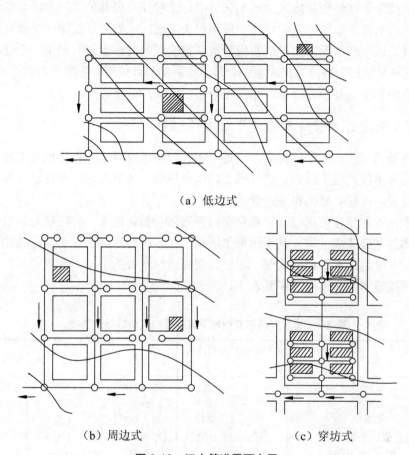

（a）低边式

（b）周边式   （c）穿坊式

图 3-10　污水管道平面布置

（四）确定污水管道系统的控制点和泵站的设置地点

控制点是指在污水排水区域内，对管道系统的埋深起控制作用的点。各条干管的起点一般都是这条管道的控制点。这些控制点中离出水口最远最低的点，通常是整个管道系统的控制点。具有相当深度的工厂排出口也可能成为整个管道系统的控制点，它的埋深影响整个管道系统的埋深。确定控制点的管道埋深，一方面应根据城市的竖向规划，保证排水区域内各点的污水都能自流排出，并考虑发展留有适当的余地；另一方面，不能因照顾个别点而增加整个管道系统的埋深。对于这些点，应采取加强管材强度、填土提高地面高程以保证管道所需的最小覆土厚度和设置泵站提高管位等措施，以减小控制点的埋深，从而减小整个管道系统的埋深，降低工程造价。

在排水管道系统中，当管道的埋深超过最大允许埋深时，应设置泵站以提高下游管道的管位，这种泵站称为中途泵站；当地形起伏较大时，往往需要将地势较低处的污水抽升至地势较高地区的污水管道中，这种抽升局部地区污水的泵站称为局部泵站；污水管道系统终点的埋深一般都很大，而污水处理厂的第一个处理构筑物埋深较浅，或设在地面以上时需要将管道系统输送来的污水抽升到第一个处理构筑物中，这种泵站称为终点泵站或泵站。泵站设置的具体位置，应综合考虑环境卫生、地址、电源和施工条件等因素，并得到规划、环保、城建等部门的许可。

（五）确定污水管道在街道下的具体位置

随着城镇现代化水平的提高，街道下各种管线以及地下工程设施越来越多，这就需要在各单项管道工程规划的基础上，综合规划，统筹考虑，合理安排各种管线的空间位置，以利于施工和维护管理。

由于污水管道在使用过程中难免会出现渗漏和损坏现象，有可能对附近建筑物和构筑物的基础造成危害，甚至污染生活饮用水。因此，污水管道与建筑物应有一定间距，与生活给水管道交叉时，应敷设在生活给水管的下面。污水管道与其他地下管线或构筑物的最小净距参照表 3-1。

表 3-1　排水管道与其他地下管线或构筑物的最小净距

名称	水平净距/m	垂直净距/m	名称	水平净距/m	垂直净距/m
建筑物	见注 3	—	热力管线	1.5	0.15
给水管	见注 4	0.4	乔木	见注 5	
排水管	—	0.15	地上柱杆	1.5	
再生水管	0.5	0.4	道路侧石边缘	1.5	
煤气管　低压（$p \leqslant 0.05$ MPa）	1.0		铁路	见注 6	
煤气管　中压（$0.05 < p \leqslant 0.4$ MPa）	1.5	0.15	电车路轨	2.0	轨底 1.2
煤气管　高压（$0.4 < p \leqslant 0.8$ MPa）	2.0		架空管架基础	2.0	
煤气管　特高压（$0.8 < p \leqslant 1.6$ MPa）	5.0		油管	1.5	0.25
电力电缆	1.0		压缩空气管	1.5	0.15
			氧气管	1.5	0.25
			乙炔管	1.5	0.25
通信电缆	1.0	直埋 0.5 穿埋 0.15	电车电缆		0.50
			明渠渠底涵洞		0.50
			基础底		0.15

注：1. 表列数字除注明外，水平净距均指外壁净距，垂直净距是指下面管道的外顶与上面管道基础底间的净距。2. 采取充分措施（如结构措施）后，表列数字可以减小。3. 与建筑物水平净距：塑料排水管道公称直径不大于 300 mm 时，不小于 1 m；公称直径大于 300 mm 时，不小于 2 m；其他管道埋深浅于建筑物基础时，一般不小于 2.5 m（压力管不于 5.0 m）；管道埋深深于建筑物基础时，按计算确定，但不小于 3.0 m。4. 与给水管水平净距：给水管管径小于或等于 200 mm 时，不小于 1.5 m；给水管管径大于 200 mm 时，不小于 3.0 m。与生活给水管道交叉时，下面的污水管道、合流管道与生活给水管道的垂直净距不应小于 0.4 m。当不能避免在生活给水管道上面穿越时，必须予以加固，加固长度不应小于生活给水管道的外径加 4 m。5. 与乔木中心距离不小于 1.5 m；如遇现状高大乔木时，则不小于 2.0 m。6. 穿越铁路时应尽量垂直通过，沿单行铁路敷设时距路堤坡脚或路堑坡顶应不小于 5 m。

　　管线综合规划时，所有地下管线都应尽量设置在人行道、非机动车辆和绿化带下，只有在不得已时，才考虑将埋深大和维修次数较小的污水、雨水管道布置在机动车道下。各种管线在平面上布置的次序，一般从建筑规划线向道路中心线方向依次为：电力电缆、电信电缆、煤气管道、热力管道、给水管道、雨水管道、污水管道。若各种管线布置时发生冲突，处理的原则是：未建让已建的，临时性管让永久性管，小管让大管，有压管让无压管，可弯管让不可弯管。

　　在地下设施较多的地区或交通极为繁忙的街道下，可把污水管道与其他管线集中设置在隧道（管廊）中，但雨水管道应设在隧道外并与隧道平行敷设。

　　图 3-11 为某市街道地下管线布置实例（图中尺寸以 m 计）。

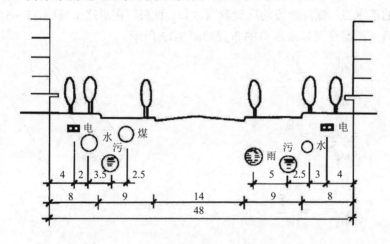

图 3-11　某市街道地下管线布置（双侧布置）

三、雨水管网布置

　　城市雨水管渠系统的布置与污水管道系统的布置相近，但也有它自己的特点。雨水管渠规划布置的主要内容有：确定排水流域与排水方式，进行雨水管渠的定线；确定雨水泵房、雨水调节池、雨水排放口的位置等。雨水管渠系统的布置，要求使雨水能顺畅、及时地从城镇和厂区内排出去。一般可从以下几个方面进行考虑。

1. 充分利用地形，就近排入水体

　　规划雨水管线时，首先按地形划分排水区域，进行管线布置。根据分散和直接的原则，尽量利用自然地形坡度，多采用正交式布置，以最短的距离重力流排入附近的池塘、河流、湖泊等水体中。只有在水体位置较远且地形较平坦或地形不利的情况下，才需要设置雨水泵站。一般情况下，当地形坡度较大时，雨水干管宜布置在地形低处或溪谷线上。当地形平坦时，雨水干管宜布置在排水流域的中间，以便尽可能扩大重力流排出雨水的范围。

2．根据街区及道路规划布置雨水管道

通常应根据建筑物的分布、道路的布置以及街坊或小区内部的地形、出水口的位置等布置雨水管道，使街坊和小区内大部分雨水以最短距离排入雨水管道。道路边沟最好低于相邻街区地面标高，尽量利用道路两侧边沟排除地面径流。雨水管渠应与道路平行敷设，宜布置在人行道或草地下，不宜设在交通量大的干道下。当路宽大于 40 m 时，应考虑在道路两侧分别设置雨水管道。雨水干管的平面和竖向布置应考虑与其他地下管线和构筑物在相交处相互协调，以满足其最小净距的要求。

3．合理布置雨水口，保证路面雨水顺畅排除

雨水口的布置应根据地形和汇水面积确定，以使雨水不至漫过路口。一般在道路交叉口的汇水点、低洼地段均应设置雨水口。此外，在道路上每隔 25～50 m 也应设置雨水口。道路交叉口雨水口的布置如图 3-12 所示。

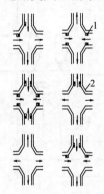
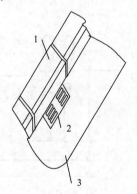

（a）雨水口在道路上的布置　　　　　（b）道路边雨水口布置

1—路边石；2—雨水口；3—道路路面

图 3-12　道路交叉口雨水口的布置

4．采用明渠和暗渠相结合的形式

在城市市区，建筑密度较大、交通频繁地区，应采用暗管排除雨水，尽管造价高，但卫生情况好，养护方便，不影响交通；在城市郊区或建筑密度低、交通量小的地方，可采用明渠，以节省工程费用，降低造价。在地形平坦、深埋和出水口深度受限制的地区，可采用暗渠（盖板明渠）排除雨水。

5．出水口的设置

当出口的水体离流域很近，水体的水位变化不大，洪水位低于流域地面标高，出水口的建筑费用不大时，宜采用分散出口，以便雨水就近排放，使管线较短，减小管径。反之，则可采用集中出口。

6．调蓄水体的布置

充分利用地形，选择适当的河湖水面作为调蓄池，以调节洪峰流量，降低沟道

设计流量,减少泵站的设置数量。必要时,可以开挖池塘或人工河,以达到调节径流的目的。调蓄水体的布置应与城市总体规划相协调,把调蓄水体与景观规划结合起来,也可以把贮存的水量用于市政绿化和农田灌溉。

7. 排洪沟的设置

城市中靠近山麓建设的中心区、居住区、工业区,除了应设雨水管道外,还应考虑在规划地区周围设置排洪沟,以拦截从分水岭以内排泄下来的雨洪水,并将其引入附近水体,避免洪水的损害。

思考题与习题

1. 排水管道系统规划应遵循哪些原则?
2. 以地形为主要考虑因素,城镇排水管道系统有哪些布置形式?
3. 污水管道系统布置的主要内容有哪些?
4. 什么是控制点?在确定控制点的管道埋深时应考虑哪些方面?
5. 雨水管渠系统的布置一般要考虑哪些方面?

职业能力训练

训练一

某市一个街坊的平面布置如图 3-13 所示。该街坊的人口密度为 400 人/hm^2,生活污水定额为 140 L/(人·d),工厂的生活污水设计流量为 8.24 L/s,淋浴污水设计流量为 6.84 L/s,生产污水设计流量为 26.4 L/s,工厂排出口的地面标高为 43.5 m,管底埋深为 2.20 m,土壤冰冻最大深度为 0.15 m,河岸堤坝顶标高为 40 m。试进行该街坊污水管网的布置。

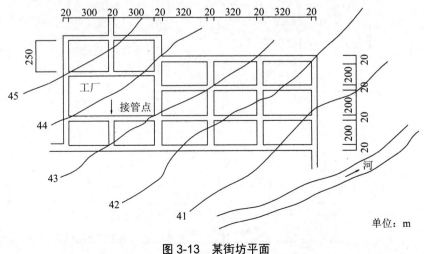

图 3-13 某街坊平面

训练二

某研究所西南区的总平面图如图 3-14 所示，各实验室生产废水量见表 3-2，排出口位置见图 3-14，生产废水允许直接排入雨水管，厂区雨水出口接入城市雨水道，接管点位置在厂南面，坐标为：x =520.0，y =722.5，城市雨水道为砖砌拱形方沟，沟宽 1.2 m，沟高（至拱内顶）1.8 m，该点处的沟内底标高为 37.7 m，地面标高为 41.1 m。试进行雨水管道系统的布置。

表 3-2　各实验室生产废水量

实验室	废水量/（L/s）	实验室	废水量/（L/s）
A 实验楼	2.5	南实验楼	—
B 实验楼	—	X530 出口	8
X443 出口	5	X515 出口	3
X463 出口	10	D 实验楼	—
X481 出口	5	X406 出口	15
C 实验楼	6.5	X396 出口	2.5

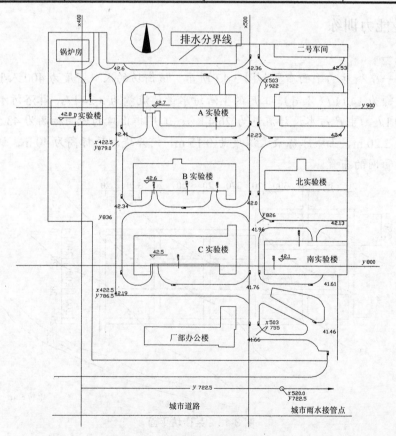

图 3-14　某研究所西南区的总平面

项目四　城镇污水管网设计计算

项目概述

根据污水管网布置图及设计资料，经管网计算确定污水管道参数（L、D、Q、i、h/D、v 等），并完成设计图件。

（1）划分设计管段，确定各设计管段的设计流量；

（2）进行管（渠）道的水力计算，确定污水管道的管径、设计坡度和埋设深度等；

（3）确定污水管道在道路横断面上的具体位置；

（4）污水提升泵站的设置与设计；

（5）绘制污水管道的平面图和纵剖面图。

项目具体内容见本项目任务四的职业能力训练。

学习目标

学会通过污水流量、管段流量、管道水力计算确定污水管道参数（L、D、Q、i、h/D、v、埋深等），并完成设计图件。

任务一　污水管道系统设计流量确定

污水管道系统设计的首要任务，在于正确合理地确定污水管道系统的设计流量。污水管道系统的设计流量是污水管道及其附属构筑物能保证通过的最大流量。通常以最大日最大时流量作为污水管道系统的设计流量。

一、污水管道系统设计流量组成

污水管道系统设计流量包括生活污水设计流量和工业废水设计流量两大部分。就生活污水而言又可分为居民生活污水、公共设施排水以及工业企业内生活污水和淋浴污水三部分。居民生活污水和公共设施排水的总和又可称为综合生活污水。居民生活污水是指居民日常生活中洗涤、冲洗厕所、洗澡等产生的污水。公共设施排水是指娱乐场所、宾馆、浴室、商业网点、学校和机关办公室等地方产生的污水。工业废水是指工业企业在生产的过程中所产生的废水。它可分为生产污水和生产废水两种，生产污水是指在生产过程中受到严重污染的工业废水，而生产废水是指受到轻微污染的工业废水。如果工业废水的水质满足（或经过处理后满足）《污水综合排放标准》和《污水排入城市下水道水质标准》的要求，则可直接就近排入城市污水管道系统，与生活污水一起输送到污水处理厂进行处理后排放或再利用。此时，可按以下方法计算污水管道系统的设计流量。

二、污水设计流量计算方法及相关参数的确定

（一）居民生活污水设计流量 Q_i

居民生活污水主要来自居住区，它通常按下式计算：

$$Q_i = \frac{nNK_z}{24 \times 3\,600}$$

式中：Q_i —— 居民生活污水设计流量，L/s；

n —— 居民生活污水量定额，L/（人·d）；

N —— 设计人口数，人；

K_z —— 生活污水量总变化系数。

1. 居民生活污水量定额

居民生活污水量定额，是指在污水管道系统设计时所采用的每人每天所排出的平均污水量。它与居民生活用水定额、居住区给水排水系统的完善程度、气候、居住条件、生活习惯、生活水平及其他地方条件等许多因素有关。

在城市中，居民用过的水绝大部分都排入污水管道，但这并不等于说污水量就等于给水量。通常生活污水量为同一周期给水量的 80%～90%，在热天、干旱地区可能小于 80%。这是因为冲洗街道和绿化用水等排入雨水管道而不排入污水管道，加之给水管道的渗漏等，造成污水量小于给水量。在某些情况下，实际排入污水管道的污水量，由于地下水的渗入和雨水经检查井口流入，还可能会大于给水量。所以在确定居民生活污水量定额时，应调查收集当地居住区实际排水量的资料，然后根据该地区给水设计所采用的用水量定额，确定居民生活污水量定额。在没有实测的居住区排水量资料时，可按相似地区的排水量资料确定。若这些资料都不易取得，则根据《室外排水设计规范》（GB 50014—2006）的规定，按居民生活用水定额确定污水量定额。对给水排水系统完善的地区可用水定额的 90%计，一般地区可按用水定额的 80%计。

实际设计时，为便于计算，对市区内居住区的污水量，通常按比流量计算。比流量是指从单位面积上排出的平均日污水量，以 L/（s·hm²）表示，它是根据人口密度和居民生活污水定额等情况定出的一个单位居住面积上排出的污水流量综合性标准。

2. 设计人口数

设计人口数是指污水排水系统设计期限终期的规划人口数。它是根据城市总体规划确定的，在数值上等于人口密度与居住区面积的乘积。即

$$N = \rho F$$

式中： N —— 设计人口数，人；

ρ —— 人口密度，人/hm²；

F —— 居住区面积，hm²。

人口密度表示人口的分布情况，是指单位面积上居住的人口数，以人/hm²表示。它有总人口密度和街坊人口密度两种形式。总人口密度所用的面积包括街道、公园、运动场、水体等处的面积，而街坊人口密度所用的面积只是街坊内的建筑用地面积。在规划或初步设计时，采用总人口密度；而在技术设计或施工图设计时，则采用街坊人口密度。

设计人口数也可根据城市人口增长率按复利法推算，但实际工程中使用不多。

3. 生活污水量总变化系数

由于居住区生活污水量定额是平均值，因而根据设计人口数和生活污水量定额计算所得到的是污水平均日流量。而实际上流入污水管道的污水量时刻都在变化。夏季与冬季不同，一天中白天和晚上也不相同，白天各小时的污水量也有很大差异。一般来说，居住区的居民生活污水量在凌晨几个小时最小，上午6～8时和下午5～8时最大。就是在1 h内，污水量也是有变化的，但这个变化较小，通常假定1 h内流入污水管道的污水是均匀的。这种假定，一般不会影响污水管道系统设计和运转的合理性。

污水量的变化程度通常用变化系数表示。变化系数分为日变化系数、时变化系数和总变化系数三种。

一年中最大日污水量与平均日污水量的比值称为日变化系数（K_d）；

最大日最大时污水量与最大日平均时污水量的比值称为时变化系数（K_h）；

最大日最大时污水量与平均日平均时污水量的比值称为总变化系数（K_z），按上述定义有：

$$K_z = K_d K_h$$

通常，污水管道的设计管径要根据最大日最大时污水量确定，这就需要求出总变化系数。然而，一般城市中都缺乏有关日变化系数和时变化系数的资料，直接采用上式求总变化系数难度较大。实际上，污水流量的变化随着人口数和污水量定额的变化而变化。若污水量定额一定，则流量的变化幅度随人口数的增加而减小；若人口数一定，则流量的变化幅度随污水量定额的增加而减小。即总变化系数随污水平均流量的大小而不同。平均流量越大，则总变化系数越小。《室外排水设计规范》中，规定了总变化系数与平均流量之间的变化关系，见表4-1，设计时可直接采用。

表 4-1　生活污水量总变化系数

污水平均日流量/（L/s）	5	15	40	70	100	200	500	≥1 000
总变化系数	2.3	2.0	1.8	1.7	1.6	1.5	1.4	1.3

注：（1）当污水平均日流量为中间数值时，总变化系用内插法求得。

　　　（2）当居住区有实际生活污水量变化资料时，可按实际数据采用。

我国在多年观测资料的基础上，经过综合分析归纳，总结出了总变化系数与平均流量之间的关系式，即：

$$K_z = \frac{2.7}{Q^{0.11}}$$

式中：Q —— 污水平均日流量，L/s。

当 $Q < 5$ L/s 时，$K_z = 2.3$；当 $Q > 1\,000$ L/s 时，$K_z = 1.3$。

（二）公共设施排水量 Q_2

公共设施排水量应根据公共设施的不同性质，按现行《建筑给水排水设计规范》的规定进行计算。

（三）工业企业生活污水和淋浴污水设计流量 Q_3

工业企业的生活污水和淋浴污水主要来自生产区的食堂、卫生间、浴室等。其设计流量的大小与工业企业的性质、污染程度、卫生要求有关。一般按下式进行计算：

$$Q_3 = \frac{A_1 B_1 K_1 + A_2 B_2 K_2}{3\,600T} + \frac{C_1 D_1 + C_2 D_2}{3\,600}$$

式中：Q_3 —— 工业企业生活污水和淋浴污水设计流量，L/s；

　　　A_1 —— 一般车间最大班职工人数，人；

　　　B_1 —— 一般车间职工生活污水量定额，以 25 L/（人·班）计；

　　　K_1 —— 一般车间生活污水量时变化系数，以 3.0 计；

　　　A_2 —— 热车间和污染严重车间最大班职工人数，人；

　　　B_2 —— 热车间和污染严重车间职工生活污水量定额，以 35 L/（人·班）计；

　　　K_2 —— 热车间和污染严重车间生活污水量时变化系数，以 2.5 计；

　　　C_1 —— 一般车间最大班使用淋浴的职工人数，人；

　　　D_1 —— 一般车间的淋浴污水量定额，以 40 L/（人·班）计；

　　　C_2 —— 热车间和污染严重车间最大班使用淋浴的职工人数，人；

　　　D_2 —— 热车间和污染严重车间的淋浴污水量定额，以 60 L/（人·班）计；

　　　T —— 每工作班工作时数，h。

淋浴时间按 60 min 计。

（四）工业废水设计流量 Q_4

工业废水设计流量按下式计算：

$$Q_4 = \frac{mMK_z}{3\,600T}$$

式中：Q_4 —— 工业废水设计流量，L/s；

　　　m —— 生产过程中每单位产品的废水量定额，L/单位产品；

　　　M —— 产品的平均日产量，单位产品/d；

　　　T —— 每日生产时数，h；

　　　K_z —— 总变化系数。

工业废水量定额是指生产单位产品或加工单位数量原料所排出的平均废水量。它是通过实测现有车间的废水量而求得的，在设计新建工业企业的排水系统时，可参考与其生产工艺相似的已有工业企业的排水资料来确定。若工业废水量定额不易取得，则可用工业用水量定额（生产单位产品的平均用水量）为依据估计废水量定额。各工业企业的废水量标准差别较大，即使生产同一产品，若生产设备或工艺不同，其废水量定额也可能不同。若生产中采用循环给水系统，其废水量比采用直流给水系统时会明显降低。因此，工业废水量定额取决于产品种类、生产工艺、单位产品用水量以及给水方式等。

在不同的工业企业中，工业废水的排出情况差别较大，有些工业废水是均匀排出的，而有些则为不均匀排出，甚至个别车间的工业废水可能在短时间内一次排放。因而工业废水量的变化取决于工业企业的性质、生产工艺和其他具体情况。一般情况下，工业废水量的日变化不大，其日变化系数可取 1。而时变化系数则可通过实测废水量最大一天的各小时流量进行计算确定。

某些行业工业废水量的时变化系数大致为：冶金工业 1.0～1.1；化工工业 1.3～1.5；纺织工业 1.5～2.0；食品工业 1.5～2.0；皮革工业 1.5～2.0；造纸工业 1.3～1.8。设计时可参考使用。

（五）城市污水管道系统设计总流量

如前所述，城市污水管道系统的设计总流量为：

$$Q = Q_1 + Q_2 + Q_3 + Q_4$$

设计时也可按综合生活污水设计流量进行计算，综合生活污水设计流量为：

$$Q'_1 = \frac{n'NK_z}{24 \times 3\,600}$$

式中：Q'_1 —— 综合生活污水设计流量，L/s；

n' —— 综合生活污水定额，对给水排水系统完善的地区按综合生活用水定额 90%计，一般地区按 80%计；

其余符号同前。

此时，城市污水管道系统的设计总流量为：

$$Q=Q'_1+Q_3+Q_4$$

在地下水水位较高的地区，设计总流量应考虑入渗地下水量，后者应根据测定资料确定。

以上两种计算方法，是假定排出的各种污水都在同一时间内出现最大流量，这在污水管道设计中是合理的。但在污水泵站和污水处理厂设计中，如采用此法计算污水设计流量将造成巨大浪费。因为各种污水最大时流量同时发生的可能性很小，并且各种污水在汇合时能相互调节，因而可使流量高峰降低。因此，在确定泵站和污水处理厂的设计流量时，应以各种污水混合后的最大时流量作为设计流量，才是经济合理的。

三、污水设计流量计算实例

河北省某中等城市一屠宰厂每天宰杀活牲畜 260 t，废水量定额为 10 m^3/t，工业废水的总变化系数为 1.8，三班制生产，每班 8 h。最大班职工人数 800 人，其中在污染严重车间工作的职工占总人数的 40%，使用淋浴人数按该车间人数的 85%计；其余 60%的职工在一般车间工作，使用淋浴人数按 30%计。工厂居住区面积为 10 hm^2，人口密度为 600 人/hm^2。各种污水由管道汇集输送到厂区污水处理站，经处理后排入城市污水管道，试计算该屠宰厂的污水设计总流量。

该屠宰厂的污水包括居民生活污水、工业企业生活污水和淋浴污水、工业废水三种，因该厂区公共设施情况未给出，故按综合生活污水计算。

1. 综合生活污水设计流量计算

查综合生活用水定额，河北省位于第二分区，中等城市的平均日综合用水定额为 110～180 L/（人·d），取 165 L/（人·d）。假定该厂区给水排水系统比较完善，则综合生活污水定额为 165×90%＝148.5 L/（人·d），取为 150 L/（人·d）。

居住区人口数为 600×10＝6 000 人。

则综合生活污水平均流量为：

$$（150×6\ 000）/（24×3\ 600）＝10.4\ L/s$$

用内插法查总变化系数表（表 4-1），得 K_z=2.24。

于是综合生活污水设计流量为：

$$Q'_1=10.4×2.24＝23.3\ L/s$$

2. 工业企业生活污水和淋浴污水设计流量计算

由题意知：一般车间最大班职工人数 800×60%=480 人，使用淋浴的人数为 480×30%=144 人；污染严重车间最大班职工人数 800×40%=320 人，使用淋浴的人数为 320×85%＝272 人。

所以工业企业生活污水和淋浴污水设计流量为：

$$Q_3 = \frac{A_1 B_1 K_1 + A_2 B_2 K_2}{3\,600T} + \frac{C_1 D_1 + C_2 D_2}{3\,600}$$

$$= \frac{480 \times 25 \times 3 + 320 \times 35 \times 2.5}{3\,600 \times 8} + \frac{144 \times 40 + 272 \times 60}{3\,600} = 8.35 \text{ L/s}$$

3．工业废水设计流量计算

$$Q_4 = \frac{mMK_Z}{3\,600T} = \frac{10 \times 260 \times 1.8}{24 \times 3\,600} = 0.054\,2 \text{ m}^2/\text{s} = 54.2 \text{ L/s}$$

该厂区污水设计总流量 $Q'_1 + Q_3 + Q_4 = 23.3 + 8.35 + 54.2 = 85.85$ L/s

在计算城市污水管道系统的污水设计总流量时，由于城市排水区界内的汇水面积较大，因此需按各排水流域分别计算，将各排水流域同类性质的污水列表进行计算，最后再汇总得出污水管道系统的设计总流量。

某城镇污水管道系统设计总流量的计算见表 4-2～表 4-5。

表 4-2　城镇综合生活污水设计流量计算

居住区名称	排水流域编号	居住区面积/hm²	人口密度/（人/hm²）	居民人数/人	污水量定额/[L/（人·d）]	平均污水量/			总变化系数/K_z	设计流量/	
						m³/d	m³/h	L/s		m³/h	L/s
1	2	3	4	5	6	7	8	9	10	11	12
商业区	I	60	500	30 000	160	4 800	200	55.6	1.74	348	96.74
文卫区	II	40	400	16 000	180	2 880	120	33.3	1.81	217.2	60.27
工业区	III	50	450	22 500	160	3 600	150	41.7	1.78	167	74.23
合　计	—	150	—	68 500	—	11 280	470	130.6	1.57[①]	737.9[②]	205.04[②]

注：① 合计中的总变化系数是根据合计平均流量值查出的。

　　② 合计中的设计流量不是直接合计，而是合计平均流量与相对应的总变化系数的乘积。

表 4-3　各工业企业生活污水和淋浴污水设计流量计算

车间名称	车间性质	班数	每班工作时数/h	生活污水				淋浴污水			合计设计流量/（L/s）
				最大班职工人数/人	污水量定额/[L/（人·d）]	时变化系数	设计流量/（L/s）	最大班使用淋浴的职工人数/人	污水量定额/[L/（人·d）]	设计流量/（L/s）	
1	2	3	4	5	6	7	8	9	10	11	12
酿酒厂	污染	3	8	156	35	2.5	0.47	109	60	1.82	2.29
	一般	3	8	108	25	3.0	0.28	38	40	0.42	0.70

车间名称	车间性质	班数	每班工作时数/h	生活污水				淋浴污水			合计设计流量/(L/s)
				最大班职工人数/人	污水量定额/[L/(人·d)]	时变化系数	设计流量/(L/s)	最大班使用淋浴的职工人数/人	污水量定额/[L/(人·d)]	设计流量/(L/s)	
1	2	3	4	5	6	7	8	9	10	11	12
肉类加工厂	污染	3	8	168	35	2.5	0.51	116	60	8.8	2.49
	一般	3	8	92	25	3.0	0.24	35	40	2.27	0.63
造纸厂	污染	3	8	150	35	2.5	0.46	105	60	1.75	21.00
	一般	3	8	145	25	3.0	0.38	50	40	0.56	0.94
皮革厂	污染	3	8	274	35	2.5	0.83	156	60	2.6	3.43
	一般	3	8	324	25	3.0	0.84	80	40	0.89	1.64
印染厂	污染	3	8	450	35	2.5	1.37	315	60	5.25	6.62
	一般	3	8	470	25	3.0	1.22	188	40	2.09	3.31
总计	—	—	—	—	—	—	6.6	—	—	17.69	24.30

表4-4　各工业企业工业废水设计流量计算

工业企业名称	班数	各班时数/h	产品名称	日产量/t	工业废水定额/(m³/t)	平均流量/			总变化系数	设计流量/	
						m³/d	m³/h	L/s		m³/h	L/s
1	2	3	4	5	6	7	8	9	10	11	12
酿酒厂	3	8	酒	15	18.6	279	11.63	3.23	3.0	34.89	9.69
肉类加工厂	3	8	牲畜	162	15	2 430	101.25	28.13	1.7	172.13	47.82
造纸厂	3	8	白纸	12	150	1 800	75	20.83	1.45	108.75	30.20
皮革厂	3	8	皮革	34	75	2 550	106.25	29.51	1.40	148.75	41.31
印染厂	3	8	布	36	150	5 400	225	62.5	1.42	319.5	88.75
合计	—	—	—	—	—	12 459	519.13	144.2	—	784.02	217.77

表4-5　城镇污水设计总流量统计

排水工程对象	综合生活污水设计流量/(L/s)	工业企业生活污水和淋浴污水设计流量/(L/s)	工业废水设计流量/(L/s)	城镇污水设计总流量/(L/s)
居住区和公共建筑	205.04	—	—	447.11
工业企业		24.3	—	
工业企业		—	217.77	

思考题与习题

1. 什么是居民生活污水定额和综合生活污水定额？它们受哪些因素的影响？其值应如何确定？

2. 什么是污水量的日变化、时变化、总变化系数？

3. 如何计算城市污水的设计流量？它有何优缺点？

职业能力训练

某肉类联合加工厂每天宰杀活牲畜 258 t，废水量标准为 8.2 m³/t，总变化系数为 1.8，三班制生产，每班 8 h。最大班职工人数 860 人，其中在高温及严重污染车间工作的职工占总数的 40%，使用淋浴人数按 85% 计；其余 60% 的职工在一般车间工作，使用淋浴人数按 30% 计。工厂居住区面积为 9.5 hm²，人口密度为 580 人/hm²，居住区生活污水量定额为 160 L/（人·d），各种污水由管道汇集后送至厂区污水处理站进行处理，试计算该厂区的污水设计总流量。

任务二 污水管段划分及设计流量计算

污水管道系统的设计总流量计算完毕后，还不能进行管道系统的水力计算，还需在管网平面布置图上划分设计管段，确定设计管段的起止点，进而求出各设计管段的设计流量。只有求出设计管段的设计流量，才能进行设计管段的水力计算。

一、设计管段的划分

在污水管道系统上，为了便于管道的连接，通常在管径改变、敷设坡度改变、管道转向、支管接入及管道交汇的地方设置检查井。这些检查井在管网定线时就已设定完毕。对于两个检查井之间的连续管段，如果采用的设计流量不变，且采用同样的管径和坡度，则这样的连续管段就称为设计管段。设计管段两端的检查井称为设计管段的起止检查井（简称"起止点"）。但在实际划分设计管段时，为了满足清通养护污水管道的需要，在直线管段上还需每隔一定的距离设置一个检查井。这样，实际在管网平面布置图上设置的检查井就很多。为了简化计算，不需要把每个检查井都作为设计管段的起止点，估计可以采用同样管径和坡度的连续管段，就可以划作一个设计管段。根据管道平面布置图，凡有集中流量流入，有旁侧管接入的检查井均可作为设计管道的起止点。对设计管段两端的起止检查井依次编上号码，如图 4-1 所示。然后即可计算每一设计管段的设计流量。

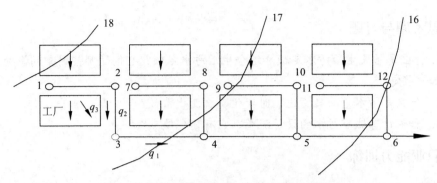

图 4-1　设计管段的划分及其设计流量的计算

二、设计管段设计流量的确定

如图 4-1 所示，每一设计管段的污水设计流量可能包括以下几种流量：

1．本段流量

本段流量（q_1）是从本管段沿线街坊流来的污水量。

2．转输流量

转输流量（q_2）是从上游管段和旁侧管段流来的污水量。

3．集中流量

集中流量（q_3）是从工业企业或其他产生大量污水的公共建筑流来的污水量。

对于某一设计管段，本段流量是沿管段长度变化的，即从管段起点的零逐渐增加到终点的全部流量。为便于计算，通常假定本段流量从管段起点集中进入设计管段。而从上游管段和旁侧管流来的转输流量 q_2 和集中流量 q_3 对这一管段是不变的。

本段流量是以人口密度和管段的服务面积来计算的，公式如下：

$$q_1 = q_s F$$

式中：q_1 —— 设计管段的本段流量，L/s；

F —— 设计管段的本段服务面积，hm^2；

q_s —— 比流量，L/（s·hm^2）。

比流量 q_s 是指单位面积上排出的平均污水量。可用下式计算：

$$q_s = \frac{n\rho}{86\,400}$$

式中：n —— 生活污水定额，L/（人·d）；

ρ —— 人口密度，人/hm^2。

某一设计管段的设计流量可由下式计算：

$$q_{ij}=（q_1+q_2）K_z+q_3$$

式中：q_{ij}——某一设计管段的设计流量，L/s；

　　　q_1——本段流量，L/s；

　　　q_2——转输流量，L/s；

　　　q_3——集中流量，L/s；

　　　K_z——生活污水总变化系数。

在图 4-1 中，设计管段 1-2 只收集本管段两侧的沿线流量，故只有本段流量 q_1。设计管段 2-3 除收集本管段两侧的沿线流量外，还要接收上游 1-2 管段流来的污水量，所以设计管段 2-3 的设计流量包括它的本段流量 q_1 和上游 1-2 管段的转输流量 q_2 两部分。对于设计管段 3-4 而言，除收集本管段两侧的沿线流量外，还要接收上游 2-3 管段转输流来的污水量以及由工厂流来的集中流量，所以设计管段 3-4 的设计流量包括它的本段流量 q_1 和上游 2-3 管段的转输流量 q_2 以及工厂集中流量 q_3 三部分。

思考题与习题

1. 什么是设计管段？怎样划分设计管段？
2. 设计管段的设计流量有哪些？怎样确定每一设计管段的设计流量？

职业能力训练

针对项目三职业能力训练的训练一所布置的污水管网布置图及相关设计资料，进行设计管段的划分和管段设计流量计算。

任务三　污水管道的水力计算

一、排水管渠材料及断面的选择

（一）排水管渠材料的要求

（1）必须具有足够的强度，以承受土壤压力及车辆行驶造成的外部荷载和内部的水压，并保证在运输和施工过程中不致损坏；

（2）应具有较好的抗渗性能，以防止污水渗出和地下水渗入。若污水从管渠中渗出，将污染地下水及附近房屋的基础；若地下水渗入管渠，将影响正常的排水能力，增加排水泵站以及处理构筑物的负荷；

（3）应具有良好的水力条件，管渠内壁应整齐光滑，以减少水流阻力，使排水畅通；

（4）应具有抗冲刷、抗磨损及抗腐蚀的能力，以使管渠经久耐用；

（5）排水管渠的材料，应就地取材，可降低管渠的造价，提高进度，减少工程投资。

（二）常用的排水管（渠）及选择

目前，在我国城市和工业企业中常用的排水管道有：混凝土管、钢筋混凝土管、沥青混凝土管、陶土管、低压石棉管、塑料管和金属管等。下面介绍几种常用的排水管（渠）。

1. 非金属管

（1）混凝土管：是以混凝土作为主要材料制成的圆形管材，称为混凝土管（又称素混凝土管）。混凝土管的管径一般小于 450 mm，长度一般为 1 m，用捣实法制造的管长仅为 0.6 m。混凝土管适用于排除雨水、污水，用于重力流管，不承受内压力。管口通常有三种形式：承插式、企口式和平口式。

制作混凝土的原料充足，可就地取材，制造价格较低，其设备、制造工艺简单，因此被广泛采用。其主要缺点是：抗腐蚀性能差，耐酸碱及抗渗性能差，同时抗沉降、抗震性能也差，管节短、接头多、自重大。

（2）钢筋混凝土管：当排水管道的管径大于 500 mm 时，为了增强管道强度，通常在混凝土管上加钢筋制成钢筋混凝土管。当管径为 700 mm 以上时，管道采用内外两层钢筋，钢筋的混凝土保护层为 25 mm。钢筋混凝土管适用于排除雨水、污水。当管道埋深较大或敷设在土质条件不良的地段，以及穿越铁路、河流、谷地时都可以采用钢筋混凝土管。其管径从 500 mm 至 1 800 mm，最大管径可达 2 400 mm，其管长 1～3 m。若将钢筋加以预应力处理，便制成预应力钢筋混凝土管，但这种管材使用不多，只在承受内压较高或对管材抗弯、抗渗要求较高的特殊工程中采用。

钢筋混凝土管的管口有三种形式：承插式、企口式和平口式。为便于施工，在顶管法施工中常用平口管。

钢筋混凝土管按照荷载要求可分为轻型钢筋混凝土管和重型钢筋混凝土管。其部分管道规格见表 4-6 和表 4-7。

表 4-6 轻型钢筋混凝土排水管规格

公称内径/mm	管体尺寸		套环			外压试验		
	最小管长/mm	最小壁厚/mm	填缝宽度/mm	最小管长/mm	最小壁厚/mm	安全荷载/(kg/m²)	裂缝荷载/(kg/m²)	破坏荷载/(kg/m²)
200	2 000	27	15	150	27	1 200	1 500	2 000
300	2 000	30	15	150	30	1 100	1 400	1 800
350	2 000	33	15	150	33	1 100	1 500	2 100
400	2 000	35	15	150	35	1 100	1 800	2 400
450	2 000	40	15	200	40	1 200	1 900	2 500
500	2 000	42	15	200	42	1 200	2 000	2 900
600	2 000	50	15	200	50	1 500	2 100	3 200
700	2 000	55	15	200	55	1 500	2 300	3 800
800	2 000	65	15	200	65	1 800	2 700	4 400
900	2 000	70	15	200	70	1 900	2 900	4 800
1 000	2 000	75	18	250	75	2 000	3 300	5 900
1 100	2 000	85	18	250	85	2 300	3 500	6 300
1 200	2 000	90	18	250	90	2 400	3 800	6 900
1 350	2 000	100	18	250	100	2 600	4 400	8 000
1 500	2 000	115	22	250	115	3 100	4 900	9 000
1 650	2 000	125	22	250	125	3 300	5 400	9 900
1 800	2 000	140	22	250	140	3 800	6 100	11 100

表 4-7 重型钢筋混凝土排水管规格

公称内径/mm	管体尺寸		套环			外压试验		
	最小管长/mm	最小壁厚/mm	填缝宽度/mm	最小管长/mm	最小壁厚/mm	安全荷载/(kg/m²)	裂缝荷载/(kg/m²)	破坏荷载/(kg/m²)
300	200	58	15	150	60	3 400	3 600	4 000
350	200	60	15	150	65	3 400	3 600	4 400
400	200	65	15	150	67	3 400	3 800	4 900
450	200	67	15	200	75	3 400	4 000	5 200
500	200	75	15	200	80	3 400	4 200	6 100
650	200	80	15	200	90	3 400	4 300	6 300
750	200	90	15	200	95	3 600	5 000	8 200
850	200	95	15	200	100	3 600	5 500	9 100
950	200	100	18	250	110	3 600	6 100	11 200
1 050	200	110	18	250	125	4 000	6 600	12 100
1 350	200	125	18	250	175	4 100	8 400	13 200
1 550	200	175	18	250	60	6 700	10 400	18 700

（3）陶土管

陶土管，又称缸瓦管，是用塑性耐火黏土制坯、经高温焙烧制成的。为了防止在焙烧过程中产生裂缝，应加入耐火黏土（或掺入若干矿砂），再经过研细、调和、制坯、烘干等过程制成。在焙烧过程中向窑中撒食盐，其目的在于利用食盐和黏土的化学作用在管子的内外表面形成一种酸性的釉，使管子光滑、耐磨、耐腐蚀、不透水，以满足污水管道在技术方面的要求。陶土管特别适用于排除酸性、碱性废水，在世界各国被广泛采用。但陶土管质脆易碎、强度低不能承受内压，管节短，接口多。管径一般不超过 600 mm，因为管径太大在烧制时易产生变形，难以接合，废品率较高；管长 0.8～1.0 m。为保证接头填料和管壁牢固接合，在平口端的齿纹和钟口端的齿纹部分都不上釉。表 4-8 为部分陶土管规格。

表 4-8　陶土管规格

序号	管径 D/ mm	管长 L/ mm	管壁厚 Δ/ mm	管重/ （kg/根）	备注
1	150	0.9	19	25	
2	200	0.9	20	28.4	
3	250	0.9	22	45	D=150～350 mm，安全内压为
4	300	0.9	26	67	29.4 kPa；D=400～600 mm，安
5	350	0.9	28	76.5	全内压为 19.6 kPa，吸水率为
6	400	0.9	30	84	11%～15%，而耐酸度为 95%以
7	450	0.7	34	110	上
8	500	0.7	36	130	
9	600	0.7	40	180	

（4）塑料管

由于塑料管具有表面光滑、水力性能好、水力损失小、耐磨蚀、不易结垢、重量轻、加工接口搬运方便、漏水率低及价格低等优点，因此，在排水管道工程中已得到应用和普及。塑料排水管可采用硬聚氯乙烯（UPVC）管、聚乙烯（PE）管、高密度聚乙烯（HDPE）管和玻璃纤维增强塑料夹砂（FRPM）管等，设计时，可参考相关管材技术规范。

目前，在国内有许多企业通过技术创新和引进国外技术，采用不同材料和创造工艺，生产出各种不同规格的塑料排水管道，部分管材规格见表 4-9 和表 4-10。

表 4-9　硬聚氯乙烯管材平均外径、壁厚　　　　　单位：mm

公称外径 d_n	平均外径及偏差	壁厚 e 及偏差		
		S_2	S_4	S_8
40	$40_0^{+0.3}$	$2.0_0^{+0.4}$		
50	$50_0^{+0.3}$	$2.0_0^{+0.4}$		

公称外径 d_n	平均外径及偏差	壁厚 e 及偏差		
		S_2	S_4	S_8
75	$75_0^{+0.3}$	$2.5_0^{+0.4}$	$3.0_0^{+0.5}$	
90	$90_0^{+0.3}$	$3.0_0^{+0.5}$	$3.0_0^{+0.5}$	
110	$110_0^{+0.4}$	$3.0_0^{+0.5}$	$3.2_0^{+0.5}$	
125	$125_0^{+0.4}$	$3.2_0^{+0.5}$	$3.2_0^{+0.5}$	$3.9_0^{+1.0}$
160	$160_0^{+0.4}$	$3.2_0^{+0.5}$	$4.0_0^{+0.6}$	$5.0_0^{+1.3}$
200	$200_0^{+0.6}$	$3.9_0^{+0.6}$	$4.9_0^{+0.7}$	$6.3_0^{+1.6}$
250	$250_0^{+0.8}$	$4.9_0^{+0.7}$	$6.2_0^{+0.9}$	$7.8_0^{+1.8}$
315	$315_0^{+1.0}$	$6.2_0^{+0.9}$	$7.7_0^{+1.0}$	$9.8_0^{+2.4}$
400	$400_0^{+1.2}$		$9.8_0^{+1.5}$	$12.3_0^{+3.2}$
500	$500_0^{+1.5}$			$15.0_0^{+4.2}$

注：硬聚氯乙烯管材按环刚度分级分为 S_2，S_4 和 S_8。

表 4-10　埋地双平壁钢塑复合缠绕排水管规格尺寸　　　　　单位：mm

公称直径 DN/ID	最小平均内径 $d_{in,min}$	最小内层壁厚 $e_{1,min}$	最小外层壁厚 $e_{2,min}$	环刚度与钢带参数						钢带螺距
				SN8		SN12.5		SN16		
				带钢最小厚度	钢带最小高度	带钢最小厚度	钢带最小高度	带钢最小厚度	钢带最小高度	
300	294	2.5	2	0.5	12	0.6	14	0.7	18	40
400	392	2.5	2	0.5	12	0.6	14	0.7	18	
500	490	3.5	2	0.6	14	0.7	16	0.7	20	60
600	588	3.5	2.5	0.6	16	0.7	16	0.8	20	
700	685	4.1	2.5	0.6	16	0.7	18	0.8	20	70
800	785	4.5	3	0.8	20	1.0	20	1.0	24	
900	885	5.0	3	0.8	22	0.8	24	1.0	26	
1 000	985	5.0	3	0.8	24	0.8	26	1.0	30	80
1 200	1 185	5.0	3	1.0	24	1.0	26	1.0	30	
1 400	1 385	6.0	4	0.8	30	1.0	30	1.0	36	
1 500	1 485	6.0	4	0.9	30	1.0	32	1.0	36	100
1 600	1 585	6.0	4	1.0	30	1.0	32	1.0	36	
1 800	1 785	6.0	4	1.0	34	1.0	36	1.0	42	
2 000	1 985	6.0	4	1.0	36	1.0	40	1.0	42	120
2 200	2 185	7.0	4	1.0	42	1.0	44	1.0	48	
2 400	2 385	9.0	5	1.0	42	1.0	44	1.0	48	140
2 600	2 585	10.0	5	1.0	44	1.0	48	1.2	48	
2 800	2 785	12.0	5	1.0	48	1.2	48	1.2	52	160
3 000	2 985	14.0	5	1.2	48	1.2	54	1.5	54	

注：SN8，SN12.5 和 SN16 为埋地双平壁钢塑复合缠绕排水管的环刚度等级。

2. 金属管

金属管质地坚固，强度高，抗渗性能好，管壁光滑，水流阻力小，管节长，接口少，且运输和养护方便；但价格较贵，抗腐蚀性能较差，大量使用会增加工程投资，因此，在排水管道工程中一般采用较少。只有在外荷载很大或对渗漏要求特别高的场合下才采用金属管。如排水管穿过铁路、高速公路以及邻近给水管道或房屋基础时，一般都用金属管。通常采用的金属管是铸铁管。连接方式有承插式和法兰式两种。

铸铁管优点是经久耐用、有较强的耐腐蚀性，缺点是质地较脆、不耐振动和弯折，重量较大。连接方式有承插式和法兰式两种。

钢管可以用无缝钢管，也可以用焊接钢管。钢管的特点是能耐高压、耐振动、重量较轻、单管的长度大和接口方便，但耐腐蚀性差，采用钢管时必须涂刷耐腐蚀的涂料并注意绝缘，以防锈蚀。钢管用焊接或法兰接口。

此外，压力管线（如倒虹管和水泵出水管）或在严重流沙、地下水位较高以及地震地区采用金属管材。因金属管材抗腐蚀性差，在用于排水管道工程时，应注意采取适当的防腐措施。

合理选择排水管道，将直接影响工程造价和使用年限，因此排水管道的选择是排水系统设计中的重要问题。主要可从以下三个方面来考虑：一是看市场供应情况；二是从经济上考虑；三是满足技术方面的要求。

在选择排水管道时，应尽可能就地取材，采用易于制造和供应充足的材料。在考虑造价时，不但要考虑管道本身的价格，而且还要考虑施工费用和使用年限。例如，在施工条件较差（地下水水位高、严重流沙）的地段，如果采用较长的管道可以减少管道接头和降低施工费用；在地基承载力较差的地段，若采用强度较高的长管，则对基础要求低，可以减少敷设费用。

此外，有时管道在选择时也受到技术上的限制。例如，在有内压力的管段上，必须采用金属管或钢筋混凝土管；当输送侵蚀性的污水或管外有侵蚀性地下水时，则最好采用陶土管。

3. 大型排水沟渠

一般大型排水沟渠断面多采用矩形、拱形、马蹄形等。其形式有单孔、双孔、多孔。建造大型排水沟渠常用的材料有砖、石、混凝土块和现浇钢筋混凝土等。在采用材料时，尽可能就地取材。其施工方法有：现场砌筑、现场浇筑、预制装配等。一般大型排水沟渠可由基础渠底、渠身、渠顶等部分组成。在施工过程中通常是现场浇筑管渠的基础部分，然后再砌筑或装配渠身部分，渠顶部分一般是预制安装的。此外，建造大型排水沟渠也有全部浇筑或全部预制安装的。

对于大型排水沟渠的选择，除了应考虑其受力、水力条件外，还应结合施工技术、材料的来源、经济造价等情况，经分析比较后，确定出适合设计地区具体实际情况，既经济又合理的沟渠。由于大型排水沟渠，其最佳过水断面往往显得窄而深，这不仅会使土方工程的单价提高，而且在施工过程中可能遇到地下水或流沙，势必会增加工程中施工的困难。因此，对大型排水沟渠应选用宽而浅的断面形式。

表 4-11 为常用排水管材种类、优缺点及适用条件，供参考。

表 4-11　常用排水管材种类、优缺点及适用条件

管材种类	优点	缺点	适用条件
钢管及铸铁管	（1）质地坚固，抗压、抗震性强 （2）每节管子较长，接头少	（1）价格高昂 （2）钢材对酸碱的防蚀性较差	适用于受高内压、高外压或对抗渗漏要求特别高的场合，如泵站的进出水管，穿越其他管道的架空管，穿越铁路、河流、谷地等场合
陶土管（无釉、单面釉、双面釉）	（1）双面釉耐酸碱，抗腐蚀性强 （2）便于制造	（1）质脆，不宜远运，不能受内压 （2）管节短，接头少 （3）管径小，一般不大于600 mm （4）有的断面不是规格尺寸	适用于排除侵蚀性污水或管外有侵蚀性地下水的自流管
钢筋混凝土管及混凝土管	（1）造价较低，耗费钢材少 （2）大多数是在工厂预制，也可现场浇制 （3）可根据不同的内压和外压分别设计制成无压管、低压管、预应力管及轻重型管等 （4）采用预制管时，现场施工期间较短	（1）管节较短，接头较少 （2）大口径管重量大，搬运不便 （3）容易被含酸含碱的污水侵蚀	钢筋混凝土管适用于自流管、压力管或穿越铁路（常用顶管施工）、河流、谷地（常做成倒虹吸管）等；混凝土管适用于管径较小的无压管
塑料管	（1）质量轻，装运方便 （2）耐酸耐碱，抗腐蚀性强 （3）导热系数小，隔热性能好 （4）内壁光滑，水力条件好	管材强度低，热胀冷缩大	一般土质基础，无特殊要求的地区
砖砌沟渠	（1）可砌筑成多种形式的断面——矩形、拱形、圆形等 （2）抗腐性较好 （3）可就地取材	（1）断面小于 300 mm 时不易施工 （2）现场施工时间较预制管长	适用于大型下水道工程

（三）排水管渠断面形式及选择

排水管渠断面形式有圆形、半椭圆形、马蹄形、蛋形、矩形、梯形等。

1. 圆形断面

当排水管道直径小于 2 m 并且地质条件较好时，一般情况下，常选用圆形断面。该断面水力条件好，与其他形状断面比较，在流量、坡度及管内壁粗糙系数一定的条件下，指定的断面面积具有最大的水力半径和最大的流速。因为当面积一定时，以圆形周长为最短，湿周 x 最小，水力半径 R 最大。此外，圆形管道的受力条件好，对外力的抵抗能力强，且便于运输、施工及维护管理。同时，圆形管便于预制，使用材料较经济。因此，圆形管在排水工程中被广泛采用。

2．半椭圆形断面

在土压力和活荷载较大时，半椭圆形断面可以较好地分配管壁压力，因而可以减少管渠的厚度，在污水量无大变化及管渠直径大于 2 m 时，采用此种断面较为合适。

3．马蹄形断面

其高度小于宽度，在地质条件较差或地形平坦需减少埋深时，可采用此种断面形式。此外，由于这种断面下部较大，适宜输送流量变化不大的大流量污水。

4．蛋形断面

该断面由于底部较小，从理论上讲，在小流量时，仍可维持较大的流速，水力条件好，从而可减少淤积。但是，对管渠养护、管理的实践证明：此种断面的疏通工作比较困难，也不便于制作、运输及施工。因此，目前采用较少。

5．矩形断面

矩形断面形式构造简单，施工方便，可用多种建筑材料建造，并能现场浇制或砌筑，具有使用灵活的特点，可根据需要调整其高度和宽度，以增大排水量。如某些工业企业的污水管渠、路面狭窄地区的排水管渠以及排洪沟通常采用此种断面形式。另外，为改善受力和水力条件，可在矩形断面的基础上加以改进，一般是将矩形渠道底部用细石混凝土或水泥砂浆做成弧形流槽，可利用此流槽排除合流制系统中非雨天时的城市污水，来获得较大的流速，从而减少管渠淤积的可能。另外，也可将渠顶砌成拱形以更好地分配管壁压力。为加快施工进度，可加大预制块的尺寸。

6．梯形断面

在明渠排水中常用梯形断面。其形式、结构简单，便于施工，可用多种材料建造。梯形明渠的底宽，一般不应小于 0.3 m，以便于渠道的清淤、维护及管理。明渠采用砖、石、混凝土块铺砌时，一般采用 1：0.75～1：1 的边坡。对于无铺砌的明渠，可根据不同的土质按表 4-12 的要求选用。

表 4-12　梯形明渠土质与边坡

序号	明渠土质	边坡坡度	序号	明渠土质	边坡坡度
1	粉沙	1：3～1：3.5	6	砾石土、卵石土	1：1.25～1：1.5
2	松散细沙、中粗沙	1：2～1：2.5	7	半岩性土	1：0.5～1：1
3	细实的细沙、中沙	1：1.5～1：2	8	风化岩石	1：0.25～1：0.5
4	粗沙、沙质黏土、黏土	1：1.5～1：2	9	岩石	1：0.1～1：0.25
5	沙质黏土、黏土	1：2.5～1：1.5	—	—	—

在排水管渠断面形式选择时，考虑的主要因素有：管渠的受力情况、水力条件、施工技术、经济造价以及养护管理等。其基本要求是：管渠结构必须要有较好的稳定性，能够抵抗内外压力和地面荷载；水力学方面，在断面面积一定时，应具有最大排水能力，并在一定流速下不产生淤积、沉淀；在养护管理方面，管道断面不易产生淤积，并且易于冲洗；在经济方面，每单位长度的造价应是较低的。

二、污水管道水力计算公式

在污水管道中，污水由支管流入干管，再由干管流入主干管，最后由主干管流入污水处理厂，经处理后排放或再利用。管道的管径由小到大，分布类似河流，呈树枝状。但它与给水管网的环状网和树状网截然不同，一般情况下，具有如下特点：

（1）污水在管道内依靠管道两端的水面高差从高处流向低处，是不承受压力的，即为重力流。

（2）污水中含有一定数量的悬浮物，它们有的漂浮于水面，有的悬浮于水中，有的则沉积在管底内壁上。这与清水的流动有所差别。但污水中的水分一般在 99% 以上，所含悬浮物很少，因此，可认为污水的流动遵循一般流体流动的规律，工程设计时仍按水力学公式计算。

（3）污水在管道中的流速随时都在变化，但在直线管段上，当流量没有很大变化又无沉淀物时，可认为污水的流动接近均匀流。设计时对每一设计管段都按均匀流公式进行计算。常用的均匀流基本公式有：

$$Q = Av$$

谢才公式：

$$v = C\sqrt{Ri}$$

曼宁公式：

$$C = \frac{1}{n} R^{1/6}$$

因此有

$$Q = A \times \frac{1}{n} \times R^{\frac{2}{3}} \times i^{\frac{1}{2}}$$

式中：Q —— 流量，m^3/s；

$\quad\quad A$ —— 过水断面面积，m^2；

$\quad\quad v$ —— 流速，m/s；

$\quad\quad R$ —— 水力半径，m；

$\quad\quad i$ —— 水力坡度，即水面坡度，等于管底坡度；

$\quad\quad n$ —— 管壁粗糙系数，见表 4-13。

表 4-13 排水管渠粗糙系数

管渠类别	粗糙系数 n	管渠类别	粗糙系数 n
UPVC、PE、玻璃钢管	0.009～0.011	浆砌砖渠道	0.015
石棉水泥管、钢管	0.012	浆砌块石渠道	0.017
陶土管、铸铁管	0.013	干砌块石渠道	0.020～0.025
混凝土管、钢筋混凝土管、水泥砂浆抹面渠道	0.013～0.014	土明渠（包括带草皮）	0.025～0.030

对于非满流管渠，水力计算公式为：

$$A = A(D, \ h/D) = \frac{D^2}{4}\cos^{-1}(1-\frac{2h}{D}) - \frac{D^2}{2}(1-\frac{2h}{D})\sqrt{\frac{h}{D}(1-\frac{h}{D})}$$

$$R = R(D, \ h/D) = \frac{D}{4} - \frac{D(1-\frac{2h}{D})\sqrt{\frac{h}{D}(1-\frac{h}{D})}}{2\cos^{-1}(1-\frac{2h}{D})}$$

$$v = \frac{1}{n}R^{\frac{2}{3}}i^{\frac{1}{2}} = \frac{1}{n}R^{\frac{2}{3}}(D,h/D)i^{\frac{1}{2}}$$

$$Q = \frac{1}{n}AR^{\frac{2}{3}}i^{\frac{1}{2}} = \frac{1}{n}A(D,h/D)R^{\frac{2}{3}}(D,h/D)i^{\frac{1}{2}}$$

式中：h/D —— 管道充满度；

其余参数意义同前。

三、污水管道设计参数相关规定

水力计算的两个基本公式给出了流量 Q、流速 v、粗糙系数 n、水力坡度 i、水力半径 R 和过水断面面积 A 等水力要素之间的关系。为使污水管渠正常运行，需对这些因素加以考虑和限制，作为污水管道设计的依据。

（一）设计充满度

在设计流量下，污水在管道中的水深 h 与管道直径 D 的比值（h/D）称为设计充满度，它表示污水在管道中的充满程度，如图 4-2 所示。当 $h/D=1$ 时称为满流；$h/D<1$ 时称为不满流。《室外排水设计规范》（GB 50014—2006）规定，污水管道按不满流进行设计，其最大设计充满度的规定见表 4-14。这样规定的原因是：

（1）污水流量时刻在变化，很难精确计算，而且雨水可能通过检查井盖上的孔口流入，地下水也可能通过管道接口渗入污水管道。因此，有必要预留一部分管道断面，为未预见水量的介入留出空间，避免污水溢出妨碍环境卫生，同时使渗入的地下水能够顺利流泄。

（2）污水管道内沉积的污泥可能分解析出一些有害气体（如 CH_4、H_2S 等）。此外，污水中如含有汽油、苯、石油等易燃液体时，可能产生爆炸性气体。故需留出适当的空间，以利管道的通风，从而及时排除有害气体及易爆气体。

（3）便于管道的清通和养护管理。

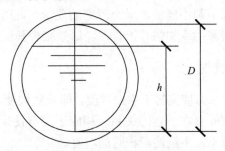

图 4-2　充满度示意图

表 4-14　最大设计充满度

管径或渠高/ mm	最大设计充满度
200～300	0.55
350～450	0.65
500～900	0.70
≥1 000	0.75

表 4-14 所列的最大设计充满度是设计污水管道时所采用的充满度的最大限值。在进行污水管道的水力计算时，所选用的充满度不应大于表 4-14 中规定的数值。但为了节约投资和合理地利用管道断面，选用的设计充满度也不应过小。为此，在设计过程中还应考虑最小设计充满度作为设计充满度的下限值。根据经验各种管径的最小设计充满度不宜小于 0.25。一般情况下设计充满度最好不小于 0.5，对于管径较大的管道设计充满度以接近最大限值为好。

（二）设计流速

设计流速是指污水管渠在设计充满度条件下，排泄设计流量时的平均流速。设计流速过小，污水流动缓慢，其中的悬浮物则易于沉淀淤积；反之，污水流速过高，虽然悬浮物不易沉淀淤积，但可能会对管壁产生冲刷，甚至损坏管道使其寿命降低。为了防止管道内产生沉淀淤积或管壁遭受冲刷，《室外排水设计规范》（GB 50014—2006）规定了污水管道的最小设计流速和最大设计流速。污水管道的设计流速应在最小设计流速和最大设计流速之间。

最小设计流速是保证管道内不致发生沉淀淤积的流速。污水管道在设计充满度下的最小设计流速为 0.6 m/s。含有金属、矿物固体或重油杂质的生产污水管道，其最小设计流速宜适当加大，其值应根据经验或经过调查研究综合考虑确定。

最大设计流速是保证管道不被冲刷损坏的流速。该值与管道材料有关，通常金属管道的最大设计流速为 10 m/s，非金属管道的最大设计流速为 5 m/s。

在污水管道系统的上游管段，特别是起点检查井附近的污水管道，有时其流速在采用最小管径的情况下都不能满足最小流速的要求。此时应对其增设冲洗井定期冲洗污水管道，以免堵塞；或加强养护管理，尽量减少其沉淀淤积的可能性。

（三）最小设计坡度

在均匀流情况下，水力坡度等于水面坡度，即管底坡度。由水力计算公式可知，管渠的流速和水力坡度间存在一定的关系。相应于最小设计流速的坡度就是最小设计坡度，即是保证管道不发生沉淀淤积时的坡度。

在设计污水管道系统时，通常使管道敷设坡度与地面坡度一致，这对降低管道系统的造价非常有利。但相应于管道敷设坡度的污水流速应等于或大于最小设计流速，这在地势平坦地区或管道逆坡敷设时尤为重要。为此，应规定污水管道的最小设计坡度，只要其敷设坡度不小于最小设计坡度，管道内就不会产生沉淀淤积。

由于设计坡度与 $R^{4/3}$ 成反比，而水力半径 R 又是过水断面面积与湿周的比值，因此在给定设计充满度条件下，管径越大，相应的最小设计坡度则越小。所以只需规定最小管径的最小设计坡度即可。我国《室外排水设计规范》（GB 50014—2006）规定：管径为 200 mm 时，最小设计坡度为 0.004；管径为 300 mm 时，最小设计坡度为 0.003。

实际工程中，充满度随时在变化，这样同一直径的管道因充满度不同，则应有不同的最小设计坡度。上述规定的最小设计坡度数值是设计充满度 $h/D=0.5$（半满流）时的最小坡度。

（四）最小管径

一般在污水管道系统的上游部分，污水设计流量很小，若根据设计流量计算，则管径会很小。根据养护经验，管径过小极易堵塞，从而增加管道清通次数，并给用户带来不便。此外，采用较大的管径时可选用较小的设计坡度，从而使管道埋深减小，降低工程造价。因此，为了养护工作的方便，常规定一个允许的最小管径。我国《室外排水设计规范》（GB 50014—2006）规定：污水管道在街坊和厂区内的最小管径为 200 mm，在街道下的最小管径为 300 mm。

在污水管道的设计过程中，若某设计管段的设计流量小于其在最小管径、最小设计流速和最大设计充满度条件下管道通过的流量，则这样的管段称为不计算管段。设计时不再进行水力计算，直接采用最小管径即可。此时管道的设计坡度取最小设计管径相应的最小设计坡度，管道的设计流速取最小设计流速，管道的设计充满度取半满流，即 $h/D=0.5$。

规定最小管径是因为当污水管道管径过小时，极易堵塞，从而增加管道清通次数，给用户带来不便。此外，采用较大的管径可选用较小的设计坡度，从而减少管道埋深，降低工程造价。因此，为了养护工作的方便，常规定一个允许的最小管径和最小设计坡度，见表 4-15。

表 4-15　最小管径与相应的最小设计坡度

管材	敷设位置	最小管径/mm	最小设计坡度
钢筋混凝土管	街道下	300	0.003
	居住区厂区内	200	0.004
塑料管	街道下	300	0.002
	居住区和厂区内支路下或建筑物周围绿化带内	160	0.005
	进化粪池污水管	200	0.007
	居住区和厂区内主道路下	200	0.004

四、污水管道水力计算方法

在污水管道的水力计算中，污水流量通常是已知数值，而需要确定管道的直径和坡度。所确定的管道断面尺寸，必须在规定的设计充满度和设计流速条件下，能够排泄设计流量。管道敷设坡度的确定，应充分考虑地形条件，参照地面坡度和最小设计坡度。一方面要使管道尽可能与地面平行敷设，以减小管道埋设深度；另一方面也必须满足设计流速的要求，使污水在管道内不致发生沉淀淤积和不对管壁造成冲刷。在具体水力计算中，对每一管道而言，有管径 D、粗糙系数 n、充满度 h/D、水力坡度 i、流量 Q、流速 v 六个水力参数，而只有流量 Q 为已知数，直接采用水力计算的基本公式计算极为复杂。为了简化计算，通常把上述各水力参数之间的水力关系绘制成水力计算图（附录三、附录四）。如附录三，对每一张图而言，D 和 n 都为已知数。它有 4 组线，其中横线代表管道敷设坡度 i，竖线代表管段设计流量 Q，从左下方向右上方倾斜的斜线代表设计充满度 h/D，从左上方向右下方倾斜的斜线代表设计流速 v。通过该图，在 Q、i、h/D、v 这 4 个水力参数中，只要知道 2 个，就可以查出另外 2 个。现举例说明该水力计算图的用法。

【**例题 1**】已知 $n=0.014$、$D=300$ mm、$i=0.004$、$Q=30$ L/s，求 v 和 h/D。

【**解**】采用 $D=300$ mm 的水力计算图（附录三中的附图 3）。先在纵轴上找到代表 $i=0.004$ 的横线，再从横轴上找到代表 $Q=30$ L/s 的竖线；两条线相交得一点。这一点落在代表设计流速 v 为 0.8 m/s 与 0.85 m/s 的两条斜线之间，按内插法计算 $v= 0.82$ m/s；同时该点还落在设计充满度 $h/D = 0.5$ 与 $h/D = 0.55$ 的两条斜线之间，按内插法计算 $h/D =0.52$。

【例题 2】已知 $n=0.014$、$D=400$ mm、$Q=41$ L/s、$v=0.90$ m/s，求 i 和 h/D。

【解】采用 $D=400$ mm 的计算图（附录三中的附图 5）。在图上找到代表 $Q=41$ L/s 的竖线和代表 $v=0.90$ m/s 的斜线，这两线的交点落在代表 $i=0.0043$ 的横线上，即 $i=0.0043$；同时还落在代表 $h/D=0.35$ 与 $h/D=0.40$ 的两条斜线之间，按内插法计算 $h/D=0.39$。

【例题 3】已知 $n=0.014$、$Q=32$ L/s、$D=300$ mm、$h/D=0.55$，求 v 和 i。

【解】采用 $D=300$ mm 的计算图（附录三中的附图 3）。在图上找到代表 $Q=32$ L/s 的竖线和代表 $h/D=0.55$ 的斜线，两线的交点落在代表 $i=0.0036$ 的横线上，即 $i=0.0036$；同时还落在代表 $v=0.75$ m/s 与 $v=0.80$ m/s 的两条斜线之间，按内插法计算 $v=0.79$ m/s。

实际工程设计时，通常只知道设计管段的设计流量，当地形有一定坡度时，可参考设计管段经过地段的地面坡度进行确定，以地面坡度作为管道的敷设坡度；如果地面坡度不能利用，则可自己假定管道的敷设坡度进行确定。当设计地形平坦或有反坡时，可参考表4-16设计计算。

表 4-16　最小坡度条件下的非满管流量

管径/mm	最小坡度	最大充满度	管道粗糙系数 n			
			$n=0.011$	$n=0.012$	$n=0.013$	$n=0.014$
			流量/（L/s）			
200	0.0040	0.55	11	10	10	9
300	0.0030		37	34	31	29
400	0.0015	0.65	72	66	61	57
450			99	90	84	78
500	0.0012		129	119	110	102
600	0.0010	0.70	192	176	163	151
700			290	266	245	228
800	0.0008		370	339	313	291
900			507	464	429	398
1 000			633	580	536	497
1 100	0.0006		816	748	691	641
1 200			1 029	943	871	809
1 300			1 274	1 168	1 078	1 001
1 400			1 417	1 299	1 199	1 113
1 500		0.75	1 703	1 561	1 441	1 338
1 600			2 023	1 855	1 712	1 590
1 700	0.0005		2 378	2 180	2 012	1 869
1 800			2 770	2 539	2 344	2 176
2 000			3 669	3 363	3 104	2 882
2 200			4 730	4 336	4 002	3 717
2 400			5 965	5 468	5 048	4 687

思考题与习题

1. 污水管道水力计算的目的是什么？在水力计算中为什么采用均匀流公式？

2. 污水管道水力计算中，对设计充满度、设计流速、最小管径和最小设计坡度是如何规定的？为什么要这样规定？

职业能力训练

利用本书附录三、附录四水力计算图进行污水管段的水力计算训练。

任务四　污水管道系统设计计算及实例

一、污水管网设计步骤

（一）污水管网布置

具体内容及做法见项目三。

（二）设计管段划分，管段的设计流量计算

具体内容及做法见项目四任务二。

（三）管段的水力计算

具体内容及做法见项目四任务三。

（四）管网干、支管的计算，确定管段的衔接方式和管道埋深

1. 确定控制点

具体内容见项目三任务二。

2. 污水管道埋设深度

在污水管道工程中，管道的埋设深度越大，工程造价越高，施工期越长。

（1）含义

1）覆土厚度：指管外壁顶部到地面的距离；

2）埋设深度：指管内壁底部到地面的距离，如图 4-3 所示。

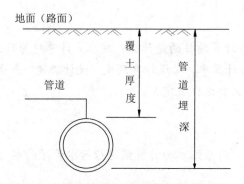

图 4-3　管道埋设深度

（2）最小埋深

确定污水管道最小埋设深度时，应考虑下列因素：

1）必须防止因管内污水冰冻或土壤冰冻而损坏管道

土壤的冰冻深度，不仅受当地气候的影响，而且与土壤本身的性质有关。所以，不同的地区，由于气候条件不同、土壤性质不同，土壤的冰冻深度也各不相同。在污水管道工程中，一般所采用的土壤冰冻深度值，是当地多年观测的平均值。

由于生活污水水温较高，且保持一定的流量不断地流动，所以污水不易冰冻。由于污水水温的辐射作用，管道周围的土壤不会冰冻，所以，在污水管道的设计中，没有必要将整个管道都埋设在土壤的冰冻线以下。

但如果将管道全部埋在冰冻线以上，则会因土壤冻胀而损坏管道基础。

现行的《室外排水设计规范》规定：无保温措施的生活污水或水温与其接近的工业废水管道，管底可埋设在土壤冰冻线以上 0.15 m。有保温措施或水温较高或水流不断、流量较大的污水管道，其管底在冰冻线以上的距离可适当增大，其数值可根据经验确定。

2）必须保证管道不致因为地面荷载而破坏

为保证污水管道不因受外部荷载而破坏，必须有一个覆土厚度的最小限值要求，这个最小限值，被称为最小覆土厚度。此值取决于管材的强度、地面荷载类型及其传递方式等因素。

现行的《室外排水设计规范》规定：在车行道下的排水管道，其最小覆土厚度一般不得小于 0.7 m。在对排水管道采取适当的加固措施后，其最小覆土厚度值可以酌减。

3）必须满足街坊污水管衔接的要求

污水管道最小埋设深度受建筑物污水出户管埋深的控制。从安装技术方面考虑，建筑物污水出户管的最小埋深一般在 0.5～0.7 m，以保证底层建筑污水的排出。所以街坊污水管道的起端埋深最小也应有 0.6～0.7 m。由此值可计算出街道污水管道的最小埋设深度。

对每一条管道来说，从上面三个不同的要求来看，可以得到三个不同的管道埋深。这三个值中，最大的一个即是管道的最小设计埋深。

（3）最大埋深

管道的最大埋深，应根据设计地区的土质、地下水等自然条件，再结合经济、技术、施工等方面的因素确定。一般在土壤干燥的地区，管道的最大埋深为 7～8 m；在土质差、地下水位较高的地区，一般不超过 5 m。

当管道的埋深超过了当地的最大限度值时，应考虑设置排水泵站提升，以提高下游管道的设计高程，使排水管道继续向前延伸。

3．污水管道的衔接

在污水管道系统中，为了满足管道衔接和养护管理要求，通常在管径、坡度、高程、方向发生变化及支管接入的地方设置检查井。在检查井中必须考虑上下游管道衔接时的高程关系。管道衔接时应遵循以下两个原则：

（1）尽可能提高下游管段的高程，以减少管道埋深，降低造价；

（2）避免因上游管段中形成回水而造成淤积。

管道的衔接方法主要有水面平接和管顶平接两种。

（1）水面平接

是指在水力计算中，上游管段终端和下游管段起端在指定的设计充满度下的水面相平，即上游管段终端与下游管段起端的水面标高相同，如图 4-4 所示。

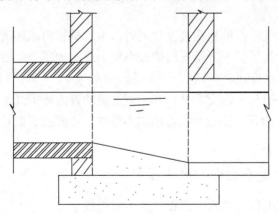

图 4-4 水面平接

一般用于上下游管径相同的污水管道的衔接。由于上游管段中的水面变化较大，水面平接时在上游管段内的实际水面标高可能低于下游管段的实际水面标高，因此，在上游管段中容易形成回水而造成沉淀淤积。

（2）管顶平接

是指在水力计算中，使上游管段终端和下游管段起端的管顶标高相同，如图 4-5 所示。采用管顶平接时，下游管段的埋深将增加。

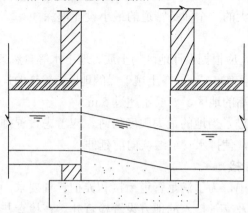

图 4-5　管顶平接

一般用于上下游管径不同的污水管道的衔接。采用管顶平接，可以避免在上游管段中产生回水，但下游管段的埋设深度将会增加。这对于城市地形比较平坦的地区或埋设深度较大的管道，有时可能是不适宜的。

注意事项：

（1）下游管段起端的水面和管内底标高都不得高于上游管段终端的水面和管内底标高。

（2）当管道敷设地区的地面坡度很大时，为调整管内流速所采用的管道坡度将会小于地面坡度。为了保证下游管段的最小覆土厚度和减少上游管段的埋深，可根据地面坡度采用跌水连接。

（3）在旁侧管道与干管交汇处，若旁侧管道的管内底标高比干管的管内底标高相差 1 m 以上时，为保证干管有良好的水力条件，最好在旁侧管道上先设跌水井后再与干管相接。

（五）绘制管道平面图和纵剖面图

平面图和纵剖面图是排水管道设计的主要组成部分。污水管道设计和雨水管道设计均应绘制相应的管道平面图和纵剖面图，二者在绘制要求上基本是一致的。根据设计阶段的不同，图纸所体现的内容和深度也不同。

1. 平面图的绘制

平面图是管道的平面布置图（图 4-6），应反映出管道的总体布置和流域范围。不同设计阶段的平面图，其要求的内容也不同。

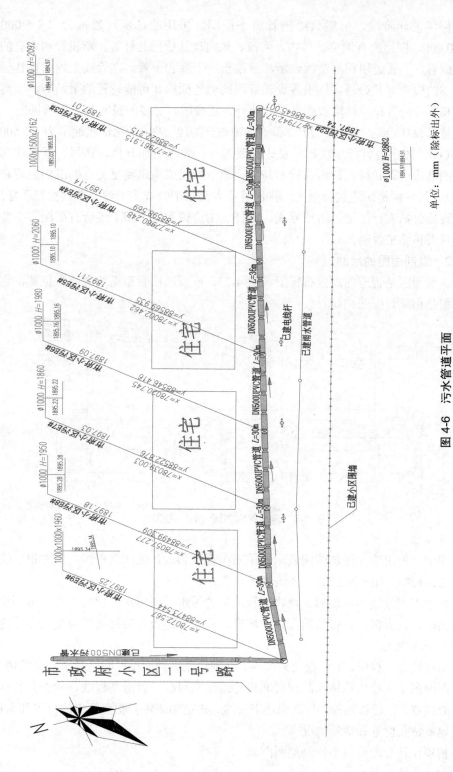

单位：mm（除标出外）

图 4-6 污水管道平面

初步设计阶段，一般只绘出管道平面图。采用的比例尺通常为 1：5 000～1：10 000，图上应有地形、地物、河流、风向玫瑰或指北针等。新设计和原有的污水（或雨水）管道用粗单实线表示，只绘出主干管和干管。在管线上画出设计管段起止点的检查井并编号，标出各设计管段的服务面积和可能设置的泵站等。注明主干管和干管的管径、坡度和长度等。此外，还应附有必要的说明和工程项目表。

技术设计（或扩大初步设计）和施工图设计阶段，采用的比例尺通常为 1：500～1：5 000，图上内容除反映初步设计的要求外，要求更加具体、详尽。要求注明检查井的准确位置和标高，污水管道与其他地下管线或构筑物交叉点的准确位置和标高，以及居住区街坊连接管或工厂排出管接入污水干管或主干管的准确位置和标高。地面设施包括人行边道、房屋界线、电杆、街边树木等。图上还应有图例、主要工程项目表和施工说明。

2. 纵剖面图的绘制

纵剖面图是管道的高程布置图（图 4-7），应反映出管道沿线的高程位置，它和平面图是相互对应的。

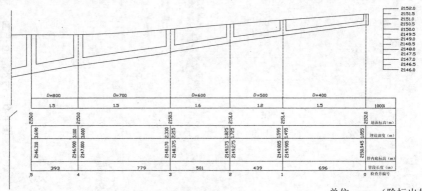

单位：mm（除标出外）

图 4-7　污水管纵剖面（1：1 000）

图中一般用细实线加图例表示原地面高程线和设计地面高程线，用双粗实线表示管道高程线，用中实线的双竖线表示检查井。

对于工程量较小，地形、地物比较简单的污水（或雨水）管道工程，可不绘制纵剖面图，只需将设计管段的管径、坡度、管长、检查井的标高以及交叉点等内容注明在平面图上。

但在较大工程中，因情况比较复杂，必须绘制纵剖面图以明确管道的高程情况。在纵剖面图上应绘出原地面高程线和设计地面高程线，管道高程线，检查井及支管接入处位置、管径和高程，与其他地下管线、构筑物或障碍物交叉点的位置和高程，沿线地质钻孔位置和地质情况等。

初步设计阶段一般不绘制剖面图。

在剖面图的下方要画一表格，表中列出检查井号、管道长度、管径、管道设计坡度、设计地面高程、设计管内底高程、埋设深度、管道材料、接口形式和基础类型。有时也将流量、流速、充满度等水力计算数据注上。纵剖面图的比例尺，常采用横向1∶500～1∶2 000，纵向1∶50～1∶200。

除管道的平、纵剖面图外，技术设计和施工图设计中，还应包括管道附属构筑物的详图和管道交叉点特殊处理的平、纵剖面图等。附属构筑物可在《给水排水标准图集》中选用。

二、工程实例

图4-8为某市一个区的街坊平面图。

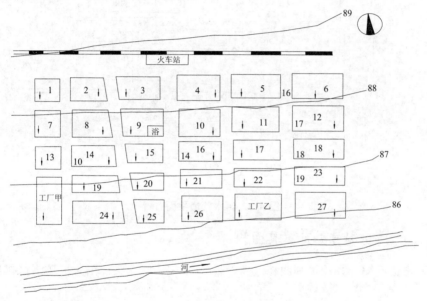

图4-8　某市区街坊平面

已知居住区街坊人口密度为350人/hm²，居民生活污水定额为120 L/（人·d）。火车站和公共浴室的污水设计流量分别为3 L/s和4 L/s。工厂甲排出的废水设计流量为25 L/s，工厂乙排出的废水设计流量为6 L/s。生活污水和经过局部处理后的工业废水全部送至污水处理厂处理。工厂废水排出口的管底埋深为2 m，该市冰冻深度为1.40 m。试进行该区污水管道系统的设计计算（要求达到初步设计深度）。

设计方法和步骤如下：

（一）在街坊平面图上布置污水管道

该区地势北高南低，坡度较小，无明显分水线，可划分为一个排水流域。支管采用低边式布置，干管基本上与等高线垂直，主干管布置在市区南部河岸低处，基本上与等高线平行。整个管道系统呈截流式布置。

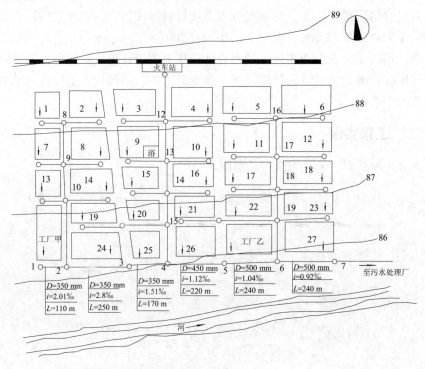

图 4-9 污水管道平面布置

（二）街坊编号并计算其面积

街坊依次编号并计算其面积，列入表 4-17 中。用箭头标出各街坊污水排出的方向。

表 4-17 街坊编号及面积

街坊编号	1	2	3	4	5	6	7	8	9
街坊面积/hm²	1.21	1.70	2.08	1.98	2.20	2.20	1.43	2.21	1.96
街坊编号	10	11	12	13	14	15	16	17	18
街坊面积/hm²	2.04	2.40	2.40	1.21	2.28	1.45	1.70	2.00	1.80
街坊编号	19	20	21	22	23	24	25	26	27
街坊面积/hm²	1.66	1.23	1.53	1.71	1.80	2.20	1.38	2.04	2.40

（三）划分设计管段，计算设计流量

根据设计管段的定义和划分方法，将各干管和主干管有本段流量进入的点（一般定为街坊两端）、集中流量及旁侧支管进入的点，作为设计管段的起止点的检查井并编上号码。

表 4-18 污水管道设计流量计算

| 管段编号 | 居住区生活污水量 | | | | | | | | | 集中流量 | | 设计流量/(L/s) |
| | 本段流量 | | | | 转输流量 q_2/(L/s) | 合计面积/10^4m^2 | 合计平均流量/(L/s) | 总变化系数 K_z | 生活污水设计流量/(L/s) | 本段/(L/s) | 转输/(L/s) | |
	街坊编号	街坊面积/10^4m^2	比流量 q_s/[L/(s·10^4m^2)]	流量 q_1/(L/s)								
1	2	3	4	5	6	7	8	9	10	11	12	13
1-2	—	—	—	—	—	—	—	—	—	25.00	—	25.00
8-9	—	—	—	—	1.41	2.91	1.41	2.3	3.24	—	—	3.24
9-10	—	—	—	—	3.18	6.55	3.18	2.3	7.31	—	—	7.31
10-2	—	—	—	—	4.88	10.04	4.88	2.3	11.23	—	—	11.23
2-3	24	2.20	0.486	1.07	4.88	12.24	5.95	2.2	13.09	—	25.00	38.09
3-4	25	1.38	0.486	0.67	5.95	13.62	6.62	2.2	14.56	—	25.00	39.56
11-12	—	—	—	—	—	—	—	—	—	3.00	—	3.00
12-13	—	—	—	—	1.97	4.06	1.97	2.3	4.53	—	3.00	7.53
13-14	—	—	—	—	3.91	8.06	3.91	2.3	8.99	4.00	3.00	15.99
14-15	—	—	—	—	5.44	11.21	5.44	2.2	11.97	—	7.00	18.97
15-4	—	—	—	—	6.85	14.10	6.85	2.2	15.07	—	7.00	22.07
4-5	26	2.04	0.486	0.99	13.47	29.76	14.46	2.0	28.92	—	32.00	60.92
5-6	—	—	—	—	14.46	29.76	14.46	2.0	28.92	6.00	32.00	66.92
16-17	—	—	—	—	2.14	4.40	2.14	2.3	4.92	—	—	4.92
17-18	—	—	—	—	4.47	9.20	4.47	2.3	10.28	—	—	10.28
18-19	—	—	—	—	6.32	13.00	6.32	2.2	13.90	—	—	13.90
19-6	—	—	—	—	8.77	18.04	8.77	2.1	18.42	—	—	18.42
6-7	27	2.40	0.486	1.17	23.23	50.2	24.40	1.9	46.36	—	38.00	84.36

设计管段的设计流量应列表（表 4-18）进行计算。

本例中，居住区人口密度为 350 人/hm^2，居民污水定额为 120 L/（人·d），则生活污水比流量为：

$$q_s = \frac{120 \times 350}{86\,400} = 0.486 \ \text{L/（s·hm}^2\text{）}$$

各管段设计流量为：

$$q_{1-2} = 25 \ \text{L/s}$$

$$q_{8-9} = q_s F K_z$$

$$= 0.486 \times （1.21 + 1.70）\times K_z = 1.41 K_z$$

$$= 1.41 \times 2.3 = 3.24 \ \text{L/s}$$

$q_{9-10} = q_s F K_z$

　　　$= 0.486 \times（1.21 + 1.70 + 1.43 + 2.21）\times K_z$

　　　$= 3.18 K_z = 3.18 \times 2.3 = 7.31$　L/s

$q_{10-2} = q_s F K_z$

　　　$= 0.486 \times（1.21 + 1.70 + 1.43 + 2.21 + 1.21 + 2.28）\times K_z$

　　　$= 4.88 K_z = 4.88 \times 2.3 = 11.23$　L/s

$q_{2-3} = q_s F K_z + q_甲$

　　　$=（0.486 \times 2.20 + 4.88）\times K_z + q_甲$

　　　$=（1.07 + 4.88）\times K_z + 25$

　　　$= 5.95 \times 2.2 + 25$

　　　$= 13.09 + 25 = 38.09$　L/s

（四）管渠材料的选择

在本设计中，管道采用钢筋混凝土管（$n = 0.014$）。

（五）各管段的水力计算

在各设计管段的设计流量确定后，便可按照污水管道水力计算的方法，从上游管段开始依次进行各设计管段的水力计算。本例中仅进行污水主干管的水力计算，见表4-19。

水力计算的方法和步骤如下：

（1）将各设计管段编号，长度，设计流量，上、下端检查井地面高程分别填入表4-19中第1、2、3、10、11项中，设计管段长度及检查井地面高程根据管道平面布置图和地形图来确定。

（2）计算各设计管段的地面坡度，作为确定管道坡度时的参考。

地面坡度=管段起讫点地面高差/管段长度

例如管段1-2：地面坡度=（86.200－86.100）/110=0.000 9

（3）根据管段的设计流量，参考地面坡度，按照污水管道水力计算的规定进行水力计算，确定各设计管段的管径、设计坡度、设计流速和设计充满度。

例如管段1-2：设计流量$Q = 25$ L/s，地面参考坡度为0.000 9，查附录三的水力计算图。采用$D = 300$ mm管径的管道，查水力计算图，$i = 0.003$（$D = 300$ mm的管道对应的最小设计坡度为0.003），$v = 0.7$ m/s，$h/D = 0.51$，确定的D、i、v、h/D均符合设计规范的要求，把确定的管径、坡度、流速、充满度4个数据分别填入表4-19中第4、5、6、7项。

其余各设计管段的管径、坡度、流速和充满度的计算方法与上述方法相同。

表 4-19 污水主干管水力计算

管段编号	管道长度 L/m	设计流量 Q/(L/s)	管径 D/mm	坡度 i/‰	流速 v/(m/s)	充满度		降落量 iL/m	标高/m						埋设深度/m	
						h/D	h/m		地面标高		水面标高		管内底标高		上端	下端
									上端	下端	上端	下端	上端	下端		
1	2	3	4	5	6	7	8	9	10	11	12	13	14	15	16	17
1-2	110	25.00	300	0.003 0	0.70	0.51	0.153	0.330	86.200	86.100	83.853	83.523	83.700	83.370	2.50	2.73
2-3	250	38.09	350	0.002 8	0.75	0.52	0.182	0.700	86.100	86.050	83.502	82.802	83.320	82.620	2.78	3.43
3-4	170	39.56	350	0.002 8	0.75	0.53	0.186	0.476	86.050	86.000	82.802	82.326	82.616	82.140	3.43	3.86
4-5	220	60.92	400	0.002 4	0.80	0.58	0.232	0.528	86.000	85.900	82.322	81.794	82.090	81.562	3.91	4.34
5-6	240	66.92	400	0.002 4	0.82	0.62	0.248	0.576	85.900	85.800	81.794	81.218	81.546	80.970	4.35	4.83
6-7	240	84.36	450	0.002 3	0.85	0.60	0.270	0.552	85.800	85.700	81.190	80.638	80.920	80.368	4.88	5.33

在水力计算中，由于 Q、D、i、v、h/D 各水力因素之间存在着相互制约的关系，因此，在查水力计算图时，存在着一个试算过程，最终确定的 D、i、v、h/D 要符合设计规范的要求。

（4）根据管径和设计充满度求管段的水深。如管段 1-2 的水深 $h = Dh/D = 0.30 \times 0.51 = 0.153$ m，列入表中第 8 项。

（5）根据设计管段的长度和设计坡度求管段的降落量。如管段 1-2 的降落量为 $iL = 0.003 \times 110 = 0.330$ m，列入表 4-19 中第 9 项。

（6）求各设计管段上、下端的管内底标高和埋设深度。

首先确定管网系统的控制点。本例中离污水厂较远的干管起点有 8、11、16 及工厂出水口 1 点，这些点都可能成为管道系统的控制点。1 点的埋深受冰冻深度和工厂废水排出口埋深的影响，由于冰冻深度为 1.40 m，工厂排出口埋深为 2.0 m，因此 1 点的埋深主要受工厂排出口埋深的控制。8、11、16 三点的埋深可由冰冻深度及最小覆土厚度的限值决定，但因干管与等高线垂直布置，干管坡度可与地面坡度相近，因此埋深增加不多，整个管线上又无个别低洼点，故 8、11、16 三点的埋深不能控制整个主干管的埋设深度。对主干管埋深起决定作用的控制点则是 1 点。

1 点是主干管的起点，它的埋设深度定为 2.50 m，将该值列入表 4-19 中第 16 项。

1 点的管内底标高等于 1 点的地面标高减去 1 点的埋深，为 $86.200 - 2.50 = 83.700$ m，列入表中第 14 项。

2 点的管内底标高等于 1 点的管内底标高减去管段 1-2 的降落量，为 $83.700 - 0.330 = 83.370$ m，列入表 4-19 中第 15 项。

2 点的埋设深度等于 2 点的地面标高减去 2 点的管内底标高，为 $86.100 - 83.370 = 2.73$ m，列入表 4-19 中第 17 项。

（7）计算管段上、下端水面标高。

管段上、下端水面标高等于相应点的管内底标高加水深。如管段 1-2 中 1 点的水面标高为 $83.700 + 0.153 = 83.853$ m，列入表中第 12 项。

根据管段在检查井处采用的衔接方法，可确定下游管段的管内底标高：

1）管段 1-2 与管段 2-3 的管径不同，采用管顶平接。则这两管段在 2 点的管顶标高相同。于是，管段 2-3 中 2 点的管内底标高为 $83.370 + 0.3 - 0.35 = 83.320$ m。

求出 2 点的管内底标高后，根据前面有关内容就可求出 3 点的管内底标高及 2、3 点的水面标高及埋深。

2）如管段 2-3 与管段 3-4 管径相同，可采用水面平接。然后用 3 点的水面高程减去降落量，求得 4 点的水面高程，将 3、4 点的水面高程减去水深求出相应点的管底标高，再进一步求出 3、4 点的埋深。

在进行管道的水力计算时，应注意如下问题：

（1）慎重确定设计地区的控制点。这些控制点常位于本区的最远或最低处，它们的埋深控制该地区污水管道的最小埋深。各条管道的起点、低洼地区的个别街坊和污水排出口较深的工业企业或公共建筑都是控制点的研究对象。

（2）研究管道敷设坡度与管线经过的地面坡度之间的关系。使确定的管道坡度在满足最小设计流速的前提下，既不使管道的埋深过大，又便于旁侧支管的接入。

（3）水力计算自上游管段依次向下游管段进行，随着设计流量的逐段增加，设计流速也应相应增加。如流量保持不变，则流速不应减小。只有当坡度大的管道接到坡度小的管道时，下游管段的流速已大于 1.0 m/s（陶土管）或 1.2 m/s（混凝土、钢筋混凝土管道）的情况下，设计流速才允许减小。

设计流量逐段增加，设计管径也应逐段增大，只有当坡度小的管道接到坡度大的管道时，管径才可减小，缩小的范围一般为 50～100 mm，并不得小于最小管径。

（4）在地面坡度太大的地区，为了减小管内水流速度，防止管壁遭受冲刷，管道坡度往往小于地面坡度。这就可能使下游管段的覆土厚度无法满足最小限值的要求，甚至超出地面，因此应在适当地点设置跌水井。

当地面由陡坡突然变缓时，为了减小管道埋深，在变坡处应设跌水井。

（5）水流通过检查井时，常引起局部水头损失。为了尽量降低这项损失，检查井底部在直线管段上要严格采用直线，在转弯处要采用匀称的曲线。通常直线检查井可不考虑局部水头损失。

（6）在旁侧管与干管的连接点上，要考虑干管的已定埋深是否允许旁侧管接入。同时为避免旁侧管和干管产生逆水和回水，旁侧管中的设计流速不应大于干管中的设计流速。

（7）初步设计时，只进行干管和主干管的水力计算。在技术设计时，要进行所有管道的水力计算。

（六）绘制管道平面图和纵剖面图

污水管道平面图和纵剖面图的绘制方法见前面有关污水管网设计步骤的内容。本例题的设计深度仅为初步设计，所以，在水力计算结束后将求得的管径、坡度等数据标注在管道平面图上。同时，绘制出主干管的纵剖面图，如图 4-10 所示。

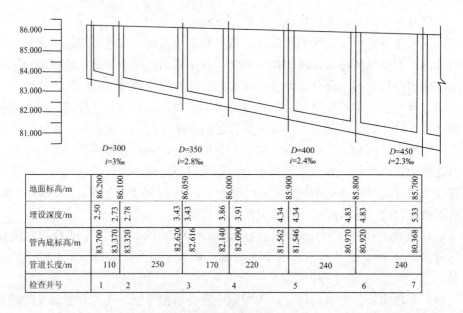

	$D=300$ $i=3‰$			$D=350$ $i=2.8‰$		$D=400$ $i=2.4‰$		$D=450$ $i=2.3‰$	
地面标高/m	86.200	86.100	86.050	86.000	85.900	85.800	85.700
埋设深度/m	2.50 / 2.73	2.78 / 3.43	3.43 / 3.86	3.91 / 4.34	4.34 / 4.83	4.83 / 5.33	
管内底标高/m	83.700 / 83.370	83.320 / 82.620	82.616 / 82.140	82.090 / 81.562	81.546 / 80.970	80.920 / 80.368	
管道长度/m	110	250	170	220	240	240	
检查井号	1	2	3	4	5	6	7

图 4-10 主干管纵剖面

思考题与习题

1. 污水管道水力计算的方法和步骤是什么？计算时应注意哪些问题？
2. 试述污水管道埋设深度的两个含义。
3. 在进行污水管道的衔接时应遵循什么原则？衔接的方法有哪些？各怎样衔接？
4. 什么是污水管道系统的控制点？如何确定控制点的位置和埋设深度？
5. 怎样绘制污水管道的平、纵剖面图？

职业能力训练

某市一个街坊的平面布置如图 3-13 所示。该街坊的人口密度为 400 人/hm²，生活污水定额为 140 L/（人·d），工厂的生活污水设计流量为 8.24 L/s，淋浴污水设计流量为 6.84 L/s，生产污水设计流量为 26.4 L/s，工厂排出口的地面标高为 43.5 m，管底埋深为 2.20 m，土壤冰冻最大深度为 0.15 m，河岸堤坝顶标高为 40 m。试确定如下内容：

（1）进行该街坊污水管道系统的定线；
（2）进行从工厂排出口至污水处理厂的各管段的水力计算；
（3）按适当比例在图纸上绘制管道平面图和主干管的纵剖面图。

任务五　排水管渠及附属构筑物

为保证及时有效地收集、输送、排除城市污水及天然降雨，保证排水系统正常地工作，在排水系统上除设置管渠以外，还需要在管渠上设置一些必要的构筑物。常用的构筑物有检查井、跌水井、水封井、溢流井、冲洗井、倒虹管、雨水口及出水口等。这些附属构筑物对排水系统的工作有很重要的影响，其中有些构筑物在排水系统中所需要的数量很多，它们在排水系统的总造价中占有相当的比例。例如，为便于管渠的维护管理，通常都应设置检查井，对于污水管道，在直线管段上每隔50 m左右就需要设置一个。此外，它们对排水工程的造价及将来的使用影响很大。因此，如何使这些构筑物在排水系统中建造得经济、合理，并能发挥最大的作用，是排水工程设计和施工中的重要课题之一。因此，须予以重视和慎重考虑。本节主要介绍这些附属构筑物的有关设置要求，其构造可参阅《给水排水标准图集》。

一、检查井

为便于对排水管道系统进行定期检修、清通和连接上下游管道，须在管道适当位置上设置检查井。当管道发生严重堵塞或损坏时，检修人员可以下井进行操作疏通和检修。

检修井通常设置在管道的交汇、转弯和管径、坡度及高程变化处。在排水管道设计中，检查井在直线管径上的最大间距，可根据具体情况确定，一般情况下，检查井的间距按50 m左右考虑。表4-20为检查井最大间距，表4-21为国内部分城市检查井间距，供设计时参考。

表4-20　直线管道上检查井间距

管别	管径或暗渠净高/mm	最大间距/m	常用间距/m
污水管道	200～400	40	20～30
	500～700	60	30～50
	800～1 000	85	50～70
	1 100～1 500	100	65～80
	1 600～2000	120	80～100
雨水管道合流管道	200～400	50	30～40
	500～700	70	40～60
	800～1 000	90	60～80
	1 100～1 500	120	80～100
	1 600～2 000	120	100～120

注：管径或暗渠高于2 000 mm时，检查井最大间距可适当增大。

表 4-21　国内部分城市检查井间距

城市	管径/mm	污水检查井间距/m	雨水（合流）检查井间距/m
北京	300～900	35～45	35～45
	1 500～1 950	70～80	40～50
上海		35	35
天津	<800	30～40	40～50
南京		30	30
济南	300	30	30
广州	200～1 200	30	30
杭州		50	30～50
沈阳			40
长春	300～600	40	40
	600～1 000	50	50
石家庄			40～50
郑州	900	60	50
哈尔滨		40～50	40～50

　　检查井的井底材料一般采用低标号混凝土，基础采用碎石、卵石、碎砖夯实或低标号混凝土。为使水流流过检查井时阻力小，井底应设连接上、下管道的半圆形或弧形流槽，两侧为直壁。污水管道的检查井流槽顶与上、下游管道的管顶相平，或与 0.85 倍大管管径处相平。雨水管渠和合流管渠的检查井流槽顶可与 0.5 倍管径处相平。流槽两侧至检查井壁间的地板（称沟肩）应有一定宽度，一般不应小于 20 cm，以便养护人员井下立足，并应有 0.02～0.05 的坡度坡向流槽，以防止检查井内积水时淤泥沉积。在管道转弯或管道的交汇处，流槽中心线的弯曲半径应按转角大小和管径大小确定，并且不得小于大管的管径，其目的是为了使水流畅通。

　　根据某些城市排水管道的养护经验，为有利于管渠的清淤，应每隔一定距离（约 200 m），将井底做成落底为 0.5～1.0 m 的沉积槽。

　　检查井的井身构造与是否需要工人下井有密切关系。不需要下人的浅井，其构造很简单，一般为直壁筒形，井径一般在 500～700 mm。而对于经常要检修的检查井，其井口大于 800 mm 为宜。在构造上可分为工作室、渐缩部和井筒三部分。工作室是养护时工人进行临时操作的地方，因此不宜过分狭小，其直径不能小于 1 m。其高度在埋深许可时一般采用 1.8 m 或更高些，污水检查井由流槽顶算起，雨水（合流）检查井由管底算起。为降低造价，宜缩小井盖尺寸，因此井筒直径比工作室小，考虑到工人在检修时出入安全和方便，其直径不应小于 0.7 m。井筒与工作室之间可采用锥形渐缩部连接，渐缩部高度一般为 0.6~0.8 m。另外，也可以在工作室顶偏向出水管道一边加钢筋混凝土盖板梁。为便于工人检查时上下方便，井身在偏向进水管的一边保持直立，并设有牢固性好、抗腐蚀性强的爬梯。

检查井的井盖形式常用圆形，其直径采用 0.65~0.70 m，可采用铸铁或钢筋混凝土材料制造。在车行道上一般采用铸铁井盖和井座，为防止雨水流入，盖顶应略高出地面。在人行道或绿化地带内可采用钢筋混凝土制造的井盖及盖座。

合流制管渠上可采用雨水检查井。如为排除具有腐蚀性的工业废水的管渠，则要采用耐腐蚀性管材和接口，同时也要采用耐腐蚀性检查井，即在检查井内做耐腐蚀衬里（如耐酸陶瓷衬里、耐酸瓷板衬里、玻璃钢衬里等），或采用花岗岩砌筑。

检查井尺寸的大小，应按管道埋深、管径和操作要求确定，详见《给水排水标准图集》。

为了防止因检查井渗漏而影响建筑物基础，以及清通方便，要求井中心至建筑物外墙的距离不小于 3 m。接入检查井的支管数量不宜超过 3 条。

二、跌水井

因地势或其他因素的影响，排水管道在某些地段会出现高程落差，当落差高度为 1~2 m 时，宜设跌水井。跌水井具有检查井的功能，同时又具有消能功能，由于水流跌落时具有很大的冲击力，所以井底要求牢固，要设有减速防冲击消能的设施。

当管道跌水高度在 1 m 以内时，可不设跌水井，只需将检查井井底做成斜坡。通常在下列情形下必须采取跌落措施：

（1）管道垂直于陡峭地形的等高线布置，按照设计坡度露出地面；

（2）支管接入高程较低的干管处（支管跌落）或干管接纳高程较低的支管处（干管跌落）。

此外，跌水井不宜设在管道的转弯处，污水管道和合流管道上的跌水井，宜设排气通风管。

有关跌水井其他形式及尺寸，详见《给水排水标准图集》。

三、水封井

当工业废水中含有易燃的能产生爆炸或火灾的气体时，其废水管道系统中应设水井，以阻隔易燃易爆气体的流通及阻隔水面游火，防止其蔓延。水封井是一种能起到水封作用的检查井，其形式有竖管式水封井和高差式水封井。

水封井应设在生产上述废水的生产装置、贮罐区、原料贮运场地、成品仓库、容器洗涤车间和废水排出口处，以及适当距离的干管上。

由于这类管道具有危险性，所以在定线时要注意安全问题。应设在远离明火的地方，不能设在车行道和行人众多的地段。水封深度、管径、流量和污水中含易燃易爆物质的浓度有关，一般在 0.25 m 左右。井上宜设通风管，井底宜设沉泥槽，其深度一般采用 0.5~0.6 m。

四、雨水溢流井

在截流式合流制排水系统中，晴天时，管道中的污水全部送往污水处理厂进行处理，雨天时，管道中的混合污水仅有一部分送入污水处理厂处理，超过截流管道输水能力的那部分混合污水不做处理，直接排入水体。因此，在合流管道与截流干管的交汇处应设置溢流井，其作用是将超过溢流井下游输水能力的那部分混合污水，通过溢流井溢流排出。因此，溢流井的设置位置应尽可能靠近水体下游，以减少排放渠道长度，使混合污水尽快排入水体。此外，最好将溢流井设置在高浓度的工业污水进入点的上游，这样可减轻污染物质对水体的污染程度。如果系统中设有倒虹管及排水泵站，则溢流井最好设置在这些构筑物的前面。

溢流井形式有截流槽式、跳跃堰式和溢流堰式等。其中最简单的溢流井是在井中设置截流槽，槽顶与截流干管管顶相平，或与上游截流干管管顶相平。当上游来水过多，槽中水面超过槽顶时，超量的水溢入水体。

溢流堰式溢流井是在流槽的一侧设置溢流堰，当流槽中的水面超过堰顶时，过堰顶，进入溢流管道后流入水体。

在半分流制排水系统中，在截留干管与雨水管道的交汇处应设跳跃堰式溢流井。其作用是当小雨或初雨时，由于雨水流量不大，全部雨水被截流送往污水处理厂处理；当大雨时，雨水管道中的流量增到一定量后，雨水将越过截流干管，全部雨水直接排入水体。

五、冲洗井

当污水在管道内的流速不能保证自清时，为防止淤积可设置冲洗井。冲洗井有两种类型：人工冲洗和自动冲洗。自动冲洗井一般采用虹吸式，其构造复杂，且造价很高，目前已很少采用。

人工冲洗井的构造比较简单，是一个具有一定容积的检查井。冲洗井的出流管上设有闸门，井内设有溢流管以防止井中水深过大。冲洗水可利用污水、中水或自来水。用自来水时，供水管的出口必须高于溢流管管顶，以免污染自来水。

冲洗井一般适合用于管径不大于 400 mm 的管道上。冲洗管道的长度一般为 250 m 左右。

六、换气井

换气井是一种设有通风管的检查井。由于污水中的有机物常在管道中沉积而厌氧发酵，发酵分解产生的甲烷、硫化氢、二氧化碳等气体，如与一定体积的空气混合，在点火条件下将会产生爆炸，甚至引起火灾。所以为了防止此类事件的发生，同时也为了保证工人在检修管道时的安全，有时在街道排水管的检查井上设置通风管，使有害气体在住宅管的抽风作用下，随同空气沿庭院管道、出户管及竖管排入大气中。

七、潮门井

临海、临河城市的排水管道，往往会受到潮汐和水体水位的影响。为防止涨潮时潮水或洪水倒灌进入管道，应在排水管道出水口上游的适当位置上设置装有防潮门的检查井。

防潮门一般用铁制，略带倾斜地安装在井中上游管道出口处，其倾斜度一般为1：10～1：20。防潮门只能单向启开。当排水管道中无水或水位较低时，防潮门靠自重密闭。当上游排水管道来水时，水流顶开防潮门排入水体。当涨潮时，防潮门靠下游潮水压力密闭，使潮水不会倒灌入排水管道中。此外，设置了防潮门的检查井井口，应高出最高潮水位或最高河水位，井口应用螺栓和盖板密封，以防止潮水或河水从井口倒灌入市区。为使防潮门工作安全有效，应加强维护和管理工作，经常清除防潮门座上的污物。

八、雨水口、连接暗井

雨水口是设在雨水管道或合流管道上，用来收集地面雨水径流的构筑物。地面上的雨水经过雨水口和连接管流入管道上的检查井后进入排水管道。

雨水口的设置，应根据道路（广场）情况、街坊以及建筑情况、地形、土壤条件、绿化情况、降雨强度的大小及雨水口的泄水能力等因素决定。

雨水口的设置位置，应能保证迅速有效地收集地面雨水。一般应设在交叉路口、路侧边沟的一定距离处以及设有道路边石的低洼地方，防止雨水漫过道路造成道路及低洼地区积水而妨碍交通。在十字路口处，应根据雨水径流情况布置雨水口。

雨水口不适宜设在道路分水点上、地势较高的地方、道路转弯的曲线段、建筑物门口、停车站前及其他地下管道上等处。

雨水口的形式和设置数量，主要根据汇水面积上产生的径流量的大小和雨水口的泄水能力来决定。在截水点和径流量较小的地方一般设单算雨水口，汇水点和径流量较大的地方一般用双算雨水口，汇水距离较长、汇水面积较大的易积水地段常需设置三算或选用联式雨水口，在立交桥下道路最低点一般要设十算左右，以上均按路拱中心线一侧的每个布置点计算。

雨水口设置间距，应考虑道路纵坡和道路边石的高度。道路上雨水口的间距一般为 25～50 m（视汇水面积大小而定）。在个别低洼和易于积水地段，应根据需要适当增加雨水口。

边沟雨水口的进水箅是水平的，一般宜低于路面 30～40 mm，箅条与水流方向平行。该雨水口适用于道路坡度较小、汇水量较小、有道牙的路面上，其泄水能力按 20 L/s 计算。如汇水量较大，可采用双箅雨水口或多箅雨水口，双箅雨水口其泄水能力按 30 L/s 计算。

侧石雨水口的进水箅设在道路的侧边石上，箅条与雨水流向呈正交，该雨水口适用于有道牙的路面以及箅条间隙容易被树叶等杂物堵塞的地方。侧石雨水口泄水能力按 20 L/s 计算。

联合式雨水口是在道路边沟底和侧边石上都安放进水箅，进水箅呈折角式安放在边沟底和边石侧面的相交处。这种形式适用于有道牙的道路以及汇水量较大且箅条容易堵塞的地方。联合式雨水口泄水能力可按 30 L/s 计算。为了提高雨水口的进水能力，扩大进水箅的进水面积以保证进水效果，目前，我国许多城市已采用双箅联合式或三箅联合式雨水口。

经验证明，在选择雨水口形式时，应满足以下几个方面要求：（1）应选择进水量大，进水效果好的雨水口。铸铁平箅进水孔隙长边方向与雨水径流的方向一致时，进水效果好，其中 750 mm×450 mm 的铁箅进水量较大，应用较广泛。（2）应选择构造简单，易于施工、养护的雨水口，并且尽可能设计或选用装配式的。（3）应考虑安全、卫生。合流管道的雨水口宜加设防臭设施。

雨水口从构造上可由进水箅、连接管和井身三部分组成。

雨水口底部根据泥沙量的大小，可做成无沉泥井或有沉泥井的形式。

当道路的路面较差，或在地面上积秽很多的街道或菜市场等地方，由于泥沙、石屑等污染物容易随水流入雨水口，为避免因这些污染物进入管道而造成堵塞，常采用设置沉泥井式雨水口截留进入雨水口的粗重杂质。为保证其发挥作用，对设有沉泥井的雨水口需要及时清除井底的截留物，否则不但失去截留作用，而且可能散发臭味。清掏方法既可使用手动污泥夹、小型污泥装载车，也可使用抓泥车和吸泥车，其清掏积泥的效率更高。

此外，设有沉泥井的雨水口，井底积水是蚊虫滋生的地方，天暖多雨的季节要定时加药。

雨水口以连接管接入检查井，连接管管径应根据箅数及泄水量由计算确定。连接管的最小管径一般为 200 mm，连接管坡度一般不小于 1%，雨水连接管的长度一般不宜大于 25 m，连接管串联雨水口的个数不宜超过 3 个。

当管道的直径大于 800 mm 时，也可在连接管与管道连接处不另设检查井，而设连接暗井。

九、倒虹管

排水管道有时会遇到障碍物，如穿过河道、铁路等地下设施时，管道不能按原有坡度埋设，而是以下凹的折线方式从障碍物下通过，这种管道称为倒虹管。

倒虹管由进水井、管道及出水井三部分组成。倒虹管应布置在不受洪水淹没处，必要时可考虑排气设施。

在进行倒虹管设计时应注意以下几方面：

（1）确定倒虹管的路线时，应尽可能与障碍物正交通过，以缩短倒虹管的长度，并应符合与该障碍物相交的有关规定。

（2）选择通过河道的地质条件好的地段、不易被水冲刷地段及埋深小的部位敷设。

（3）穿过河道的倒虹管一般不宜少于两条，当近期水量不能达到设计流速时，可使用其中的一条，暂时关闭一条。穿过小河、旱沟和洼地的倒虹管，可敷设一条工作管道。穿过特殊重要构筑物（如地下铁道）的倒虹管，应敷设三条管道，其中两条工作，一条备用。

（4）倒虹管一般采用金属管或钢筋混凝土管。管径一般不小于 200 mm。倒虹管水平管的长度应根据穿越物的形状和远景发展规划确定，水平管的管顶距规划的河底一般不宜小于 0.5 m，通过航运河道时，应与当地航运管理部门协商确定，并设有标志。遇到冲刷河床应采取防冲措施。

（5）倒虹管采用复线时，其中的水流用溢流堰自动控制，或用闸门控制。当流量不大时，井中水位低于堰口，污水从小管中流至出水井；当流量大于小管的输水能力时，井中水位上升，管渠内水就溢过堰口通过大管同时流出。

由于倒虹管的清通比一般管道困难得多，因此，在设计时可采用以下措施来防止倒虹管内污水的淤积：

（1）提高倒虹管内的设计流速。一般采用 1.2～1.5 m/s，在条件困难时可适当降低，但不宜小于 0.9 m/s，且不得小于上游管道内的流速。当流速达不到 0.9 m/s 时，应采用定期冲洗措施，但冲洗流速不得小于 1.2 m/s。

（2）为防止污泥在管内淤积，折管式倒虹管的下行、上行管与水平管的夹角一般不大于 30°。

（3）在进水井或靠近进水井的上游管道的检查井底部设沉泥槽，直管式倒虹管的进出水井中也应设沉泥槽，一般井底落底为 0.5 m。

（4）进水井应设事故排出口，当需要检修倒虹管时，使上游废水通过事故排出口直接排入水体。如因卫生要求不能设置时，则应设备用管线。

（5）合流制管道设置倒虹管时，应按旱流污水量校核流速。

污水在倒虹管内的流动是依靠上、下游管道中的水位差（进、出水井的水面高差）进行的，该高差用来克服污水流经倒虹管的阻力损失。

在计算倒虹管时，应计算管径和全部阻力损失值，要求进水井和出水井间水位高差 ΔH 稍大于全部阻力损失值 H，其差值一般取 $0.05 \sim 0.10$ m。

十、管桥

当排水管道穿过谷地时，可不改变管道的坡度，而采用栈桥或桥梁承托管道，这种设施称为管桥。管桥比倒虹管易于施工，检修维护方便，且造价低。其建设应取得城市规划部门的同意。管桥也可作为人行桥，无航运的河道可考虑采用，但只适用于小流量污水。

管道在上桥和下桥处应设检查井，通过管桥时每隔 $40 \sim 50$ m 应设检修口。在上游检查井应设有事故排放口。

十一、出水口

排水管渠出水口是设在排水系统终点的构筑物，污水由出水口向水体排放。出水口的位置形式和出水口流速，应根据出水水质、水体的流量、水位变化幅度、水流方向、下游用水情况、稀释和自净能力、波浪状况、岸边变迁（冲淤）情况和夏季主导风向等因素确定，并要取得当地卫生主管部门和航运管理部门的同意。

在较大的江河岸边设置出水口时，应与取水构筑物、游泳区及家畜饮水区有一定卫生防护距离，并要注意不能影响下游城市居民点的卫生和饮用。

当在城市河流的桥、涵、闸附近设置雨水出水口时，应选其下游，同时要保证结构条件、水力条件所需的距离。

当在海岸设置污水出水口时，应考虑潮位的变化、水流方向、主导风向、波浪情况、海岸和海底高程的变迁情况、水产情况、是否是风景游览及游泳区等，选择适当的位置和形式，以保证出水口的使用安全，不影响水产、水运，保持海岸附近地带的环境卫生。

出水口设在岸边的称为岸边式出水口。为使污水与河水较好混合，同时为避免污水沿滩流泄造成环境污染，污水出水口一般采用淹没式，即出水管的管底标高低于水体的常水位。淹没式分为岸边式和河床分散式两种。出水口与河道连接处一般设置护坡或挡土墙，以保护河岸和固定管道出口管的位置；底板则要采取防冲加固措施。

思考题与习题

1. 在排水管渠系统中，为什么要设置检查井？试说明其设置及构造。

2. 跌水井的作用是什么？常用跌水井有哪些形式？

3. 雨水口是由哪几部分组成的？有几种类型？试说明雨水口的作用、布置形式及各种形式雨水口的适用条件。

4. 在什么条件下，可考虑设置倒虹管？倒虹管设计时应注意哪些问题？

5. 常用出水口有哪几种形式？各种形式出水口适用哪些条件？

项目五 城镇雨水管网设计计算

项目概述

根据雨水管网布置图及设计资料，经管网计算确定雨水管道参数（D、Q、i、v 等），并完成设计图件。

（1）收集并整理设计地区各种原始资料（如地形图、排水工程规划图、水文、地质、暴雨等）作为基本的设计数据；

（2）划分排水流域，进行雨水管道定线；

（3）划分设计管段；

（4）划分并计算各设计管段的汇水面积；

（5）确定综合径流系数、设计重现期 P 及地面雨水集水时间 t_1 和单位面积径流量 q_0；

（6）管渠材料的选择；

（7）设计流量的计算；

（8）进行雨水管渠水力计算，确定雨水管道的坡度、管径、管底标高和埋深；

（9）绘制雨水管道平面图及纵剖面图。

项目具体内容见本项目的职业能力训练部分。

学习目标

学会通过雨水流量计算、管道水力计算和管网计算确定雨水管道参数（D、Q、i、v 等），并完成设计图件。

任务一 雨水设计流量的计算

雨水管道的设计是要保证排除汇水面积上产生的最大径流量，而最大径流量是确定雨水管道断面尺寸的重要依据。

一、雨水设计流量的计算公式

采用暴雨径流推理公式计算雨水设计流量，计算公式为：

$$Q = \psi q F$$

式中：Q——雨水设计流量，L/s；

ψ —— 径流系数，等于径流量与降雨量的比值，其数值小于 1；

q —— 设计暴雨强度，L/（s·hm^2）；

F —— 汇水面积，hm^2。

当有允许排入雨水管道的生产废水排入雨水管道时，应将其水量计算在内。

当汇水面积超过 2 km^2 时，宜考虑降雨在时空分布上的不均匀性和管网汇流过程，采用数学模型法计算雨水设计流量。

二、相关参数的选用

（一）径流系数的确定

降落到地面上的雨水，在沿地面流行的过程中，形成地面径流，地面径流的流量称为雨水地面径流量。由于渗透、蒸发、植物吸收、洼地截流等原因，最后流入雨水管道系统的只是其中的一部分。因此将雨水管道系统汇水面积上的地面雨水径流量与总降雨量的比值称为径流系数，用符号 ψ 表示。

影响径流系数 ψ 的因素很多，如汇水面积上的地面覆盖情况、建筑的密度与分布、地形、地貌、地面坡度、降雨强度、降雨历时等。其中主要的影响因素是汇水面积上的地面覆盖情况和降雨强度的大小。如地面覆盖为屋面、沥青或水泥路面，由于均为不透水性，其值较大；而绿地、草坪、非铺砌路面由于能截留、渗透部分雨水，其值较小。如地面坡度大、雨水流动快、降雨强度大、降雨历时较短，就会使得雨水径流的损失较小，径流量增大，ψ 值增大；相反，会使雨水径流损失增大，ψ 值减小。由于影响 ψ 的因素很多，故难以精确地确定其值。目前，在设计计算中通常根据地面覆盖情况按经验来确定。我国《室外排水设计规范》中有关径流系数的取值规定见表 5-1。

表 5-1　不同地面的径流系数

地面种类	径流系数 ψ 值	地面种类	径流系数 ψ 值
各种屋面、混凝土和沥青路面	0.85～0.95	干砌砖石和碎石路面	0.35～0.40
大石块铺砌路面和沥青表面处理的碎石路面	0.55～0.65	非铺砌土路面	0.25～0.35
级配碎石路面	0.40～0.50	公园和绿地	0.10～0.20

但在实际设计计算中，同一块汇水面积上，兼有多种地面覆盖的情况，需要计算整个汇水面积上的综合径流系数 ψ_{av} 值。计算综合径流系数 ψ_{av} 的常用方法是：将汇水面积上的各类地面覆盖按其所占面积加权平均计算求得，即：

$$\psi_{av}=\frac{\sum F_i\psi_i}{F}$$

式中：ψ_{av} —— 汇水面积综合径流系数；

$\quad\quad F_i$ —— 汇水面上各类地面的面积，hm^2；

$\quad\quad \psi_i$ —— 相应于各类地面的径流系数；

$\quad\quad F$ —— 全部汇水面积，hm^2。

设计时，也可采用区域的综合径流系数，可按表 5-2 取值。

表 5-2　综合径流系数

区域情况	ψ
城市建筑密集区	0.60～0.70
城市建筑较密集区	0.45～0.60
城市建筑稀疏区	0.20～0.45

设计中严格执行规划控制的综合径流系数，综合径流系数高于 0.7 的地区应采用渗透、调蓄等措施。

（二）设计降雨强度的确定

由于各地区的气候条件不同，降雨的规律也不同，因此各地的降雨强度公式也不同。虽然这些暴雨强度公式各异，但都反映出降雨强度与重现期 P 和降雨历时 t 之间的函数关系，即 $q=\phi(P,t)$，可见，在公式中只要确定重现期 P 和降雨历时 t，就可由公式求得暴雨强度 q 值。

1．雨量分析涉及的基本概念

（1）降雨量

降雨量是指一段时间内降落在地面上的水量，用深度 H（mm）表示，也可用单位面积上的降雨体积来表示，单位以 L/hm^2 表示。常用的降雨统计量有年平均降雨量（指多年观测的各年降雨量的平均值）、月平均降雨量（指多年观测的各月降雨量的平均值）、最大日降雨量（指多年观测的各年中降雨量最大一日的降雨量）。

（2）降雨历时

降雨历时是指连续降雨时段，可指一场雨的全部降雨时间，也可指其中个别的连续时段，用 t 表示，其单位用 min 或 h 计。

（3）降雨强度

降雨强度是指某一连续降雨时段内的平均降雨量，即单位时间内的平均降雨深度，用 i 表示，其单位用 mm/min 或 mm/h 计。

在工程设计中的降雨多属暴雨性质，故称为暴雨强度，常用单位时间单位面积上的降雨量 q 表示，其单位用 L/（s·hm^2）表示。

$$q=167i$$

式中：i —— 暴雨强度，mm/min；

　　　q —— 暴雨强度，L/（s·hm^2）；

　　　167 —— 折算系数。

（4）降雨面积和汇水面积

降雨面积是指降雨所笼罩的面积，汇水面积是降雨面积的一部分，雨水管道汇集的排除雨水的面积，单位用 hm^2 或 km^2 表示。

（5）暴雨强度的频率和重现期

暴雨强度的频率是指某种强度的降雨和大于该强度的降雨出现的次数占观测年限内降雨总次数的百分数。

暴雨强度的重现期是指某种强度的降雨和大于该强度的降雨重复出现的平均时间间隔，一般用 P 表示，单位用年（a）表示。

2. 暴雨强度公式

暴雨强度公式是在各地自计雨量记录分析整理的基础上，按照我国现行的《室外排水设计规范》规定的方法推求出来的，暴雨强度公式是暴雨强度、降雨历时、重现期三者间关系的数学表达式，是雨水管渠设计的依据。我国常用的暴雨强度公式为：

$$q = \frac{167A_1(1+c\lg P)}{(t+b)^n}$$

式中：q —— 设计暴雨强度，L/（s·hm^2）；

　　　t —— 设计降雨历时，min；

　　　P —— 重现期，a；

　　　A_1，c，b，n —— 地方参数，由统计方法计算确定。

由于各地区的气候条件不同，降雨的规律也不同，因此各地的降雨强度公式也不同。我国《给水排水设计手册》收录了我国若干城市的暴雨强度公式，计算时可直接选用。目前尚无暴雨强度公式的城镇，可借用附近气象条件相似地区的暴雨强度公式。

3. 设计重现期 P 的确定

由暴雨强度公式可知，对应于同一降雨历时，若重现期大，则降雨强度 q 大；反之，重现期小，则降雨强度小。由雨水管道设计流量公式 $Q=\psi qF$ 可知，在径流系数 ψ 不变和汇水面积一定的条件下，降雨强度越大，则雨水设计流量也越大。

可见，在设计计算中若采用较大的设计重现期，则计算的雨水设计流量就较大，雨水管道的设计断面也相应增大，因而排水通畅，管道相应的汇水面积上积水的可能性将会减少，安全性高，但会增加工程的造价；反之，可降低工程造价，但地面积水的可能性大，可能发生排水不畅，甚至不能及时排除雨水，将会给生活、生产造成经济损失。

雨水管渠设计重现期，应根据汇水地区性质、地形特点和气候特征等因素，经技术经济比较后按表 5-3 取值，并符合下列规定：

（1）经济条件较好，且人口密集、内涝易发的城镇，宜采用表 5-3 的上限；

（2）新建地区应按表 5-3 执行，既有地区应结合地区改建、道路建设等更新排水系统，并按表 5-3 执行；

（3）同一排水系统可采用不同的重现期。

表 5-3　雨水管渠设计重现期　　　　　　　　　单位：年

城区类型 城镇类型	中心城区	非中心城区	中心城区的 重要地区	中心城区地下通道和 下沉式广场等
特大城市	3～5	2～3	5～10	30～50
大城市	2～5	2～3	5～10	20～30
中等城市和小城市	2～3	2～3	3～5	10～20

注：（1）按表中所列重现期设计暴雨强度公式时，均采用年最大值法；

（2）雨水管渠应按重力流、满管流计算；

（3）特大城市指市区人口在 500 万以上的城市，大城市指市区人口在 100 万～500 万的城市，中等城市和小城市指市区人口在 100 万以下的城市。

4. 设计降雨历时 t 的确定

根据极限强度法原理的雨水流量计算方法，全部面积汇流时相应的设计断面上产生最大雨水流量。因此，在设计中采用汇水面积上最远点雨水流到设计断面的集流时间作为设计降雨历时 t。对于雨水管道某一设计断面来说，设计降雨历时 t 是由地面雨水集水时间 t_1 和管内雨水流行时间 t_2 两部分组成（图 5-1）。所以，设计降雨历时可用下式表达：

$$t = t_1 + t_2$$

式中：t —— 设计降雨历时，min；

t_1 —— 地面集水时间，min；

t_2 —— 管渠内雨水流行时间，min。

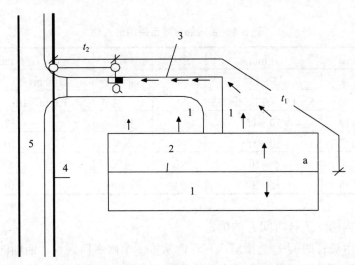

1—房屋；2—屋面分水线；3—道路边沟；4—雨水管道；5—道路

图 5-1　设计断面集水时间示意

（1）地面集水时间 t_1 的确定

地面集水时间 t_1 是指雨水从汇水面积上最远点流到第 1 个雨水口 a 的地面雨水流行时间。地面集水时间 t_1 的大小，主要受到地形坡度、地面铺砌及地面植被情况、水流路程的长短、道路的纵坡和宽度等因素的影响，这些因素直接影响水流沿地面或边沟的速度。此外，t_1 还与暴雨强度有关，暴雨强度大，水流速度也大，t_1 则大。在上述因素中，雨水流程的长短和地面坡度的大小是影响集水时间最主要的因素。

在实际应用中，要准确地确定 t_1 值较为困难，故通常不予计算而采用经验数值。《室外排水设计规范》规定：一般采用 5～10 min。按经验，一般在汇水面积较小、地形较陡、建筑密度较大、雨水口分布较密的地区，宜采用较小的 t_1 值，可取 5～8 min；而在汇水面积较大、地形较平坦、建筑密度较小、雨水口分布较疏的地区，宜采用较大的 t_1 值，可取 10～15 min。起点检查井上游地面雨水流行距离以不超出 120～150 m 为宜。

在设计计算中，应根据设计地区的具体情况，合理选择。若 t_1 选择过大，将会造成排水不畅，以致管道上游地面经常积水；若 t_1 选择过小，又将加大管道的断面尺寸而增加工程造价。我国部分城市采用的 t_1 值见表 5-4，可供参考。

表 5-4　我国部分城市采用的 t_1 值

序号	城市	t_1/min	序号	城市	t_1/min
1	北京	5～15	7	西安	<100 m，5；<200 m，8
2	上海	5～15，某工业区 25			<300 m，10；<400 m，13
3	天津	10～15	8	昆明	12
4	南京	10～15	9	成都	10
5	杭州	5～10	10	重庆	5
6	广州	15～20	11	哈尔滨	10

（2）管内雨水流行时间 t_2 的确定

管内雨水流行时间 t_2 是指雨水在管内从第一个雨水口到设计断面的时间。它与雨水在管内流经的距离及管内雨水的流行速度有关，可用下式计算：

$$t_2 = \sum \frac{L}{60v}$$

式中：t_2 —— 管内雨水流行时间，min；

　　　L —— 各设计管段的长度，m；

　　　v —— 各设计管段满流时的流速，m/s；

　　　60 —— 单位换算系数。

综上所述，当设计重现期、设计降雨历时、折减系数确定后，计算雨水管渠的设计流量所用的设计暴雨强度公式及流量公式可写成：

$$q = \frac{167 A_1 (1 + c \lg P)}{(t_1 + t_2 + b)^n}$$

则

$$Q = \frac{167 A_1 (1 + c \lg P)}{(t_1 + t_2 + b)^n} \psi F$$

式中参数意义同前。

三、雨水设计流量计算实例

如图 5-2 所示，A、B、C、D 为四块排水区域，汇水面积分别为 F_1、F_2、F_3 和 F_4，雨水从各汇水面积上最远点分别流入雨水口 a、b、c、d 的地面集水时间均为 τ_1，并假设：

（1）汇水面积随集水时间的增加而均匀增加；

（2）降雨历时 t 等于或大于汇水面积上最远点的雨水流达设计断面的集水时间 τ_1；

（3）径流系数 ψ 为定值。

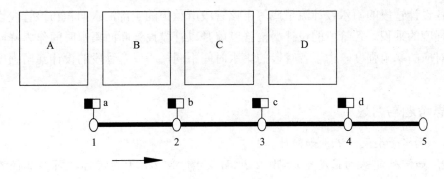

图 5-2 排水区域

1. 设计管段 1-2 的雨水设计流量

$$Q_{1\text{-}2} = \psi q_1 F_1$$

式中：q_1 —— 管段 1-2 的设计暴雨强度，即相应降雨历时 $t = \tau_1$ 时的暴雨强度，L/（s·hm²）。

2. 设计管段 2-3 的雨水设计流量

该设计管段收集汇水面积 A 和 B 上的雨水，2 断面为管段 2-3 的设计断面。

当 $t = \tau_1 + t_{1\text{-}2}$ 时，A 和 B 全部面积上的雨水均流到 2 断面，管段 2-3 的流量达到最大值。即：

$$Q_{2\text{-}3} = \psi q_2 \left(F_1 + F_2 \right)$$

式中：q_2 —— 管段 2-3 的设计暴雨强度，即相应于降雨历时 $t = \tau_1 + t_{1\text{-}2}$ 的暴雨强度，L/（s·hm²）；$t_{1\text{-}2}$ 为管段 1-2 的管内雨水流行时间，min。

3. 设计管段 3-4 的雨水设计流量

$$Q_{3\text{-}4} = \psi q_3 \left(F_1 + F_2 + F_3 \right)$$

式中：q_3 —— 管段 3-4 的设计暴雨强度，即相应降雨历时 $t = \tau_1 + \left(t_{1\text{-}2} + t_{2\text{-}3} \right)$ 的暴雨强度，L/（s·hm²）；

$t_{2\text{-}3}$ —— 管段 2-3 的管内雨水流行时间，min。

4. 设计管段 4-5 的雨水设计流量

$$Q_{4\text{-}5} = \psi q_4 \left(F_1 + F_2 + F_3 + F_4 \right)$$

式中：q_4 —— 管段 4-5 的设计暴雨强度，即相应降雨历时 $t = \tau_1 + \left(t_{1\text{-}2} + t_{2\text{-}3} + t_{3\text{-}4} \right)$ 的暴雨强度，L/（s·hm²）；

$t_{3\text{-}4}$ —— 管段 3-4 的管内雨水流行时间，min。

各设计管段的雨水设计流量应等于该管段所承担的全部汇水面积与该管段设计暴雨强度的乘积。各管段的设计暴雨强度就是以管段设计断面集水时间作为降雨历时所对应的暴雨强度。由于各管段的集水时间不同，所以各管段的设计暴雨强度也不同。

思考题与习题

1. 雨水管渠设计流量如何计算？

2. 如何确定暴雨强度重现期 P、地面集水时间 t_1、管内流行时间 t_2 及径流系数 ψ？

3. 为什么雨水和合流制排水管渠要按满流设计？

4. 暴雨强度与哪些因素有关？为什么降雨历时越短，重现期越长，暴雨强度越大？

任务二　雨水管道的水力计算

一、雨水管渠水力计算设计参数

为保证雨水管渠正常地工作，避免发生淤积和冲刷等现象，《室外排水设计规范》中，对雨水管道水力计算的基本参数做如下规定：

1. 设计充满度

由于雨水较污水清洁，对水体及环境污染较小，而且暴雨时径流量大，相应较高设计重现期的暴雨强度的降雨历时一般不会很长。所以雨水管渠允许溢流，以减少工程投资。因此，雨水管渠的充满度按满流来设计，即 $\dfrac{h}{D}=1$。雨水明渠不得小于 0.2 m 的超高，街道边沟应有等于或大于 0.03 m 的超高。

2. 设计流速

由于雨水管渠内的沉淀物一般是沙、煤屑等，为防止雨水中所夹带的泥沙等无机物在管渠内沉淀而堵塞管道，《室外排水设计规范》中规定，雨水管渠（满流时）的最小设计流速为 0.75 m/s。而明渠内如发生沉淀则较易于清除、疏通，所以可采用较低的设计流速，一般明渠内最小设计流速为 0.4 m/s。

为防止管壁及渠壁的冲刷损坏，雨水管道最大设计流速：金属管道为 10 m/s，非金属管道为 5 m/s，明渠最大设计流速则根据其内壁材料的抗冲刷性质，按设计规范选用。见表 5-5。

雨水管道的设计流速应在最小流速与最大流速范围内。

表 5-5 明渠最大设计流速

序号	明渠类别	最大设计流速/（m/s）	序号	明渠类别	最大设计流速/（m/s）
1	粗沙或低塑性粉质黏土	0.8	5	草皮护面	1.6
2	粉质黏土	1.0	6	干砌石块	2.0
3	黏土	1.2	7	浆砌石块或浆砌砖	3.0
4	石灰岩或中砂岩	4.0	8	混凝土	4.0

注: 1. 表中数据适用于明渠水深为 $h=0.4 \sim 1.0$ m 时。

2. 如 h 超出 $0.4 \sim 1.0$ m 范围, 表中所列的流速应乘以下系数:

$h < 0.4$ m, 乘以系数 0.85; 1.0 m $< h < 2.0$ m, 乘以系数 1.25;

$h \geq 2.0$ m, 乘以系数 1.40。

3．最小管径

《室外排水设计规范》规定：在街道下的雨水管道，最小管径为 300 mm；街坊内部的雨水管道，塑料管最小管径为 160 mm，其他管最小管径为 200 mm。

4．最小设计坡度

雨水管道的设计坡度，对管道的埋深影响很大，应慎重考虑，以保证管道最小流速的条件。此外，在设计中力求使管道的设计坡度和地面坡度平行或一致，以尽量减少土方量，降低工程造价。这一点在地势平坦、土质又较差的地区尤为重要。关于最小设计坡度的规定，见表 5-6。

表 5-6 最小管径和最小设计坡度

管道类别	最小管径/mm	最小设计坡度
雨水和合流管道	300	塑料管 0.002，其他管 0.003
雨水口连接管	200	0.01
建筑物周围支管（塑料管）	160	0.003

5．最小埋深与最大埋深

具体规定与污水管道相同。

6．管渠的断面形式

雨水管渠一般采用圆形断面，当直径超过 2 000 mm 时也可用矩形、半椭圆形或马蹄形断面，明渠一般采用梯形断面。

二、雨水管道水力计算方法

雨水管道水力计算仍按均匀流考虑，其水力计算公式与污水管道相同，但按满流计算。在实际计算中，通常根据式 $Q=Av$ 和 $v=\dfrac{1}{n}R^{\frac{2}{3}}i^{\frac{1}{2}}$ 制成水力计算图（附录四、附录五）。式中，A 为过水断面面积，m^2，$A=\dfrac{\pi D^2}{4}$；R 为水力半径，m，$R=D/4$；v 为流速，m/s；i 为水力坡度；n 为管壁粗糙系数。

在工程设计中，通常在选定管材后，n 值即为已知数，计流量是经过计算后求得的已知数。因此只剩下 3 个未知数 D（管道直径）、v 及 i。在实际应用中，可参考地面坡度假定管底坡度，并根据设计流量值，从水力计算图或水力计算表中求得 D、v 和 i 值以符合水力计算基本参数的规定。

下面，举例说明水力计算方法。

【例题】已知 $n=0.013$，设计流量 $Q=200$ L/s，该管段地面坡度 $i=0.004$，试确定该管段的管径 D、流速 v 和管底坡度 i。

【解】（1）设计采用 $n=0.013$ 的水力计算图，如图 5-3 所示。

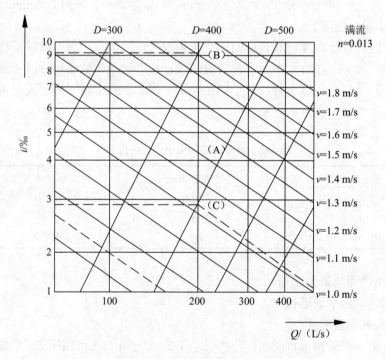

图 5-3　钢筋混凝土圆管水力计算（D 以 mm 计）

（2）在横坐标轴上找到 $Q=200$ L/s 值，作竖线；然后在纵坐标轴上找到 $i=0.004$ 值，作横线，将两线相交于一点（A），找出该点所在的 v 和 D 值，得到 $v=1.17$ m/s，其值符合规定。而 D 值介于 400 mm 和 500 mm 两条斜线之间，不符合管材统一规格的要求。故需要调整 D。

（3）如果采用 D=400 mm 时，则将 Q=200 L/s 的竖线与 D=400 mm 的斜线相交于一点（B），从图中得到交点处的 v=1.60 m/s，其值符合水力计算的规定。而 i=0.009 2 与原地面坡度 i=0.004 相差很大，会增大管道的埋深，因此不宜采用。

（4）如果采用 D=500 mm 时，则将 Q=200 L/s 的竖线与 D=500 mm 的斜线相交于一点（C），从图中得到交点处的 v=1.02 m/s，i=0.002 8。此结果既符合水力计算的规定，又不会增大管道的埋深，故决定采用。

职业能力训练

利用本书附录三的水力计算图进行雨水管段的水力计算训练。

任务三　雨水管渠的设计计算及实例

一、雨水管网设计步骤

收集并整理设计地区各种原始资料（如地形图、排水工程规划图、水文、地质、暴雨等）作为基本的设计数据。

（一）划分排水流域，进行雨水管道定线

在地形平坦无明显分水线的地区，可按对雨水管渠的布置有影响的地方如铁路、公路、河道或城市主要街道的汇水面积划分，结合城市的总体规划图或工业企业的总平面布置划分排水流域，在每一个排水流域内，应根据雨水管渠系统的布置特点及原则，确定其布置形式（雨水支、干管的具体位置及雨水的出路），并确定排水流向。

如图 5-4 所示，该市被河流分为南北两区。南区有一明显分水线，其余地方起伏不大，因此，排水流域的划分按干管服务面积的大小确定。因该地暴雨量较大，所以每条雨水干管承担的汇水面积不是太大，故划分为 12 个排水流域。

根据该市地形条件确定雨水走向，拟采用分散出水口的雨水管道布置形式，雨水干管垂直于等高线布置在排水流域地势较低一侧，便于雨水能以最短的距离靠重力流分散就近排入水体。雨水支管一般设在街坊较近侧的道路下，为利用边沟排除雨水，节省管渠减少工程造价，考虑在每条雨水干管起端 100~150 m 处，可根据具体情况不设雨水管道。

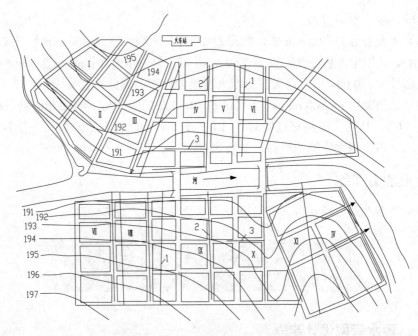

1—流域分界线；2—雨水干管；3—雨水支管

图 5-4　某市雨水管道平面布置

（二）划分设计管段

根据雨水管道的具体位置，在管道的转弯处、管径或坡度改变处、有支管接入处或两条以上管道交汇处以及超过一定距离的直线管段上，都应设置检查井。将两个检查井之间流量没有变化，而且管径、流速和坡度都不变的管段称为设计管段。雨水管渠设计管段的划分应使设计管段范围内地形变化不大，且管段上下游流量变化不大，无大流量交汇。

从经济方便考虑，设计管段划分不宜太长；从计算工作及养护方面考虑，设计管段划分不宜过短，一般设计管段取 100～200 m 为宜。将设计管段上下游端点的检查井设为节点，并从管段上下游依次进行设计管段的编号。

（三）划分并计算各设计管段的汇水面积

汇水面积的划分，应结合实际地形条件、汇水面积的大小及雨水管道布置等情况确定。

当地形坡度较大时，应按地面雨水径流的水流方向划分汇水面积；当地形平坦时，可按就近排入附近雨水管道的原则，将汇水面积按周围管渠的布置用等角线划分。将划分好的汇水面积编上号码，并计算其面积，将数值标注在该块面积图中，如图 5-5 所示。

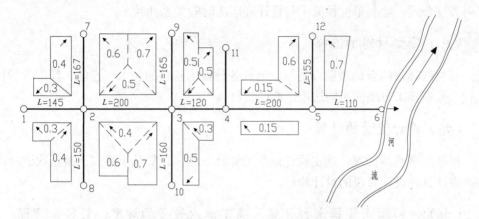

图 5-5 某城区雨水管道布置和沿线汇水面积

（四）确定径流系数

根据排水流域内各类地面的面积数或所占比例，计算出该排水流域的综合径流系数。另外，也可根据规划的地区类别，采用区域综合径流系数。

（五）确定设计重现期 P 及地面集水时间 t_1

设计时，应结合该地区的地形特点、汇水面积的地区建设性质和气象特点选择设计重现期，各排水流域雨水管道的设计重现期可选用同一值，也可选用不同的值。

根据设计地区建筑密度情况、地形坡度和地面覆盖种类、街坊内是否设置雨水暗管渠，确定雨水管道的地面集水时间。

（六）确定管道的埋深与衔接

根据管道埋设深度的要求，必须保证管顶的最小覆土厚度，在车行道下时一般不低于 0.7 m；此外，应结合当地经验确定。当在冰冻层内埋设雨水管道时，如有防止冰冻膨胀破坏管道的措施，可埋设在冰冻线以上，管道的基础应设在冰冻线以下。雨水管道的衔接，宜采用管顶平接。

（七）确定单位面积径流量 q_0

q_0 是暴雨强度与径流量系数的乘积，称为单位面积径流量，即：

$$q_0 = \psi q = \psi \frac{167 A_1 (1 + c \lg P)}{(t+b)^n} = \psi \frac{167 A_1 (1 + c \lg P)}{(t_1 + t_2 + b)^n}$$

对于具体的设计工程来说，公式中的 P、t_1、ψ、A_1、b、c、n 均为已知数，因此，只要求出管段的管内雨水流行时间，就可求出相应于该管段的 q_0 值，然后根据暴雨强度公式，绘制单位径流量与设计降雨历时的关系曲线。

（八）管渠材料的选择

管材选择须结合地质勘查资料，通过各种排水管材的技术、性能、经济等指标比较，根据施工方法的不同选用适合的管材。

（九）设计流量的计算

根据流域具体情况，选定设计流量的计算方法，计算从上游向下游依次进行，并列表计算各设计管段的设计流量。

（十）进行雨水管渠水力计算，确定雨水管道的坡度、管径和埋深

计算并确定出各设计管段的管径、坡度、流速、管底标高和管道埋深。

（十一）绘制雨水管道平面图及纵剖面图

绘制方法及具体要求与污水管道基本相同。

二、雨水管渠设计计算实例

某市居住区部分雨水管道布置如图5-6所示，地形西高东低，一条自西向东流的天然河流分布在城市的南面。该城市的暴雨强度公式为 $q/[\mathrm{L}/(\mathrm{s}\cdot\mathrm{hm}^2)]=\dfrac{500(1+1.47\lg P)}{t^{0.65}}$。该街区采用暗管排除雨水，管材采用圆形钢筋混凝土管。管道起点埋深 1.40 m。各类地面面积见表5-7，采用 $P=2\mathrm{a}$，$t_1=10\ \mathrm{min}$，试进行雨水管道的设计与计算。

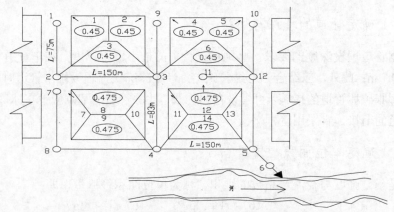

图5-6　某城市街坊部分雨水管道平面布置

表5-7 街坊与街道各类面积

序号	地面种类	面积 F_i	ψ_i	$F_i\psi_i$
1	屋面	1.2	0.9	1.08
2	沥青路面及人行道	0.7	0.9	0.63
3	圆石路面	0.5	0.4	0.20
4	土路面	0.8	0.3	0.24
5	草地	0.8	0.15	0.12
6	合计	4.0	2.65	2.27

解：（1）从居住区地形图中得知，该地区地形较平坦，无明显分水线，因此排水流域可按城市主要汇水面积划分，雨水出水口设在河岸边，故雨水干管走向为从西往东南。为保证在暴雨期间排水的可能性，在雨水干管的终端设置雨水泵站。

（2）根据地形及管道布置情况，划分设计管段，将设计管段的检查井依次编号，并量出每一设计管段的长度，见表5-8。确定各检查井的地面标高，见表5-9。

表5-8 设计管段长度汇总

管段编号	管段长度/m	管段编号	管段长度/m
1-2	75	4-5	150
2-3	150	5-6	125
3-4	83	—	—

表5-9 地面标高汇总

检查井编号	地面标高/m	检查井编号	地面标高/m
1	86.700	4	86.550
2	86.630	5	86.530
3	86.560	6	86.500

（3）每一设计管段所承担的汇水面积可按就近排入附近雨水管道的原则划分，然后将每块汇水面积编号，计算数值。雨水流向标注在图中，如图5-6所示。表5-10为各设计管段的汇水面积计算表。

表 5-10　汇水面积计算

设计管段编号	本段汇水面积编号	本段汇水面积/hm²	传输汇水面积/hm²	总汇水面积/hm²
1-2	1	0.45	0	0.45
2-3	3、8	0.925	0.45	1.375
9-3	2、4	0.9	1.375	2.275
3-4	10、11	0.4	2.275	2.675
7-8	7	0.20	2.675	2.875
8-4	9	0.475	2.875	3.35
4-5	14	0.475	3.35	3.825
10-12	5	0.45	3.825	4.275
11-12	6、12	0.925	4.275	5.20
12-5	13	0.20	5.20	5.40
5-6	0	0	5.40	5.40

（4）水力计算。进行雨水管道设计流量及水力计算时，通常是采用列表（表 5-11）来进行计算的。先从管段起端开始，然后依次向下游进行。其方法如下：

1）表中第 1 项为需要计算的设计管段，应从上游向下游依次写出。第 2 项（管长）、第 13 项（起点）、第 14 项（终点）分别从表 5-8、表 5-9 中取得。

2）在计算中，假定管段中雨水流量从管段的起点进入，将各管段的起点作为设计断面。因此，各设计管段的设计流量是按该管段的起点，即上游管段终点的设计降雨历时进行计算的，也就是说，在计算各设计管段的暴雨强度时，所采用的 t_2 值是上游各管段的管内雨水流行时间之和 Σt_2。例如，设计管段 1-2 是起始管段，故 $t_2=0$，将此值列入表 5-11 中第 4 项。

3）求该居住区的综合径流系数 ψ_{av}，根据表 5-7 中的数值，按公式计算得：

$$\psi_{av} = \frac{\sum F_i \Psi_i}{F}$$

$$= \frac{1.2 \times 0.9 + 0.7 \times 0.9 + 0.5 \times 0.4 + 0.8 \times 0.3 + 0.8 \times 0.15}{4.0}$$

$$= 0.57$$

4）求单位面积流量 q_0，即：

$$q_0 /[\text{L}/(\text{s·hm}^2)] = \psi_{av} q$$

5）用各设计管段的单位面积径流量乘以该管段的总汇水面积得该管段的设计流量。例如，管段 1-2 的设计流量为 $Q = q_0 F_{1-2} = 92.04 \times 0.45 = 41.42 \text{ L/s}$，其中 $q_0 = \psi_{av} q = 92.04 \text{ L/(s·hm}^2)$，将此计算值列入表 5-11 中第 7 项。

6）根据求得的各设计管段的设计流量，参考地面坡度，查满流水力计算图，确定管段的设计管径、坡度和流速。在查水力计算表或水力计算图时，Q，V，i 和 D 这四个水力因素可以相互适当调整，使计算结果既符合设计数据的确定，又经济合理。

由于该街区地面坡度较小，甚至地面坡度与管道坡向正好相反。因此，为不使管道埋深过大，管道坡度宜取小值，但所取的最小坡度应能使管内水流速度不小于设计流速。例如，管道 1-2 处的地面坡度为 $i_{1\text{-}2}=\dfrac{G_1-G_2}{L_{1\text{-}2}}$（$G_1$、$G_2$ 为 1、2 点的地面标高）。该管段的设计流量 Q＝41.42 L/s，当管道坡度采用地面坡度（$i=0.000\,9$）时，查满流水力计算图 D 介于 300 mm 和 400 mm 之间，$v=0.48$ m/s，不符合设计的技术规定。因此需要进行调整，当 D＝300 mm 时，$v=0.75$ m/s、$i=0.003$ 符合设计规定，故采用，将其分别填入表 5-11 中第 8、9、10 项。表 5-11 中第 11 项是管道的输水能力 Q'，它是指经过调整后的流量值，也就是指在给定的 D、i 和 v 的条件下，雨水管道的实际过水能力，要求 $Q'>Q$，管段 1-2 的输水能力为 54 L/s。

7）根据设计管段的设计流速求本管段管内雨水流行时间 t_2。例如管段 1-2 的管内雨水流行时间 $t_2=\dfrac{L_{1\text{-}2}}{60v_{1\text{-}2}}=\dfrac{75}{60\times0.75}=1.67$ min，将其计算值列入表 5-11 中第 5 项。

8）求降落量。由设计管段的长度及坡度，求出设计管段上下端的设计高差（降落量）。例如，管段 1-2 的降落量 iL ＝0.003×75=0.225 m，将此值列入表 5-11 中第 12 项。

9）确定管道埋深及衔接。在满足最小覆土厚度的条件下，考虑冰冻情况、承受荷载及管道衔接，并考虑到与其他地下管线交叉的可能，确定管道起点的埋深或标高。本例起点埋深为 1.40 m。将此值列入表 5-11 中第 17 项。各设计管段的衔接采用管顶平接。

10）求各设计管段上、下端的管内底标高。用 1 点地面标高减去该点管道的埋深，得到该点的管内底标高，即 86.70−1.40=85.300，列入表 5-11 中第 15 项。再用该值减去该管段的降落量，即得到终点的管内底标高，即 85.300−0.225=85.075 m，列入表 5-11 中第 16 项。

用 2 点的地面标高减去该点的管内底标高，得到 2 点的埋深，即 86.630−85.075=1.56 m，将此值列入表 5-11 中第 18 项。

由于管段 1-2 与 2-3 的管径不同，采用管顶平接，即管段 1-2 中的 2 点与 2-3 中的 2 点的管顶标高应相同，所以管段 2-3 中的 2 点的管内底标高为 85.075+0.300−0.400=84.975m。求出 2 点的管内底标高后，按前面的方法得 3 点的管内底标高。其余各管段的计算方法与此相同，直到完成表 5-11 所有项目，则水力计算结束。

11）水力计算结束后，要进行校核，使设计管段的流速、标高及埋深符合设计规定。雨水管道在设计计算时，应注意以下几个方面的问题：

① 在划分汇水面积时，应尽可能使各设计管段的汇水面积均匀增加，否则会出现下游管段的设计流量小于上游管段的设计流量的情形，这是因为下游管段的集水时间大于上游管段的集水时间，故下游管段的设计暴雨强度小于上游管段的设计暴雨强度，而总汇水面积只有很小增加的缘故。若出现了这种情况，应取上游管段的设计流量作为下游管段的设计流量。

② 水力计算自上游管段依次向下游进行，一般情况下，随着流量的增加，设计流速也相应增加，如果流量不变，流速不应减小。

③ 雨水管道各设计管段的衔接方式应采用管顶平接。

④ 本例只进行了雨水干管水力计算，但在实际工程设计中，干管与支管是同时进行计算的。在支管和干管相接的检查井处，会出现到该断面处有两个不同的集水时间 $\sum t_2$ 和管内底标高值，则在继续计算相交后的下一个管段时，应采用较大的集水时间值和较小的那个管内底标高。

12）绘制雨水管道的平面图及纵断面图

绘制的方法、要求及内容参见污水管道平面图和纵剖面图。图 5-7 为雨水干道纵剖面示意图。

表 5-11　雨水干管水力计算

设计管段编号	管长 L/m	汇水面积 F/hm²	管内雨水流行时间/min		单位面积径流量/[L/(s·hm²)]	设计流量/(L/s)	管径/mm	水力坡度 i/‰
			$\sum t_2 = \sum L/v$	$t_2 = L/v$				
1	2	3	4	5	6	7	8	9
1-2	75	0.45	0	1.67	92.04	41.42	300	3
2-3	150	1.375	1.67	2.78	83.26	114	400	2.9
3-4	83	2.675	4.44	1.38	72.47	194	500	2.7
4-5	150	3.825	5.83	2.50	68.29	261	600	2.1
5-6	125	5.40	8.33	1.74	62.08	335	600	3.0

设计管段编号	流速 v/(m/s)	管道输水能力 Q/(L/s)	坡降 iL/m	设计地面标高/m		设计管内底标高/m		埋深/m	
				起点	终点	起点	终点	起点	终点
1	10	11	12	13	14	15	16	17	18
1-2	0.75	54	0.225	86.700	86.630	85.300	85.075	1.40	1.56
2-3	0.90	120	0.435	86.630	86.560	84.975	84.540	1.66	2.02
3-4	1.00	200	0.224	86.560	86.550	84.440	84.216	2.12	2.33
4-5	1.00	290	0.315	86.550	86.530	84.116	83.801	2.43	2.73
5-6	1.20	350	0.375	86.530	86.500	83.801	83.426	2.73	3.07

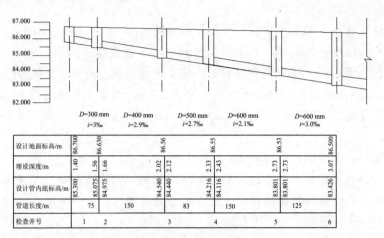

图 5-7　雨水干管纵剖面

职业能力训练

试进行某研究所西南区雨水管道（包括生产废水在内）的设计和计算，并绘制该区的雨水管道平面图及纵剖面图。

已知条件如下：

（1）该区的总平面图（图 3-14）；

（2）当地暴雨强度公式：

$$q/[L/(s \cdot 10^2 m^2)] = \frac{700(1 + 0.8 \lg P)}{t^{0.5}}$$

（3）采用设计重现期 $P=2a$，地面集水时间 $t_1=10$ min；

（4）取综合径流系数 $\psi =0.6$；

（5）各实验室生产废水量见表 5-12，排出口位置见图 3-14；

表 5-12　各实验室生产废水量

实验室	废水量/（L/s）	实验室	废水量/（L/s）
A 实验楼	2.5	南实验楼	
B 实验楼		X530 出口	8
X443 出口	5	X515 出口	3
X463 出口	10	D 实验楼	
X481 出口	5	X406 出口	15
C 实验楼	6.5	X396 出口	2.5

（6）生产废水允许直接排入雨水管，各车间生产废水管出口埋深为 1.5 m（指室

内地面至管内底的高度）；

（7）厂区内各车间及实验室均无室内雨水道；

（8）厂区地质条件良好，冰冻深度较小，可不予考虑；

（9）厂区雨水出口接入城市雨水道，接管点位置在厂南面，坐标为：x=520.00，y=722.50，城市雨水道为砖砌拱形方沟，沟宽 1.2 m，沟高（至拱内顶）1.8 m，该点处的沟内底标高为 37.70 m，地面标高为 41.10 m。

提示：

（1）划分排水流域和管道定线。

设计范围已确定排水分界线，为一个排水流域，雨水排入研究所南面的城市雨水管道系统，根据地形及道路情况进行管道系统布置。

（2）划分设计管段，检查井编号。

在管道转弯、管径和坡度改变、有支管接入、管道交汇等处及超过一定距离的直线管道上都应设检查井。把两检查井之间流量不变且预计管径和坡度也不变的管段定为设计管段，并从上游往下游依次进行检查井编号。

（3）划分并计算各设计管段的汇水面积。

按就近排入雨水管道的原则划分汇水面积，编号并计算面积。

（4）取综合径流系数 ψ=0.6，设计重现期 P=2a，地面集水时间 t_1=10 min。

（5）求单位面积径流量 $q_0=q\psi$。

（6）列表进行水力计算。

（7）绘制该区的雨水管道平面图及纵剖面图。

任务四　城市内涝防治

近年来，由于气候变化的影响和城市化建设的推进，原有的池塘、稻田、湖泊等几乎消失，使城市滞蓄雨洪的能力急剧减弱；曾经的河道变为城市内河，当上游洪水经外河注入城区，又遇上山洪、暴雨形成的水体，致使内涝泛滥，城市大面积浸没；另外，我国的排涝设施建设严重滞后，很多城市都面临着不同程度的城市内涝问题。

国务院颁布了《城镇排水与污水处理条例》，对雨水排放有以下规定：

第十七条　县级以上地方人民政府应当根据当地降雨规律和暴雨内涝风险情况，结合气象、水文资料，建立排水设施地理信息系统，加强雨水排放管理，提高城镇内涝防治水平。

第十八条　城镇排水主管部门应当按照城镇内涝防治专项规划的要求，确定雨水收集利用设施建设标准，明确雨水的排水分区和排水出路，合理控制雨水径流。

第十九条　除干旱地区外，新区建设应当实行雨水、污水分流；对实行雨水、污水合流的地区，应当按照城镇排水与污水处理规划要求，进行雨水、污水分流改造。雨水、污水分流改造可以结合旧城区改建和道路建设同时进行。

在雨水、污水分流地区，新区建设和旧城区改建不得将雨水管网、污水管网相互混接。

在有条件的地区，应当逐步推进初期雨水收集与处理，合理确定截流倍数，通过设置初期雨水贮存池、建设截流干管等方式，加强对初期雨水的排放调控和污染防治。

内涝防治设施应与城镇平面规划、竖向规划和防洪规划相协调，根据当地地形特点、水文条件、气候特征、雨水管渠系统、防洪设施现状和内涝防治要求等综合分析后确定，具体可从以下几方面着手：

一、源头控制，加强雨水收集利用

内涝防治首先可以采用低势绿地、雨水花园、渗透铺装、植草沟、湿塘、雨水湿地等低影响开发（LID）源头控制措施，对中小降雨起到减排、削峰、净化的作用。

新建地区，人行道、停车场和广场等宜采用渗透性铺面，硬化地面中可渗透地面面积不宜低于 40%，有条件的既有地区应对现有硬化地面进行透水性改建；绿地标高宜低于周边地面标高 5～25 cm，形成下凹式绿地；还可设置植草沟、渗透池等设施接纳地面径流；地区开发和改建时，宜保留天然可渗透性地面。

水资源缺乏、水质性缺水、地下水水位下降严重、内涝风险较大的城市和新建地区等宜进行雨水综合利用。雨水经收集、储存、就地处理后可作为冲洗、灌溉、绿化和景观用水等，也可经过自然或人工渗透设施渗入地下，补充地下水资源。在对雨水进行收集利用时，应当注意以下几点：

（1）应选择污染较轻的屋面、广场、人行道等作为汇水面；对屋面雨水进行收集时，宜优先收集绿化屋面和采用环保型材料的屋面的雨水。不应选择厕所、垃圾堆场、工业污染场地、机动车道路等作为汇水面。

（2）对屋面、场地雨水进行收集利用时，应将降雨初期的雨水弃流。弃流的雨水可排入雨水管道，条件允许时，也可就近排入绿地。

（3）当不同汇水面的雨水径流水质差异较大时，可分别收集和储存。

二、提高雨水管渠系统设计标准

原来排水设计规范中的标准普遍偏低，2014 年修订的《室外排水设计规范》修改了暴雨重现期、降雨历时等计算参数及公式，并且明确提出应采取必要的措施防止洪水对城镇排水系统的影响。

内涝防治设计重现期，应根据城镇类型、积水影响程度和内河水位变化等因素，经技术经济比较后按表 5-13 的规定取值，并应符合下列规定：

（1）经济条件较好，且人口密集、内涝易发的城镇，宜采用规定的上限。

（2）目前不具备条件的地区可分期达到标准。

（3）当地面积水不满足表 5-13 的要求时，应采取渗透、调蓄、设置雨洪行泄通道和内河整治等综合控制措施。

（4）超过内涝设计重现期的暴雨，应采取综合控制措施。

表 5-13　内涝防治设计重现期

城镇类型	重现期/年	地面积水设计标准
特大城市	50～100	①居民住宅和工商业建筑物的底层不进水
大城市	30～50	
中等城市和小城市	20～30	②道路中一条车道的积水深度不超过 15 cm

三、注重雨水调蓄池的作用

（一）雨水调蓄池的设置

雨水调蓄池可以将雨峰流量暂时蓄存，待雨峰流量过后，再从这些调节设施中排除所蓄水量，这种方式可以削减洪峰流量，减小下游管渠系统高峰排水流量和下游管渠断面尺寸。这种另外建造人工调蓄池或利用天然洼地、池塘、河流等蓄洪的方法，可有效地节约调蓄池下游管渠造价，经济效益显著，在国内外的工程实践中逐渐得到重视和应用。在下列情况下设置调蓄池，通常可以取得良好的技术经济效果。

（1）在雨水干管的中游或有大流量交汇处设置调蓄池，可降低下游各管段的设计流量；

（2）在正在发展或分期建设的区域设置调蓄池，可用以解决旧有雨水管渠排水能力不足的问题；

（3）在雨水不多的干旱地区设置调蓄池，可用于蓄洪养鱼和灌溉；

（4）在需要控制面源污染的区域，可以通过雨水调蓄池很好地拦截和控制初期雨水的面源污染。

（5）尽量利用现有设施，如天然洼地或池塘、公园水池等，既可削减雨峰流量又可补充景观水体，美化城市。

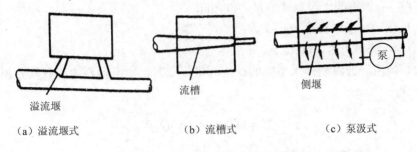

（a）溢流堰式　　　　　　（b）流槽式　　　　　　（c）泵汲式

图 5-8　雨水调蓄池设置形式

　　雨水调蓄池的三种设置形式如图 5-8 所示。其中，溢流堰式[图 5-8（a）]是在雨水管道上设置溢流堰，当雨水在管道中的流量增大到设定流量时，由于溢流堰下游管道变小，管道中水位升高产生溢流，流入雨水调蓄池。当雨水排水径流量减小时，调蓄池中的蓄存雨水开始外流，经下游管道排出。流槽式调蓄池[图 5-8（b）]是在雨水管道流经调蓄池中央时，雨水管道在调蓄池中变成池底的一道流槽。当雨水在上游管道中的流量增大到设定流量时，由于调蓄池下游管道变小，雨水不能及时全部排出，即在调蓄池中淹没流槽，雨水调蓄池开始蓄存雨水，当雨水量减小到小于下游管道排水能力时，调蓄池中的蓄存雨水开始外流，经下游管道排出。泵汲式调蓄池[图 5-8（c）]适用于下游管渠较高的情况，可以减小下游管渠的埋设深度。

　　雨水调蓄池的位置对于排水管渠工程的经济效益和使用效果具有重要影响，应根据调蓄目的、排水体制、管网布置、溢流管下游水位高程和周围环境等综合考虑和确定雨水调蓄池的位置。

（二）雨水调蓄容积计算

　　调蓄池的入流管渠过水能力决定最大设计入流量，调蓄池最高水位以不使上游地区溢流积水为控制条件，最高与最低水位间的容积为有效调蓄容积。雨水调蓄池容积的计算原理，是用径流过程线，以调节控制后的排水流量过程线来切割洪峰，将被切割的洪峰部分的流量作为调蓄池设计容积。计算公式如下：

　　（1）当雨水调蓄池用于削减排水管道洪峰流量时，其设计有效容积可按下式计算：

$$V = \left[-\left(\frac{0.65}{n^{1.2}} + \frac{b}{t} \times \frac{0.5}{n+0.2} + 1.10 \right) \lg(\alpha + 0.3) + \frac{0.215}{n^{0.15}} \right] Qt$$

　　式中：V——调蓄池有效容积，m^3；

　　　　　a——脱过系数，取值为调蓄池下游和上游设计流量之比；

Q——调蓄池上游设计流量，m^3/min；

b、n——暴雨强度公式参数；

t——降雨历时，min，$t=t_1+t_2$。

（2）当用于合流制排水系统的径流污染控制时，雨水调蓄池的有效容积，可按下式计算：

$$V=3\,600t_i(n-n_0)Q_{dr}\beta$$

式中：V——调蓄池有效容积，m^3；

t_i——调蓄池进水时间，h，宜采用 $0.5\sim1$ h；当合流制排水系统雨天溢流污水水质在单次降雨事件中无明显初期效应时，宜取上限；反之，可取下限；

n——调蓄池建成运行后的截流倍数，由要求的污染负荷目标削减率、当地截流倍数和截流量占降雨量比例之间的关系求得；

n_0——系统原截流倍数；

Q_{dr}——截流井以前的旱流污水量，m^3/s；

β——安全系数，可取 $1.1\sim1.5$。

（3）当用于分流制排水系统径流污染控制时，雨水调蓄池的有效容积，可按下式计算：

$$V=10DF\Psi\beta$$

式中：V——调蓄池有效容积，m^3；

D——调蓄量，mm，按降雨量计，可取 $4\sim8$ mm；

F——汇水面积，hm^2；

Ψ——径流系数；

β——安全系数，可取 $1.1\sim1.5$。

出流管渠泄水能力根据调蓄池泄空流量决定，一般要求泄空调节水量的时间不超过 24 h。雨水调蓄池的放空时间，可按下列公式计算：

$$t_0=\frac{V}{3\,600Q'\eta}$$

式中：t_0——放空时间，h；

V——调蓄池有效容积，m^3；

Q'——下游排水管道或设施的受纳能力，m^3/s；

η——排放效率，一般可取 $0.3\sim0.9$。

任务五　城市防洪设计

一般城市多邻近自然水体（江河、山溪、湖泊或海洋等）修建，它们为城市的发展提供了必要的水源，但有时也给城市带来洪水灾害。而我国有许多重要的工业建设于山区，这些工业的生产厂房和生活区建筑物一般位于山坡或在山脚下修建，建筑区域往往低于周围的山地，在暴雨时将受到山洪的威胁。因此，为尽量减少洪水造成的危害，保证城市、工厂的工业生产和生命财产安全，必须根据城市或工厂的总体规划和流域防洪规划，合理选用防洪工程的设计标准，整修已有的防洪工程设施，兴建新的防洪工程，提高城市工业企业的抗洪能力。防洪设计的主要任务是防止因暴雨形成巨大的地面径流而产生严重危害。

一、防洪设计原则

（1）应符合城市和工业企业的总体规划。

防洪设计的规模、范围和布局都必须根据城市和工业企业各项工程规划制定。同时，城市和工业企业各项工程规划对防洪工程都有一定的影响。因此，对于靠近江河和山区的城市及工业企业应特别注意这一点。

（2）应合理安排，使近远期有机结合。

因防洪工程的建设费用较大，建设工期长，因此要作出分期建设的安排，这既能节省初期投资，又能及早发挥工程设施的效益。

（3）应从实际出发，充分利用原有防洪、泄洪、蓄洪设施，做到有计划、有步骤地加以改造，使其逐步完善。

（4）应尽量采用分洪、截洪、排洪相结合的措施。

（5）应尽可能与农业生产相结合。

应尽可能与农业上的水土保持、植树、农田灌溉等密切结合。这既能减少和消除洪灾、确保城市安全，又能搞好农田水利建设。

二、防洪设计标准

在进行防洪工程设计时，首先要确定洪峰设计流量，然后再根据该洪峰设计流量拟定工程规模。为准确、合理地拟定某项工程规模，需要根据该工程的性质、范围以及重要性等因素，选定某一降雨频率作为计算洪峰流量的依据，这称为防洪设计标准。

防洪设计标准既关系到城市安危，也关系到工程造价和建设期限等，它是防洪设计中体现国家经济政策和技术政策的一个重要环节。

在实际设计中，一般常用暴雨重现期来衡量设计标准的高低，即重现期越小，则设计标准越低，工程规模也就越小；反之，设计标准越高，工程规模越大。根据我国城市防洪工程的特点和防洪工程实践，制定如下城市防洪标准（表5-14）。

表5-14　城市防洪标准

工程等级	防护对象			防护标准	
	城市等级	人口/万人	重要性	频率/%	重现期/a
I	特别重要城市	>150	重要政治、经济、国防中心及交通枢纽，特别重要的工业企业	1~0.3	≥100
II	重要城市	50~150	比较重要的政治、经济中心、大型工业企业	2~<1	50~100
III	中等城市	20~<50	一般重要的政治、经济中心、重要中型工业企业	5~<2	20~<50
IV	一般城镇	≤20	一般性小城市、小型工业企业	10~<5	10~<20

对于城镇河流流域面积较小（小于 30 km²）的地区，如按城市雨水管道流量计算公式计算洪峰流量，可参考表5-15。山洪防治标准见表5-16。

在设计中选用防洪标准时，应根据设计地区的地理位置、地形条件、历次洪水灾害情况、工程的重要性以及当地经济技术条件等因素综合考虑后确定。

表5-15　城市小流域河湖防洪标准

序号	区域性质	设计重现期/a	序号	区域性质	设计重现期/a
1	城市重要区域	20~50	3	局部一般区域	1~<5
2	一般区域	5~<20	—	—	—

表5-16　山洪防治标准

工程等级	防护对象	防洪标准	
		频率/%	重现期/a
II	大型工业企业、重要中型工业	2~1	50~100
III	中小型工业企业	5~<2	20~<50
IV	工业企业生活区	10~<5	10~<20

三、设计洪峰流量计算

设计洪水流量是指相应于防洪设计标准的洪水流量。计算设计洪水流量的方法较多，目前，我国常用的暴雨洪峰流量的计算方法有以下三种：

（一）地区性经验公式

在缺乏水文资料的地区，小面积洪峰流量的计算，可采用我国应用比较普遍的、以流域面积 F 为参数的一般地区性经验公式。

1. 公路科学研究所的经验公式

当没有暴雨资料、汇水面积小于 $10\ km^2$ 时，可按下式计算：

$$Q_P = K_P F^m$$

式中：Q_P —— 设计洪峰流量，m^3/s；

$\quad\quad F$ —— 流域面积，km^2；

$\quad\quad K_P$ —— 随地区及洪水频率而变化的流量模数，可按表 5-17 查取；

$\quad\quad m$ —— 随地区及洪水频率而定的面积指数，当 $F \leqslant 1\ km^2$ 时，$m=1$；当 $1 < F < 10$ 时可按表 5-18 查取。

表 5-17　流量模数 K_P 值

频率/%	华北	东北	东南沿海	西南	华中	黄土高原
	K_P					
50	8.1	8.0	11.0	9.0	10.0	5.5
20	13.0	11.5	15.0	12.0	14.0	6.0
10	16.5	13.5	18.0	14.0	17.0	7.5
6.7	18.0	14.6	19.5	14.5	18.0	7.7
4	19.5	15.8	22.0	16.0	19.6	8.5
2	23.4	19.0	26.4	19.2	23.5	10.2

表 5-18　面积指数 m 值

地区	华北	东北	东南沿海	西南	华中	黄土高原
m	0.75	0.85	0.75	0.85	0.75	0.80

2. 水利科学院水文研究所经验公式

对于洪水调查，对汇水面积小于 $100\ km^2$ 的经验公式如下：

$$Q_P = K_P F^{\frac{2}{3}}$$

式中：Q_P、F、K_P 符号意义同前，其中 K_P 值除按实测、调查得到外，还可根据地形条件，选用下列数值：

对于山区，$K_P = 0.72 S_p F$；

对于平原，$K_P = 0.5 S_p$。

当汇水面积 $F < 3\ \text{km}^2$ 时，经验公式为：

$$Q_P = 0.6\ S_p F$$

式中：S_p —— 设计雨力，mm/h。

经验公式使用方便，计算简单，但地区性很强。当相邻地区采用时，须注意各地的具体条件，不宜套用。其他的经验公式，可参阅当地的水文手册。

（二）推理公式法

我国水利科学院水文研究所提出的推理公式已经得到了广泛的采用，其公式如下：

$$Q = 0.278 F \frac{\Psi S}{\tau^n}$$

式中：Q —— 设计洪峰流量，m^3/s；

S —— 暴雨雨力，即与设计重现期相应的最大 1 h 的降雨量，mm/h；

τ —— 流域的集流时间，h；

n —— 暴雨强度衰减指数；

Ψ —— 径流系数，等于径流量与降雨量的比值；

F —— 流域面积，km^2。

用该公式求洪峰设计流量时，需要较多的基础资料，计算过程较烦琐。此公式适用范围为汇水面积 $F \leq 500\ \text{km}^2$，当汇水面积 F 为 40～50 km^2 时适用效果最好。公式中各参数的确定方法，可参考《给水排水设计手册》第五册有关章节。

（三）洪水调查法

洪水调查法主要指河流、山溪历史上出现的特大洪水流量的调查和推算。调查的主要内容是历史上洪水的概况及洪水痕迹标高。调查主要是通过深入现场、勘察洪水位的痕迹，并通过查阅当地可考的文字记载（如地方志、宫廷档案、县志、碑志、某些建筑物上的记载及水利专著等）进行，这些记载是调查历史洪水的主要依据。此外还应调查访问在河道附近世代久居的群众，这里老年人的回忆及祖辈流传的有关洪水的传说都是历史洪水的宝贵资料。在查阅洪水的文献和查访群众的基础上，还应沿河道两岸进行实地勘探，寻找和判断洪水痕迹，推导出洪水位发生的频率，选择和测量河道的过水断面及其他特征值，按公式 $v = \frac{1}{n}R^{\frac{2}{3}}i^{\frac{1}{2}}$ 计算流速，然后按公式 $Q = Av$ 计算洪峰流量。式中，n 为河槽的粗糙系数；R 为河槽的过水断面与湿周之比，即水力半径；i 为水面比降，可用河底平均比降代替。

上述三种方法中，特别应重视洪水调查法，在此法的基础上；再结合其他方法进行洪峰流量计算。

四、排洪沟设计计算

排洪沟是应用较为广泛的一种防洪、排洪工程设施，特别是在山区城市和工业区应用更多。由于山区的地势陡峭，地形坡度较大，因而水流湍急，洪水集中时间短，洪峰流量大，而且来势迅猛，水流中还夹带着大量的砂石，冲刷力很强。这种由于暴雨形成的山洪，若不能及时有效排除，就会使山坡下的城镇和工业区受到破坏，从而造成严重的损失。因此，应在受山洪威胁的城镇工厂的周围设置防洪设施，以有效拦截山洪，并及时将洪峰引入排洪沟道，将其引出保护区排入附近的水体。

排洪沟设计的任务在于开沟引洪、整治河道、修建排洪构筑物等，以便有组织地拦截并排除山洪径流、保护山区城镇和工业区的安全。图 5-9 为某居住区雨水管道系统及排洪沟布置图。图 5-10 为某厂区排洪沟布置图。

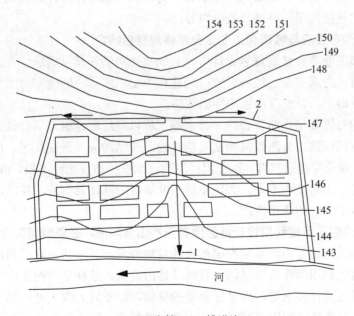

1—雨水管；2—排洪沟

图 5-9　某居住区雨水管道系统及排洪沟的布置

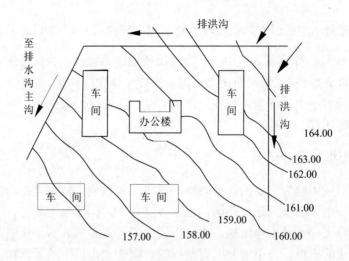

图 5-10　某厂区排洪沟布置

（一）排洪沟设计要点

在设计排洪沟时，要对设计地区周围的地形、地貌、土壤、暴雨、洪水以及径流等影响因素进行充分、细致的调查研究，为排洪沟的设计及计算提供必要可靠的依据。排洪沟包括明渠、暗渠及截洪沟等。

1. 排洪沟布置应与城镇和工业企业总体规划相结合

在城镇和工业企业建设规划设计中，必须重视防洪和排洪问题。在选择厂区或居住区用地时，力求安全、经济合理，应建在不受洪水威胁的较安全的地带，尽量避免设在山洪口上，以避开洪水顶冲的威胁。

排洪沟的布置要与铁路、公路、排水等工程以及厂房建筑、居住及公共建筑相协调，避免穿越铁路、公路以减少交叉构筑物。排洪沟应设置在厂区、居住区外围靠山坡一侧，避免穿越建筑群，以免因排洪沟过于曲折造成出流不畅，或增加桥涵，造成投资浪费，引起交通不便。为防止洪水冲刷房屋基础及滑坡，排洪沟与建筑物之间应有不少于 3 m 的防护距离。

2. 排洪沟应尽可能利用设计地区原有天然山洪沟道，必要时可做适当整修

原有的山洪沟道是山洪多年冲刷形成的自然冲沟，其形状、底床都比较稳定，设计时应尽可能利用其作为排洪沟，发挥其排泄能力，这样可节约工程造价。当原有沟道不能满足设计要求时，可进行必要的整修，但不宜大改大动，尽可能不改变原有沟道的水利条件，要因势利导，使山洪排泄畅通，既达到防洪、排洪的目的，又节省了工程上的投资。

3. 排洪沟选址

具体位置宜选在地形平稳、地质较稳定的地带，防止坍塌，并可减少工程量。并注意保护农田水利工程，不占或少占农田。

4. 排水沟布置时，应尽量利用自然地形坡度

当地形坡度较大时，排洪沟宜布置在汇水面积的中央，以扩大汇流范围。充分利用自然地形坡度，因势利导，使洪水能以最短距离重力流排入水体。一般情况下，排水沟上不设中途泵站，对洪峰流量以分散排放比集中排放更为有利。

5. 排水沟布置采用明渠或暗渠应根据设计地区具体条件确定

排水沟一般采用明渠，当排洪沟通过市区或厂区时，因建筑密度高、交通量大应采用暗渠。

6. 排洪沟平面布置的基本要求

（1）排洪沟的进口段：因洪水在进口段上冲刷力很强，所以应将进口段设在地质、地形条件良好的地段，通常将进口段上游一带范围进行必要的整治，以保证良好的衔接、具有水流畅通及较好的水利条件。进口长度一般不小于 3 m。为使洪水能顺利进入排水沟，衔接口形式和布置是很重要的。常用的进水口形式有：1）排洪沟的进口直接插入山洪沟，衔接点的高程为原山洪沟的高程。这种形式适用于排洪沟与山洪沟夹角较小的情况，也适用于高速排洪沟。2）以侧流堰形式作为进口，将截流坝的顶面作成侧流堰渠与排洪沟直接相接。这种形式适用于排洪沟与山洪沟夹角较大，并且进口高程高于原山洪沟底高程的情况。进口段的形式应根据地形、地质及水力条件进行合理的方案比较和选择。

（2）排洪沟的连接段：当排洪沟受到地形限制而不能布置成直段时，应保证在转弯处有良好的水流条件，不应使弯道处受到冲刷。平面上的转弯沟道弯曲半径一般为 5～10 倍的设计水面宽度。由于弯道处水流因离心力作用而产生外侧与内侧的水位差，因此在设计时应考虑到外侧沟高大于内侧沟高。外侧水位高程的差值可由下列公式求得：

$$H = \frac{v^2 B}{Rg}$$

式中：H —— 排洪沟水位高度差，m；

v —— 排洪沟水流平均流速，m/s；

B —— 弯道处水面宽度，m；

R —— 弯道半径，m；

g —— 重力加速度，9.81 m/s²。

排水沟的设计安全较高，一般可采用 0.3～0.5 m，同时对排洪沟弯道处应加护砌。

（3）排洪沟出口段：应设置在不致冲刷的排放地点（河流、山谷等）的岸坡。

应选择在地址良好的地段，并采取护砌措施。另外，在出口段，应设置渐变段，逐渐增大宽度，以减少单宽流量，减低流速，或采用消能、加固等措施，以减缓洪水对出口段的冲刷。

7. 排洪沟穿越道路应设桥涵

涵洞的断面尺寸应保证设计洪水量通过，并应考虑养护。

8. 排洪沟纵坡的确定

排洪沟的纵向坡度应根据地形、地质、护砌材料、原有天然排洪沟的纵坡以及冲淤情况而确定，一般情况下，坡度宜大于1%，但地形坡度较陡时，应考虑设置跌水，但不能设在转弯处，一次跌水的高度为 0.2～1.5 m。当采用条石砌筑的梯级渠道时，每级梯形高位为 0.3～0.6 m，有的多达 20～30 级，因此其消能效果很好。

9. 排洪沟设计流速的规定

为不使排洪沟沟底产生淤积，最小允许流速一般不小于 0.4 m/s，为了防止山洪对排洪沟的冲刷，排洪沟的最大允许流速宜根据不同铺砌的加固形式来选择确定。表 5-19 为排洪沟最大设计流速，供设计计算时选用。

表 5-19　排洪沟最大设计流速

沟渠护砌条件	最大设计流速/（m/s）	沟渠护砌条件	最大设计流速/（m/s）
浆砌砖石	2.0～4.5	混凝土护面	5.0～10.0
坚硬石块浆砌	6.5～1.2	草皮护面	0.9～2.2

10. 排洪沟设计计算径流系数的确定

一般可按设计地区的地面情况确定。山区可采用 0.7～0.8；丘陵地区可采用 0.55～0.70。若设计地区的山坡被全部垦殖为梯田，径流系数还要小些，一般可采用 0.3 左右。表 5-20 为各种地面的径流系数值，可供设计计算时参考。

表 5-20　各种地面的径流系数

类别	地面种类	径流系数
1	无裂缝岩石、沥青面层、混凝土面层、冻土、重黏土、冰沼土、沼泽土	1.0
2	黏土、盐土、碱土、龟裂土、水稻地	0.85
3	黄壤、红壤、壤土、灰化土、灰钙土、漠钙土	0.80
4	褐土、生草沙壤土、黑钙土、黄土、栗钙土、灰色森林土、棕色森林土	0.75
5	沙壤土、生草的沙	0.50
6	沙	0.35

11. 排洪沟断面形式、材料及其选择

排洪沟的断面形式常采用梯形和矩形明渠。最小断面 $B \times H = 0.4\,\text{m} \times 0.4\,\text{m}$；明

渠排洪沟的底宽，考虑施工与维修要求，一般为 0.4~0.5 m。沟渠材料及加固形式应根据沟内最大流速、地形及地质条件、当地材料供应情况确定。一般常用片、块石铺砌。

排洪沟不宜采用土明渠。由于土明渠的边坡不稳定，在山洪冲刷下，很容易被冲毁，故不宜采用。图 5-11 为排洪沟的断面及加固形式示意图。

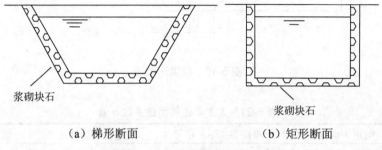

（a）梯形断面　　　　　　　　　　　（b）矩形断面

图 5-11　排洪沟断面及加固形式

（二）排洪沟水力计算

在进行排洪沟水力计算时，常遇到下述几种情况：

（1）已知设计流量、渠底坡度，确定渠道断面；

（2）已知设计流量或流速，渠道断面及粗糙系数，求渠道底坡坡度；

（3）已知渠道断面、渠壁粗糙系数及渠道底坡坡度，求渠道的输水能力。

（三）排洪沟设计水力计算示例

已知某工厂已有天然梯形断面浆砌块石河槽的排洪沟，其总长为 820 m。沟纵向坡度为 4.5‰，沟粗糙系数为 0.025，沟边坡 1：1.25，沟底宽为 2 m，沟顶宽为 6.5 m，沟深为 1.5 m。当采用设计重现期为 50 年时，洪峰流量为 1.5 m^3/s。试复核已有排洪沟的通过能力及沟内水流速度。

计算如下：

（1）复核原有排洪沟断面能否满足排除洪峰流量的要求

为满足排除洪峰流量的要求，应在原有的沟道断面基础上增加排洪沟的深度并扩大过水断面。设扩大沟顶宽度为 B=7.06 m，并增加排洪沟深度为 H=2.0 m。扩大后的断面采用浆砌碎石铺砌，并加固沟壁和沟底以保证沟壁的稳定，如图 5-12 所示。

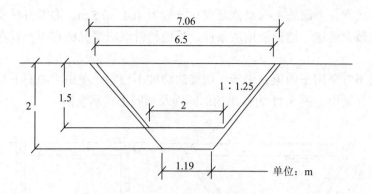

图 5-12　排洪沟改造

表 5-21　人工渠道的粗糙系数 n 值

序号	渠道表面的性质	粗糙系数 n	序号	渠道表面的性质	粗糙系数 n
1	细砾石（d=10～30 mm）渠道	0.022	9	粗糙的浆砌碎石渠	0.02
2	中砾石（d=20～60 mm）渠道	0.025	10	表面较光的夯打混凝土	0.015 5～0.016 5
3	粗砾石（d=50～150 mm）渠道	0.03	11	表面干净的旧混凝土	0.016 5
4	中等粗糙的凿岩渠	0.033～0.04	12	粗糙的混凝土衬砌	0.018
5	细致爆开的凿岩渠	0.04～0.05	13	表面不整齐的混凝土	0.02
6	粗糙极不规则的凿岩渠	0.05～0.065	14	坚实光滑的土渠	0.017
7	细致浆砌碎石渠	0.013	15	掺有少量黏土或石砾的沙土渠	0.02
8	一般浆砌碎石渠	0.017	16	沙砾低砌石坡的渠道	0.02～0.022

按公式 $Q = \omega v = \omega C\sqrt{Ri}$

C 值按曼宁公式计算，即：$C = \dfrac{1}{n}R^{\frac{1}{6}}$

梯形断面的宽深比 $\beta = \dfrac{b}{h} = 2(\sqrt{1+m^2} - m) = 0.7$

$b = 0.7 \times 1.7 = 1.19 \text{ m}$

梯形断面面积 $\omega = bh + mh^2 = 5.64 \text{ m}^2$

其水力半径 $R = \dfrac{\omega}{b + 2h\sqrt{1+m^2}} = 0.85 \text{ m}$

n 为人工渠道粗糙系数，查表 5-21，得 $n = 0.02$

$$C = \frac{1}{n} R^{\frac{1}{6}} = 48.66$$

$$Q' = \omega C \sqrt{Ri} = 17.17 \ \text{m}^3/\text{s}$$

此结果已满足排除洪峰量 15 m³/s 的要求。

（2）复核排洪沟内水流速度 $v = C\sqrt{Ri}$ 得，$v = 3.01$ m/s，查表 5-19，采用浆砌碎石铺砌加固沟壁时最大设计流速为 4.5 m/s，因此排洪沟不会受到冲刷。故可采用。

思考题与习题

1. 如何确定洪峰设计流量？
2. 如何进行排洪沟的设计？

职业能力训练

某工厂已有天然梯形沙砾石河床的排洪沟，其总长 L 为 580 m，沟纵向坡度 i 为 4.3‰，排洪沟粗糙系数 n 为 0.025，其边坡为 1：m=1：1.5，沟底宽为 2.2 m，沟顶宽为 6.2 m，沟深为 1.4 m。当采用设计重现期为 50 年时，洪峰流量为 15.500 m³/s。试复核已有排洪沟的通水能力。

项目六 合流制管渠系统设计

项目概述

根据城市的现状合理选择合流制系统或分流制系统，并对合流制系统进行设计计算（包括确定合流管渠计算、合流雨水设计重现期以及溢流干管与溢流井的计算等）。

（1）进行合流制管网布置；

（2）溢流井上游合流管渠计算；

（3）合流管渠的雨水设计参数确定，如重现期等；

（4）截流干管和溢流井的计算；

（5）晴天旱流流量的校核。

项目具体内容见本项目的设计案例部分。

学习目标

会合理进行合流制系统的选用及管渠系统的设计计算，以确定合流制管渠设计参数。

任务一　合流制管渠系统特点及应用

合流制管渠系统是用同一管渠排除生活污水、工业废水及雨水的排水方式。由于历史的原因，在国内外许多城市的旧排水管道系统中仍然采用这种排水体制。根据混合污水的处理和排放方式，合流制管渠系统分为直泄式和截流式两种。由于直泄式合流制排水系统严重污染水体，因此对于新建排水系统不宜采用。故本节只介绍截流式合流制排水系统。

一、截流式合流制排水系统的工作情况与特点

截流式合流制排水系统是沿水体平行设置截流管道，以汇集各支管、干管流来的污水。在截流干管的适当位置上设置溢流井。在晴天时，截流干管是以非满流方式将生活污水和工业废水送往污水处理厂。雨天时，随着雨水量的增加，截流干管是以满流方式将混合污水（雨水、生活污水、工业废水）送往污水处理厂。若设城市混合污水的流量为 Q，而设截流干管的输水能力为 Q'，则当 $Q \leq Q'$ 时，全部混合

污水输送到污水处理厂进行处理；当 $Q>Q'$ 时，有（$Q=Q'$）的混合污水送往污水处理厂，而（$Q-Q'$）的混合污水则通过溢流井排入水体。随着降雨历时继续延长，由于暴雨强度的减弱，溢流井处的溢流流量逐渐减小。最后混合污水量又重新等于或小于截流干管的设计输水能力，溢流停止，全部混合污水又都流向污水处理厂。

从上述管渠系统的工作情况可知，截流式合流制排水系统，是在同一管渠内排除三种混合污水，集中到污水处理厂处理，从而消除了晴天时城市污水及初期雨水对水体的污染，在一定程度上满足了环境保护方面的要求。另外还具有管线单一、管渠的总长度减小等优点。因此在节省投资、管道施工方面较为有利。

但在暴雨期间，则有部分的混合污水通过溢流井溢入水体，造成水体周期性污染；另外，由于截流式合流制排水管渠的过水断面很大，而在晴天时流量很小，流速低，往往在管底形成淤泥，因而在降雨时，雨水将沉积在管底的大量污染物冲刷起来带入水体形成严重的污染。

另外，截流管、提升泵站以及污水处理厂的设计规模都比分流制排水系统大，截流管的埋深也比单设雨水管渠的埋深大。

因此，在选择排水体制时，首先满足环境保护的要求，即保证水体所受的污染程度在允许的范围内；另外还要根据水体综合利用情况、地形条件以及城市发展远景，通过经济、技术比较后综合考虑确定。图 6-1 为截流式合流制组成示意图。

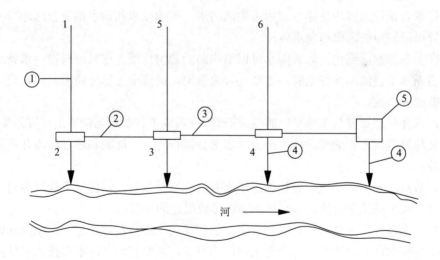

①—合流管道；②—截流管道；③—溢流井；④—出水口；⑤—污水处理厂

图 6-1 截流式合流制组成

二、截流式合流制排水系统的使用条件

在下列情况下可考虑采用截流式合流制排水系统：

（1）排水区域内有充沛的水体，并且具有较大的流量和流速，一定量的混合污水溢入水体后，对水体造成的污染危害程度在允许的范围内；

（2）街区、街道的建设比较完善，必须采用暗管排除雨水时；而街道的横断面又较窄，管渠的设置位置受到限制时，可考虑选用截流式合流制；

（3）地面有一定的坡度倾向水体，当水位为高水位时，岸边不受淹没；

（4）排水管渠能以自流方式排入水体时，在中途不需要泵站提升；

（5）降雨量小的地区；

（6）水体卫生要求特别高的地区，污、雨水均需要处理。

任务二　合流制排水管渠系统的设计

一、截流式合流制排水系统的布置

采用截流式合流制排水系统时，其布置特点及要求是：

排水管渠的布置应使排水面积上生活污水、工业废水和雨水都能合理地排入管渠，管渠以最短的距离坡向水体；

在上游排水区域内，如果雨水可以沿道路的边沟排泄，这时可只设污水管道，只有当雨水不宜沿地面径流时，才布置合流管渠，截流干管尽可能沿河岸敷设，以便于截流和溢流；

沿水体岸边布置与水体平行的截流干管，在截流干管的适当位置上设置溢流井，以保证超过截流干管的设计输水能力的那部分混合污水，能顺利通过溢流井就近排入水体；

在截流干管上，必须合理地确定溢流井的位置及数目，以便尽可能减少对水体的污染，减小截流干管的断面尺寸和缩短排放渠道的长度；

从对水体保护方面看，合流制管渠中的初降雨水能被截流处理，但溢流的混合污水仍会使水体受到污染。为改善水体环境卫生，需要将混合污水对排入水体的污染程度降至最低，则溢流井设置数目少一些好，其位置应尽可能设置在水体的下游。从经济方面讲，溢流井的数目多一些好，这样可使混合污水及早溢流至水体，减少截流干管的尺寸，降低截流干管下游的设计流量。但是，溢流井过多，会增加溢流井和排放渠道的造价，特别在溢流井离水体较远、施工条件困难时更是如此。当溢流井的溢流堰口标高低于水体最高水位时，需要在排水渠道上设置防潮门、闸门或

排涝泵站。为降低泵站造价和便于管理,溢流井应适当集中,不宜设置过多。通常溢流井设置在合流干管与截流干管的交汇处,但为降低工程造价以及减少对水体的污染,并不是在每个交汇点上都要设置。

溢流井的数目及具体位置,要根据设计地区的实际情况,结合管渠系统的布置,考虑上述因素,通过经济技术比较确定。

在汛期,因自然水体的水位增高,造成截流干管上的溢流井,不能按重力流方式通过溢流管渠向水体排放时,应考虑在溢流管渠上设置闸门,防止洪水倒灌;还要考虑设置排水泵站提升排放,这时宜将溢流井适当集中,利于排水泵站集中抽升;为了既能彻底解决溢流混合污水对水体的污染问题,又能充分利用截流干管的输水能力及污水处理厂能力,可考虑在溢流出水附近设置混合污水贮水池;在降雨时,可利用贮水池积蓄溢流的混合污水,待雨后将贮存的混合污水再送往污水处理厂处理。此外,贮水池还可以起到沉淀池的作用,可改善溢流污水的水质。但一般所需贮水池容积较大。另外,蓄积的混合污水需要泵站提升至截流管。

目前,在我国许多城市的旧市区多采用截流式合流制,而在新建城区及工矿区则多采用分流制,特别是当生产污水还有有毒物质、其浓度又超过允许的卫生标准时,必须预先对这种污水进行单独处理,在达到排放的水质标准后才能排入合流制管渠系统。

二、合流制排水管渠的水力计算

(一)完全合流制排水管渠设计流量确定

完全合流制排水管渠系统按下式计算管渠的设计流量:

$$Q_u = Q_s + Q_g + Q_y = Q_h + Q_y$$

式中:Q_u——完全合流制管渠的设计流量,L/s;

$\quad\quad Q_s$——综合生活污水设计流量,L/s;

$\quad\quad Q_g$——工业废水设计流量,L/s;

$\quad\quad Q_h$——晴天时城市污水量(生活污水量和工业废水量之和),即为旱流流量,L/s;

$\quad\quad Q_y$——雨水设计流量,L/s。

(二)截流式合流制排水管渠设计流量确定

由于截流式合流制在截流干管上设置了溢流井后,对截流干管的水流状况产生的影响很大。不从溢流井溢出的雨水量,通常按旱流污水量 Q_h 的指定倍数计算,该指定倍数称为截流倍数,用 n_0 表示。其意义为通过溢流井传输到下游干管的雨水量与晴天时旱流污水量之比。如果流入溢流井的雨水量超过了 $n_0 Q_h$，则超过的雨水量由溢流井溢出，经排放渠道排入水体。所以，溢流井下游管渠的雨水设计流量为：

$$Q_y = n_0 （Q_s + Q_g） + Q_y'$$

溢流井下游管渠的设计流量，是上述雨水设计流量与生活污水平均量及工业废水最大班平均流量之和，即：

$$Q_z = n_0 （Q_s + Q_g） + Q_y' + Q_h + Q_h'$$

$$= （n_0 + 1） Q_h + Q_y' + Q_h'$$

式中：Q_h' —— 溢流井下游汇水面积上流入的旱流流量，L/s;

Q_y' —— 溢流井下游汇水面积上流入的雨水设计流量，按相当于此汇水面积的集水时间求得，L/s。

（三）从溢流井溢出的混合污水设计流量的确定

当溢流井上游合流污水的流量超过溢流井下游管段的截流能力时，就有一部分的混合污水经溢流井处溢流，并通过排放渠道排入水体。其溢流的混合污水设计流量按下式计算，即：

$$Q_J = （Q_s + Q_g + Q_y） － （n_0 + 1） Q_h$$

三、截流式合流制排水管渠的水力计算要点

截流式合流制排水管渠一般按满流设计。水力计算方法和水力计算数据，包括设计流速、最小坡度、最小管径、覆土厚度以及雨水口布置要求与分流制中雨水管道的设计基本相同，但合流制管渠雨水口设计时应考虑防臭、防蚊蝇等措施。

合流制排水管渠水力计算内容包括下面几个方面：

（一）溢流井上游合流管渠计算

溢流井上游合流管渠的计算与雨水管渠计算基本相同，只是它的设计流量包括设计污水和工业废水以及设计雨水量。

（二）合流管渠的雨水设计重现期

可适当高于同一情况下的雨水管道的设计重现期的 10%～25%。因为合流管渠

一旦溢出，溢出混合污水比雨水管渠溢出的雨水所造成的危害更严重，所以为防止出现这种情况，应从严掌握合流管渠的设计重现期和允许的积水程度。

（三）截流干管和溢流井的计算

主要是合理确定所采用的截流倍数 n_0 值。根据所采用的 n_0 值可确定截流干管的设计流量，然后即可进行截流干管和溢流井的水力计算。从保护环境、减少水体受污染方面考虑，应采用较大的截流倍数，但从经济方面考虑，若截流倍数过大，会大大增加截流干管、提升泵站以及污水处理厂的设计规模和造价。同时，会造成进入污水处理厂的水质、水量在晴天和雨天差别很大，这给污水处理厂的运行管理带来极大不便。所以，为使整个合流排水管渠系统既造价合理，又便于运行管理，不宜采用过大的截流倍数。

截流倍数应根据旱流污水的水质、水量、总变化系数，水体的卫生要求及水文气象等因素经计算确定。经工程实践证明，截流倍数 n_0 值采用 2.6～4.5 是比较经济合理的。我国《室外排水设计规范》规定截流倍数按不同排放标准采用 1～5。经过多年工程实践，我国多数城市一般采用截流倍数 $n_0=3$。而美国、日本及西欧国家多采用 $n_0=3$～5。

随着人们环保意识的提高，采用的截流倍数值有逐渐增大的趋势。例如美国供游泳和游览的河段，所采用的截流倍数 n_0 值竟高达 30 以上。

溢流井是在井中设计截流槽，槽顶与截流干管的管顶相平，其构造如图 6-2 所示。

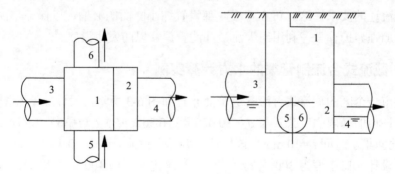

1—溢流井；2—堰；3—上游合流管道；4—溢流管；

5—上游截流管道；6—下游截流管道

图 6-2　溢流井

截流槽式溢流井的溢流是设在溢流井的底部，而溢流槽流槽上顶低于合流干管与排放管道的管底，略高于截流干管的上顶。当合流干管混合污水量小于截流干管的设计流量时，混合污水由合流干管跌入溢流井内，并由溢流井流向截流干管的下游。当合流干管的流量大于截流干管的设计流量时，就会有多余的混合污水，由截流槽的上顶溢出，经溢流井下游的排放管渠排入自然水体。此外，也可采用溢流堰式和跳跃堰式。

在溢流堰式溢流井中，溢流堰的一侧是合流干管与截流干管衔接的流槽，另一侧是溢流井的排放管渠，当合流干管的流量小于截流干管的设计流量时，混合污水直接进入截流干管，当混合污水由合流干管直接排入截流干管的流量超过截流干管的实际流量时，混合污水便溢过溢流堰，经过溢流井下游的排放管渠排入水体。

当溢流堰的堰顶线与截流干管中心线平行时，可采用下列公式计算：

$$Q = M^3\sqrt{l^{2.5}h^{5.0}}$$

式中：Q——溢流堰出水量，m^3/s；

　　　　l——堰长，m；

　　　　h——溢流堰末端堰顶以上水层高度，m；

　　　　M——溢流堰流量系数，薄壁堰一般采用 2.2。

关于其他形式溢流井的计算可参阅《给水排水设计手册》第五册。

（四）晴天旱流流量的校核

关于晴天旱流流量的校核，应使旱流时的流速能满足污水管渠最小流速的要求，一般为 0.35～0.5 m/s，当不能满足时，可修改设计管渠断面尺寸和坡度。值得注意的是，由于合流管渠中旱流流量相对较小，特别是上游管段，旱流校核时往往满足不了最小流速的要求，这时可在管渠底部设置缩小断面的流槽，以保证旱流时的流速，或者加强养护管理，利用雨天流量冲洗管渠，以防发生淤塞。

四、截流式合流制管渠的水力计算实例

某城市一个区的截流式合流管道平面布置如图 6-3 所示，设计原始数据如下：

（1）该市的暴雨强度公式为 $q = 10\,020\,(1+0.56\log P)/(t+36)$，设计重现期采用 2 a，地面集水时间 $t_1=10$ min，该设计区域综合径流系数 $\psi=0.45$；

（2）设计人口密度为 300 人/hm^2，生活污水定额采用 100 L/（人·d）；

（3）截流干管的截流倍数 $n_0=3$；

（4）管道起点埋深为 1.70 m；

（5）河流的平均洪水位为 18.000 m；

（6）各设计管段的管长、汇水面积和工业废水最大班的平均流量见表 6-1；

（7）各检查井处的地面标高见表 6-2。

试进行管段 1-6 的水力计算。

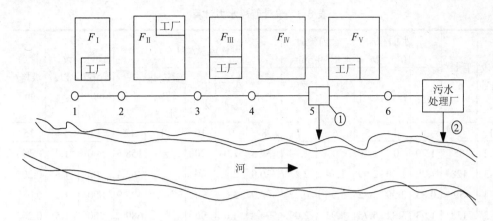

①—溢流井；②—出水口

图6-3 某市一区域截流式合流管道计算平面

表6-1 设计管段的管长、汇水面积和工业废水量

| 管段编号 | 管长/m | 汇水面积/hm² | | 本段工业废水量/ |
		面积编号	本段面积	（L/s）
1-2	85	I	1.20	20
2-3	128	II	1.79	10
3-4	59	III	0.83	60
4-5	138	IV	1.93	0
5-6	165.5	V	2.12	35

表6-2 各检查井处的地面标高

检查井编号	地面标高/m	检查井编号	地面标高/m
1	20.200	4	19.550
2	20.000	5	19.500
3	19.700	6	19.450

计算过程：

（1）先划分设计管段及其汇水面积，计算每块面积的大小；

（2）计算设计流量，包括雨水量、生活污水量和工业废水量；

（3）根据设计流量查满流的水力计算图（附录三），得出设计管径和坡度；

（4）计算管内底标高和埋深，最后进行旱流流量校核；

（5）本例中采用的管道粗糙系数 n=0.013，其水力计算结果见表6-3。

表6-3 设计管段水力计算

管段编号	管长/m	汇水面积/10⁴m²			管内流行时间/min		设计流量/(L/s)					设计管径/mm	设计坡度/‰	管道坡降/m
		本段	转输	总计	累计 Σt_2	本段 t_2	雨水	生活污水	工业废水	溢流井转输水量	总计			
1	2	3	4	5	6	7	8	9	10	11	12	13	14	15
1-2	85	1.20	0	1.20	0	1.74	137.5	1.0	20		158.5	500	1.8	0.153
2-3	128	1.79	1.20	2.99	1.74	2.22	330.0	2.4	30		362.4	700	1.6	0.205
3-4	59	0.83	2.99	3.82	3.96	0.97	402.9	3.0	90		495.9	800	1.5	0.089
4-5	138	1.93	3.82	5.75	4.93	2.09	594.9	4.6	90		689.5	900	1.5	0.207
5-6	165.5	2.12		2.12	0	2.50	242.8	1.7	35	378.4	657.9	900	1.5	0.248

管段编号	设计流速/(m/s)	设计管道输水能力/(L/s)	地面标高/m		管内底标高/m		埋深/m		旱流校核			备注
			起点	终点	起点	终点	起点	终点	旱流流量/(L/s)	充满度	流速/(m/s)	
1	16	17	18	19	20	21	22	23	24	25	26	27
1-2	0.82	160	20.200	20.000	18.500	18.347	1.70	1.65	21.0			
2-3	0.96	370	20.000	19.700	18.150	17.945	1.85	1.75	32.4			5点设溢流井
3-4	1.02	512	19.700	19.550	18.850	17.762	1.85	1.79	93.0	0.29	0.75	
4-5	1.10	700	19.550	19.500	17.660	17.453	1.89	2.05	94.6			
5-6	1.10	700	19.500	19.450	17.453	17.205	2.05	2.25	131.3	0.29	0.77	

任务三　城市旧合流制管渠系统的改造

城市排水管渠系统随着城市的发展而相应地发展，在城市建设的初期，采用合流明渠排除雨水和少量污水，并将它们直接排入附近水体。随着工业的发展和人口的增加与集中，城市的污水和工业废水量也相应增加，其污水的成分也更加复杂。虽然为改善城市的卫生条件和保证市区的环境卫生，将明渠改为暗管渠，但污水仍基本上直接排入附近水体，并没有改变城市污水对自然水体的污染。也就是说，大多数的老城市，旧的排水管渠系统一般都采用直泄式合流制排水管渠系统。根据有关资料介绍，日本有70%左右、英国有67%左右的城市采用合流制排水管渠系统。我国绝大多数的城市也采用这种系统。但随着工业与城市的进一步发展，直接排入水体的污水量迅速增加，造成水体的严重污染。为此，为保护环境和水体，就必须对城市已建的旧合流制排水管渠系统进行改造。

目前，对城市旧合流制排水系统的改造，通常有以下几种方法。

1. 改旧合流制为分流制

将旧合流制改为分流制，是一种彻底解决城市污水对水体污染的改造方法。这种方法由于雨水、污水分流，需要处理的污水量将相应减少，进入污水处理厂的污水水质、水量变化也相对减少，所以有利于污水处理厂的运行管理。

通常，在具有以下条件时，可考虑将合流制改造为分流制：

（1）城市街道的横断面有足够的位置，允许设置由于改建成分流制而需增建的污水或雨水管道，并且在施工过程中不对城市的交通造成很大的影响；

（2）住房内部有完善的卫生设备，便于将生活污水与雨水分流；

（3）工厂内部可清浊分流，便于将符合要求的生产污水直接排入城市管道系统，将清洁的工业废水排入雨水管渠系统，或将其循环、循序使用；

（4）旧排水管渠输水能力基本上已不能满足需要，或管渠损坏渗漏已十分严重，需要彻底改建而设置新管渠。

在一般情况下，住房内部的卫生设备目前已日趋完善，将生活污水与雨水分流比较容易做到。但是，工厂内部的清浊分流，由于已建车间内工艺设备的平面位置和竖向布置比较固定，不太容易做到。由于旧城市街道比较窄，而城市交通量较大，地下管线又较多，使改建工程不仅耗资巨大，而且影响面广，工期相当长，在某种程度上甚至比新建的排水工程更为复杂，难度更大。例如，美国芝加哥市区，若将合流制全部改为分流制，据称需投资 22 亿美元，为重修因新建污水管道所破坏的道路需延续几年到十几年。因此，将合流制改为分流制往往因投资大、施工困难等原因而较难在短期内做到。

2. 保留部分合流管，实行截流式合流制

将合流制改为分流制可以完全控制混合污水对水体的污染，但几乎要改建所有的污水出户管及雨水连接管，要破坏很多路面，需要很长时间，投资也很巨大。所以，目前合流制管渠系统的改造大多采用保留原有合流制和修建合流管渠截流干管，即改造成截流式合流制排水管渠系统的方式。这种改造形式与交通矛盾少，施工方便，易于实施。但从这种系统的运行情况看，并没有完全杜绝雨天溢流的混合污水对水体的污染。根据有关资料介绍，1953—1954 年，由伦敦溢流入泰晤士河的混合污水的 BOD 质量浓度高达 221 mg/L，而进入污水处理厂的 BOD_5 质量浓度也只有 239~281 mg/L。可见，溢流混合污水的污染程度仍然是相当高的，足以造成对水体的局部或全局污染。为进一步保护水体，应对溢流的混合污水进行适当的处理。处理措施包括筛滤、沉淀，有时也可加氯消毒后再排入水体。也可建蓄水池或地下人工水库，将溢流的混合污水储存起来，待暴雨过后，再将其抽送入截流干管输送至污水处理厂处理后排放，这样能较彻底地解决溢流混合污水对水体的污染。

3．在截流式合流制的基础上，对溢流的混合污水量进行控制

为减少溢流的混合污水对水体的污染，可结合当地的气象、地质、水体等特点，加强雨水利用工作，增加透水路面或进行大面积绿地改造，提高土壤渗透系数，即提高地表持水能力和地表渗透能力。根据美国的研究结果，采用透水性路面或没有细料的沥青混合路面可削减高峰径流量的 83%。这种做法常在设计地区土壤有足够的透水性而且地下水位较低的情况下采用，可充分利用地表持水能力和地表渗流能力以减少暴雨径流，从而降低溢流的混合污水量。若采用此种措施时，应定时清理路面，防止阻塞；或建雨水收集利用系统，以减少暴雨径流，从而降低溢流的混合污水量。当然，这在我国仍有待于雨水利用工作的进一步完善，如排水体制及法规的完善，雨水收集、处理、利用方面的管渠及配套设施的开发研制等。

旧合流制排水管渠系统的改造是一项非常复杂的工程，改造措施应根据城市的具体情况，因地制宜，综合考虑污水水质、水量、水文、气象条件、水体卫生条件、资金条件和施工条件等因素，结合城市排水规划，在确保尽可能减少水体污染的同时充分利用原有管渠，实现保护环境和节约投资的双重目标。

思考题与习题

1. 试比较分流制与合流制的优缺点。
2. 试述合流制管渠的特点和使用场所。
3. 你认为小区排水系统宜采用分流制还是合流制？为什么？
4. 为什么旧合流制排水系统的改造具有必要性？如何进行改造？
5. 合流制排水管渠溢流井上、下游管渠的设计流量计算有何不同？如何合理确定截流倍数？

项目七　给排水管网的管理与维护

项目概述

给排水管网的日常管理工作，包括管网技术资料管理，给水管网监测、检漏、防腐、修复和排水管网的清通，设施的修理工作。

学习目标

学会给排水管网的技术资料管理及给水排水管道系统的日常管理方法。

任务一　给排水管网的技术资料管理

给水排水管道档案主要是工程技术档案，是为了系统地积累施工技术资料，总结经验，并为各项管道工程交工使用、维护管理和改建扩建提供依据。因此施工单位应从工程准备开始，就建立工程技术档案，汇集整理有关资料，并贯穿于整个施工过程，直至交工验收后结束。

凡是列入技术档案的技术文件、资料，都必须如实反映情况，并有有关人员的签证，不得擅自修改、伪造和事后补做。

工程技术档案的主要内容因保存单位不同可分为几部分。

提供给建设单位保存的技术资料主要有：

（1）竣工工程项目一览表；

（2）图纸会审记录，设计变更通知书，技术核定书及竣工图等；

（3）隐蔽工程验收记录（包括水压试验、灌水试验、测量记录等）；

（4）工程质量检验记录及质量事故的发生和处理记录、监理工程师的整改通知单等；

（5）规范规定的必要的试验、检验记录；

（6）设备的调试和试运行记录；

（7）由施工单位和设计单位提出的工程移交及使用注意事项文件；

（8）其他有关该项工程的技术决定。

由施工单位保存和参考的技术资料档案主要有：

（1）工程项目及开工报告；

（2）图纸会审记录及有关工程会议记录，设计变更及技术核定单；

（3）施工组织设计和施工经验总结；

（4）施工技术、质量、安全交底记录及雨季施工措施记录；

（5）分部分项及单位工程质量评定表及重大质量、安全事故情况分析及其补救措施和处理文件；

（6）隐蔽工程验收记录及交竣工证明书；

（7）设备及系统试压、调试和试运行记录；

（8）规范要求的各种检验、试验记录；

（9）施工日记；

（10）其他有关施工技术管理资料及经验总结。

供水部门日常维护管理还需下列资料：

（1）管网平面图。图中标明管线、泵站、阀门、消火栓等的位置和尺寸，可根据城市大小，一个区或一条街道绘制一张平面图。

（2）管线详图。注明干管、支管和接户管的位置、直径、埋深以及阀门等的具体布置。

（3）管线穿越铁路、公路和河流的构筑物详图。

（4）阀门和消火栓记录资料。包括型号、安装年月、地点、口径、检修记录等。

（5）管道检漏、防腐及清洗记录。

工程技术档案是永久性保存文件，应严加管理，不能遗失和损坏。人员调动，必须办理交接手续。

任务二　给水管网的日常管理

一、给水管网的监测与检漏

（一）管网的检漏

监测是利用各种手段得到管网运行的参数，通过对这些参数的分析来判断管网的运行状态。

检漏工作是降低管线漏水量，节约用水量，降低成本的重要措施。漏水量的大小与给水管网的材料质量、施工质量、日常维护工作、管网运行年限、管网工作压力等因素有关。管网漏水不仅会提高运行成本，还会影响附近其他设施的安全。

水管漏水的原因很多，如管网质量差或使用过久而破损；施工不良、管道接口不牢、管基沉陷、支座（支墩）不当、埋深不够、防腐不规范等；意外事故造成管网的破坏；维修不及时；水压过高等都会导致管网漏水。

检漏的方法有很多，如听漏法、直接观察法、分区检漏法、间接测定法等。

1. 听漏法

听漏法是常用的检漏方法，它是根据管道漏水时产生的漏水声或由此产生的振荡，利用听漏棒、听漏器以及电子检漏器等仪器进行管道渗漏的测定。

听漏工作为了避免其他杂音的干扰，应选择在夜间进行。使用听漏棒时，将其一端放在地面、阀门或消火栓上，可从棒的另一端听到漏水声。这种方法与操作人员的经验有很大的关系。

半导体检漏仪则是比较好的检漏工具。它是一种高频放大器，利用晶体探头将地下漏水的低频振动转化为电信号，放大后既可在耳机里听到漏水声，也可从输出电表的指针摆动看出漏水的情况。检漏器的灵敏度很高，但杂音亦会放大，因此有时判断起来也有困难。

2. 直接观察法

直接观察法是从地面上观察管道的漏水迹象。遇到下列情况之一，可将其作为查找漏水点的依据：地面上有"泉水"出露，甚至呈明显的管涌现象；铺设时间不长的管道，管沟回填土局部下塌速度比别处快；周围地面都是干土，只有唯一一处潮土；柏油路面发生沉陷现象；干旱区域的地面上，沿管子方向青草却长得茂盛等。此方法简单易行，但比较粗略。

3. 分区检漏法

把整个给水管网分成若干小区，凡与其他小区相通的阀门全部关闭，小区内暂停用水，然后开启装有水表的进水管上的阀门，如小区内的管网漏水，水表指针将会转动，由此可读出漏水量。查明小区内管道漏水后，可按需要逐渐缩小检漏范围。

4. 间接测定法

间接测定法是利用测定管线的流量和节点的水压来确定漏水的地点，漏水点的水力坡降线有突然下降的现象。

检漏的方法多种多样，在工程实践中可以根据不同的情况，采取相应的检漏措施。

（二）管道水压和流量测定

管网运行过程中为了更好地了解管网中运行参数的变化，通常需要对某些管道进行水压和流量的测定。

1. 压力测定

在水流呈直线的管道下方设置导压管，注意导压管应与水流方向垂直。在导压管上安装压力表即可测出该管段水压值的大小。

常用的压力表是弹簧管压力表，其工作原理是：弹簧管作为测量元件，它的一端固定在支持器上，另一端为自由端，是封闭的，自由端借连杆和扇形齿轮相连。

扇形齿轮和中心齿轮啮合，它们组成传动放大机构。在中心齿轮的轴上装着指针和螺旋形的游丝，游丝的作用是保证齿轮的啮合紧密。此外还有电接点压力表，它装有电接点，当被测压力超过给定的范围时会发出电信号，既可用于远程控制，也可用于双位控制。

2．流量的测定

测定流量的设备较多，在此我们简单介绍三种。

（1）差压流量计。差压流量计是基于流体流动的节流原理，利用液体流经节流装置时产生的压力差实现流量的测定。它由节流装置、压差引导管和压差计三个部分组成，节流装置是差压式流量计的测量元件，它装在管道里造成液体的局部收缩。

（2）电磁流量计。电磁流量计测量原理是基于法拉第电磁感应定律，即导电液体在磁场中做切割磁力线运动时，导体中产生感生电动势。测量流量时，液体流过垂直于流动方向的磁场，导电性液体的流动感应出一个与平均流速成正比的电压，因此要求被测流动流体要有最低限度的导电率，其感生电压信号通过两个与液体直接接触的电极检出，并通过电缆传送至放大器，然后转换为统一输出的信号。这种测量方式具有如下优点：测量管内无阻流件，因而无附加压力损失；由于信号在整个充满磁场的空间中形成，它是管道截面上的平均值，因此，从电极平面至传感器上游端平面间所需直管段相对较短，长度为 5 倍的管径；只有管道衬里和电极与被测液体接触，因此只要合理选择电极及衬里材料，即可达到耐腐蚀、耐磨损的要求；传感器信号是一个与平均流速呈精确线性关系的电动势；测量结果与液体的压力、温度、密度、黏度、电导率（不小于最低电导率）等物理参数无关，所以测量精度高，工作可靠。

（3）超声波流量计。超声波流量计是利用超声波传播原理测量圆管内液体流量的仪器。探头（换能器）贴装在管壁外侧，不与液体直接接触，其测量过程对管路系统无任何影响，使用非常方便。

仪表分为探头和主机两部分。使用时将探头贴装在被测管路上，通过传输电缆与主机连接。使用键盘将管路及液体参数输入主机，仪表即可工作。PCL 型超声波流量计采用先进的"时差"技术，能高精度地完成电信号的测量，以独特技术完成信号的全自动跟踪、雷诺数及温度自动补偿。电路设计上充分考虑了复杂的现场，从而保证了仪表的精度、准确性和可靠性。

二、给水管道的防腐与修复

管道外部直接与大气和土壤接触，将产生化学和电化腐蚀。为了避免和减少这种腐蚀，对与空气接触的管道外部可涂刷防腐涂料，对埋地管道可设置防腐绝缘层或进行电化保护。

（一）管道防腐

1. 涂料防腐

涂料俗称"油漆"，是指天然漆和植物油为主体所组成的混合液体，随着化学工业的不断发展，油漆中的油料，部分或全部被合成树脂所取代，所以再叫油漆已不够准确，现称为有机涂料，简称涂料。

（1）管道表面的处理。管道表面往往有锈层、油类、旧漆膜、灰尘等，涂漆前对管道表面要进行很好的处理，否则就会影响漆膜的附着力，使新涂的漆膜很快脱落，达不到防腐的目的。

1）手工处理。用刮刀、锉刀、钢丝刷或砂纸等将管道表面的锈层、氧化皮、铸砂等除掉。

2）机械处理。采用机械设备处理管道表面或利用压缩空气喷石英砂（喷砂法）吹打管道表面，将锈层、氧化皮、铸砂等污物除掉。喷砂法比手工操作和机械设备处理效果好，管道表面经喷打后呈粗糙状，能增强漆膜的附着力。

3）化学处理。用酸洗法清除管道表面的锈层、氧化皮。采用质量分数为 10%～20%、温度为 18～60℃ 的稀硫酸溶液，浸泡管道 15～60 min。为了酸洗时不损害管道，在酸溶液中加入缓蚀剂。酸洗后要用清水洗涤，并用 5% 的碳酸钠溶液进行中和，然后用热水冲洗。

4）旧漆膜的处理。在旧漆膜上重新涂漆时，可视旧漆膜的附着情况，确定是否全部清除或部分清除。如旧漆膜附着很好，刮不掉可不必清除；如旧漆膜附着不好，必须全部清除重新涂刷。

（2）涂料施工。涂料施工的程序：第一层底漆或防锈漆，直接涂在管道的表面上与管道表面紧密结合，是整个涂层的基础，它起到防锈、防腐、防水、层间结合的作用；第二层面漆（调和漆或磁漆），是直接暴露在大气表面的防护层，施工应精细，使管道获得所需要的彩色；第三层罩光清漆，有时为了增强涂层的光泽和耐腐蚀能力等，常在面漆上面再涂一层或几层罩光漆。

涂漆方法应根据施工的要求、涂料的性能、施工条件、设备情况进行选择。涂漆方法的选择将影响漆膜的色彩、光亮度、使用寿命。常用的涂漆方法有手工涂刷、空气喷涂等。目前，涂漆的方法是以机械化、自动化逐步代替手工操作，特别是涂料工业正朝着有机高分子合成材料方向发展。涂漆方式及设备也必须朝着节约涂料，提高劳动生产率，改善劳动条件，清除操作人员职业病的方向努力革新。

2. 埋地管道的防腐

目前，我国埋地管道的防腐，主要是采用沥青绝缘防腐，对一些腐蚀性高的地区或重要的管线也可采用电化保护防腐措施。埋地管道在穿越铁路、公路、河流、盐碱沼泽地、山洞等地段时一般采用加强防腐，穿越电气铁路的管道需采用特加强防腐。埋地管道沥青绝缘防腐层结构见表 7-1。

表 7-1　埋地管道沥青绝缘防腐层结构

防腐措施	防腐层结构	每层沥青厚度/mm	总厚度不小于/mm
普通防腐	沥青底漆—沥青 3 层、中间夹玻璃布 2 层—塑料布	2	6
加强防腐	沥青底漆—沥青 4 层、中间玻璃布 3 层—塑料布	2	8
特加强防腐	沥青底漆—沥青 5 层或 6 层、中间玻璃布 4 层或 5 层—塑料布	2	10 或者 12

注：沥青底漆（冷底子油）：为增强沥青和管道表面的黏结力，在涂沥青绝缘层前需先刷一层沥青底漆。它是用和沥青绝缘层同类的沥青及不含铅的车用汽油或工业溶剂汽油按 1∶2.5～1∶3.0（体积比）调配而成，其比重为 0.8～0.82。

沥青：管道绝缘防腐用的沥青一般是石油建筑沥青或专用石油沥青，都属于低蜡沥青，含蜡在 3% 以下。为了提高沥青的强度也可采用加矿物填料（石灰石粉、高岭土、滑石粉等）的办法，沥青绝缘层应具有热稳定性、足够的强度和耐寒性。

玻璃布：为沥青绝缘层中间加强包扎材料，可提高绝缘层强度和稳定性。用于管道绝缘防腐的玻璃布，有无纺布、定长纤维布，目前多采用连续长纤维布，要求玻璃布含碱量为 12% 左右（中碱性）。

塑料布：为沥青绝缘层的外包材料，可增强绝缘层的强度、热稳定性、耐寒性，防止绝缘层机械损伤和日晒变形。目前均采用聚氯乙烯工业或农业用薄膜。为了适应冬季施工的需要，可采用地下管道绝缘防腐专用聚氯乙烯薄膜。

施工步骤与方法为：

（1）管道表面除锈和去污。

（2）将管道架起，将调配好的冷底子油在 20～30℃ 时，用漆刷涂刷在除锈后的管道表面上。涂层要均匀，厚度为 0.1～0.15 mm。

（3）将调配好的沥青玛琋脂，在 60℃ 以上时用专用设备向管道表面浇洒，同时管子以一定速度旋转，浇洒设备沿管线移动，在管子表面均匀浇上一层沥青玛琋脂。

（4）若浇洒沥青玛琋脂设备能起吊、旋转时，宜在水平浇洒沥青玛琋脂后，再用漆刷平摊开来；如不能，则只能用漆刷涂刷沥青玛琋脂。

（5）最内层的沥青玛琋脂，采用人工或半机械化涂刷时，应分两层，每层厚度 1.5～2.0 mm 涂层应均匀、光滑。

（6）用矿棉纸油毡或浸有冷底子油的玻璃丝布制成的防水卷材，应呈螺旋形缠绕在热沥青玛琋脂层上，相互搭接的压头宽度不小于 50 mm，卷材纵向搭接长度为 80～100 mm，并用热沥青玛琋脂将接头黏合。

（7）缠包牛皮纸或缠包没有涂冷底子油的玻璃丝布时，每圈之间应有 15～20 mm 的搭边，前后搭接长度不得小于 100 mm，接头处用冷底子油或热沥青玛琋脂黏合。

（8）当管道外壁做特加强防腐层时，两道防水卷材宜反向缠绕。

（9）涂抹热沥青玛瑞脂时，其温度应保持在 160～180℃，当施工环境气温高于 30℃时，其温度可降至 150℃。

（10）普通、加强和特加强防腐层的最小进取厚度分别为 3 mm、6 mm 和 9 mm，其厚度偏差分别为 −0.3 mm、−0.5 mm 和 −0.5 mm。

（二）刮管涂料

输水管如事先没有做内衬，运行一定时间后管道内壁就会产生锈蚀并结垢，有时甚至可使管径缩小 1/2 以上，会极大地影响送输水的能力且造成水有铁锈味或出现黑水，使水质变坏，严重时不能饮用。为恢复其输水能力，改善水质，就需根据结垢情况进行管线清垢工作。

1. 人工清管器

对小口径（DN 50 mm 以下）水管内的结垢清除，如结垢松软，一般用较大压力的水对管道进行冲洗；如管道管径稍大（DN 75～400 mm）、结垢为坚硬沉淀物时，就需要用由拉耙、盆形钢丝轮、钢丝刷等组成的清管器，用 0.5 t 的卷扬机和钢丝绳在管道内将其来回拖动，把结垢铲除，再用清水冲洗干净，最后放入钝化液，使管壁形成钝化膜，这样既达到除垢目的又延长了管道的使用寿命。

2. 电动刮管机

对于口径在 DN 500 mm 以上的管道可用电动刮管机。刮管机主要由密封防水电机、齿轮减速装置、链条、榔头及行走动力机构组成。它通过旋转的链条带动榔头锤击管壁，把垢体击碎下来。

整个刮管涂料包括刮管、除垢、冲洗、排水喷涂等五道工序，通常由配套的刮管机、除垢机、冲洗机、喷浆机以及其他的辅助设备来完成。

施工时，要求管道在相距 200～400 m 直管处开挖工作坑，作为机械进出口。涂料采用水泥砂浆，只要管壁无泥巴、无积垢，管内无大片积水区，即可进行。

以上刮管加衬方法，特点是不用大面积挖沟就能分段把水管清理干净，能大大地恢复输水能力，减小了水头阻力。砂浆层呈环状附着在管壁上，有相当的耐压力，当管外壁已锈蚀有微小穿孔时砂浆层仍完好无损，可照常输送 0.3 MPa 的有压水。

3. 聚氨酯和橡皮刮管器

一种用聚氨酯做成的刮管器，外形像一枚炸弹，在其表面镶嵌有若干个钢制钉头，它不用钢丝绳拖拉，用发射器送入管中；仅靠刮管器前后压差就可推动刮管器前进，同时表面的铁钉将结垢除下来；还有一种用铁骨架外包环状硬橡皮轮，也是用发射器将其送入管内，自己往前走把结垢清除掉，它的特点是刮管器内装有警报信息装置，它在管内走到哪里在地面上用接收器便可知道，即使卡在管中也很容易探测到方位，以便采取相应的措施进行处理。

凡结垢清理完毕的管道必须做衬里，否则其锈蚀速度比原来发展更快。对小口径的地下管道，如果想在地下涂水泥砂浆会比较困难，而用聚氨酯或其他无毒塑料制成的软管做成衬里则可以一劳永逸。其方法是：将软管送入清洗完了的管道中，平拉铺直，然后利用原来管道上的出水口，例如接用户卡子或者消火栓等作为排气口。此时要设法向软管内冲水，同时把卡子或消火栓打开排出管壁与软管之间的空气，注意向软管灌水与打开消火栓等排气要同时进行，这时软管就会撑起，很好地贴在管壁上，这样原来的管道就相当于外壁是钢或铸铁内镶塑料的复合管道。

三、给水管道的水质管理和供水调度

（一）水质管理

给水管道的水质管理是整个给水系统管理的重要内容，因为它直接关系到人民的身体健康和工业产品的质量。符合饮用水标准的水进入管网后要经过长距离才能输送到达用户，如果管网本身管理不善，造成二次污染，将难以满足用户对水质的要求，甚至可能导致饮用者患病乃至死亡、产品不合格等重大事故。所以加强给水管道管理，是保证水质的重要措施。

1. 影响给水管道水质变化的主要因素

给水管道系统中的化学和生物的反应给水质带来不同程度的影响。导致管道内水质二次污染的主要因素有水源水质、给水管道的渗漏、管道的腐蚀和管壁上金属的腐蚀、储水设备中残留或产生的污染物质、消毒剂与有机物和无机物质间的化学反应产生的消毒副产物、细菌的再生长和病原体的寄生、由悬浮物导致的混浊度等；而水在管道中停留的时间过长是影响水质的又一主要原因。在管道中，可以从不同的水源通过不同的时间和管线路径将水输送给用户，而水的输送时间与管道内水质的变化有着密切关系。

给水管道系统内的水受外界影响产生的二次污染也不能忽视：由于管道漏水、排水管或排气阀损坏，当管道降压或失压时，水池废水、受污染的地下水等外部污水均有可能倒流入管道，待管道升压后就送到了用户；用户蓄水的屋顶水箱或其他地下水池未定期清洗，特别是人孔未盖严致使其他污物进入水箱或水池；管道与生产供水管道连接不合理；管道错接等原因可引起局部或短期水质恶化或严重恶化。

在卫生部颁发的《生活饮用水水质卫生规范》和《生活饮用水配水设备及防护材料卫生安全评价规范》中，规定供水单位必须负责检验水源水、净化构筑物出水、出厂水和管网水的水质，应在水源、出厂水和居民经常用水点采样。城市供水管网的水质检验采样点数，一般应按每2万供水人口设一个采样点计算。供水人口超过100万时，按上述比例计算出的采样点数可酌量减少。人口在20万以下时，应酌量增加。在全部采样点中应有一定的点数，选在水质易受污染的地点和管网系统陈旧部分的供水区域。在每一采样点上每月采样检验应不少于两次，细菌学指标、混浊

度和肉眼可见物为必检项目。其他指标可根据当地水质情况和需要选项。对水源水、出厂水和部分有代表性的管网末端水，至少每半年进行一次常规检验项目全分析。当检测指标连续超标时，应查明原因，采取有效措施，防止对人体健康造成危害。凡与饮用水接触的输配水设备、水处理材料和防护材料，均不得污染水质，出水水质必须符合《生活饮用水水质卫生规范》的要求。

水在加氯消毒后，氯与管材发生反应，特别是在老化和没有保护层的铸铁管和钢管中，由于铁的腐蚀或者生物膜上的有机质氧化，会有大量的氯气消耗，管道中的余氯会产生一定的损失。此类反应的速率一般很高，氯的半衰期会减少到几小时，并且它会随着管道的使用年数增长和材料的腐蚀而不断加剧。

氯化物的衰减速度比自由氯要慢一些，但同样也会产生少量的氯化副产物。但是，在一定的 pH 和氯氨存在的条件下，氯氨的分解会生成氨，可能会导致水的富营养化。目前已经有方法来处理管道系统中氯损失率过大的问题。首先，可以使用一种更加稳定的化合型消毒物质，例如氯化物；其次，可以再换管道材料和冲洗管道；再次，通过运行调度减少水在管道系统中的滞留时间，消除管道中的严重滞留管段；最后，降低处理后水中有机化合物的含量。

管道腐蚀会带来水的金属味、帮助病原微生物的滞留、降低管道的输水能力，并最后导致管道泄漏或堵塞。管道腐蚀的种类主要有：衡腐蚀、凹点腐蚀、结节腐蚀、生物腐蚀等。

许多物理、化学和生物因素都会影响腐蚀的发生和腐蚀速率。在铁质管道中，水在停滞状态下会促使结节腐蚀和凹点腐蚀的产生和加剧。一般来说，对所有的化学反应，腐蚀速率都会随着温度的提高而加快。但是，在较高的温度下，钙会在管壁上形成一层保护膜。pH 较低时会促进腐蚀，当水中 pH<5 时，铜和铁的腐蚀都相当快。当 pH>9 时，这两种金属通常都不会被腐蚀。当 pH=5～9 时，如果在管壁上没有防腐保护层，腐蚀就会发生。碳酸盐和重碳酸盐碱度为水中 pH 的变化提供了缓冲空间，它同样也会在管壁形成一层碳酸盐保护层，并防止水泥管中钙的溶解。溶解氧和可溶解的含铁化合物发生反应可形成可溶性的含铁氢氧化物。这种状态的铁就会导致结节的形成及铁锈水的出现。所有可溶性固体在水中均表现为离子的聚合体，它会提高导电性及电子的转移，因此会促进电化腐蚀。硬水一般比软水的腐蚀性低，因为会在管壁上形成一层碳酸钙保护层。氧化铁细菌会产生可溶性的含铁氢氧化物。

一般有三种方法可以控制腐蚀：调整水质、涂衬保护层和更换管道材料。调整 pH 是控制腐蚀最直接的形式，因为它直接影响电化腐蚀和碳酸钙的溶解，也会直接影响混凝土管道中钙的溶解。

2．给水管道的水质控制

保证给水管道水质也是给水管网调度和管理工作的重要任务之一。随着人们对水污染以及污染水对人体的危害认识的逐步提高，人们希望从管网中得到优质的用水。近年来，用户对给水水质的投诉也越来越多，促使供水企业对给水管道水质的管理逐步加强，新的《生活饮用水水质卫生规范》明确提出了对给水管道水质的要求。研究控制给水管道水质的调度手段和技术，提出给水管道水质管理的新概念和方法，已经成为给水管道系统研究的重要和急迫课题。

为保持给水管道正常的水量或水质，除了对出厂水质严格把关外，目前主要采取以下措施：

（1）通过给水栓、消火栓和放水管，定期冲排管道中停滞时间过长的"死水"。

（2）及时检漏、堵漏，避免管道在负压状态下受到污染。

（3）对离水厂较远的管线，若余氯不能保证，应在管网中途加氯，以提高管网边缘地区的余氯浓度，防止细菌繁殖。

（4）长期未用的管线或管线末端，在恢复使用时必须冲洗干净。

（5）定期对金属管道清垢、刮管和衬涂内壁，以保证管网输水能力和水质洁净。

（6）无论在新敷管线竣工后还是旧管线检修后均应冲洗消毒。消毒之前先用高速水流冲洗水管，然后用 20～30 mg/L 的漂白粉溶液浸泡 24 h 以上，再用清水冲洗，同时连续测定排出水的浊度和细菌，直到合格为止。

（7）长期维护与定期清洗水塔、水池以及屋顶高位水箱，并检验其贮水水质。

（8）用户自备水源与城市管网联合供水时，一定要有空气隔离措施。

（9）在管网的运行调度中，重视管道内的水质检测，发现问题及时采取有效措施予以解决。

水质检测是一门技术性较强的学科，涉及物理、化学、分析化学、仪器分析、水生物学等多种学科。然而，在水的检测工作中还涉及一些具有共性的问题，例如：有关水质检测方面的一般规则、水样的采集和保存、水质检验结果的表示方法和数据处理、检测质量控制、检测仪器安装及技术性能要求、开机前后的注意事项、检测过程中出现异常现象的处理办法等都是较为重要的问题。有关内容详见"水分析技术"及"水处理微生物学"等课程。

（二）供水调度

为了满足用户对水量、水压和水质的要求，在运行过程中常常需要控制管道中的水压、水量，其目的是：通过供水的调度合理地利用水资源；通过供水的调度达到节能、降低运行成本的作用；通过供水调度降低管网事故的危害性的大小；通过供水调度协调各水厂之间的供水。

大城市的给水管网往往随着用水量的增长而逐步形成多水源的给水系统，通常在管网中设有水库和加压泵站。多水源给水系统的城市如不采取统一调度的措施，各方面的工作将得不到很好的协调，从而影响到经济而有效的供水。为此须有集中管理部门进行统一调度，及时了解整个给水系统的生产情况，并采取有效的科学方法执行集中调度的任务。通过集中调度，各水厂泵站不再只根据本水厂水压的大小来启闭水泵，而是由集中调度管理部门按照管网控制点的水压确定各水厂和泵站运行水泵的台数。这样，既能保证管网所需的水压，又可避免因管网水压过高而浪费能量。

调度管理部门是整个管网和整个给水系统的管理中心，不仅要进行日常的运转管理，还要在管网发生事故时，立即采取措施。要做好调度工作，管理人员就必须熟悉各水厂和泵站中的各种设备，并了解和掌握管网的特点和用户的用水情况，这样才能充分发挥统一调度的功效。

目前我国绝大多数供水系统运行调度还处于经验型的管理状态，即调度人员根据以往的运行资料和设备情况，按日、按时段制订供水计划，确定各泵站在各时段投入运行的水泵型号和台数。这种经验型的管理办法虽然大体上能够满足供水需要，但却缺乏科学性和预见性，难以适应日益发展变化的客观要求，所确定的调度方案，只是若干可行方案中的一种，而不是最优的，往往造成管网中部分地区水压过高，而另一部分地区则水压不足，不能满足供水要求。这种不合理的供水状况又难以及时正确地反馈，调度人员也难以迅速作出科学决策、及时采取有效措施加以调节，从而造成既浪费能源又不能很好地满足供水需求的局面。随着科学技术的快速发展，仅凭人工经验调度已不能符合现代化管理的要求。

先进的调度管理应充分利用计算机信息化和自动控制技术，该项技术国外在 20世纪 60 年代后期就开始了调度系统的计算机应用，现已普遍采用计算机系统进行数据采集、监督运行和远程控制——建立 SCADA（supervision control and data acquisition）系统，即监控和数据采集系统。近年来，我国许多供水公司也逐渐采用了自动化控制技术进行管理，包括管网地理信息系统（GIS）与管网压力、流量及水质的遥测和遥信系统等，通过计算机数据库管理系统和管网水力及水质动态模拟软件，实现给水管网的程序逻辑控制和运行调度管理。

该系统一般由中央监控系统、分中心和现场终端等组成。中央监控系统用于监测各分中心和净水厂的无人设备，它可以完成收集管网点的信息，预测配水量，制订送水泵运行计划，计算管网终端水压控制值，把控制指令传送给分中心、泵站、清水池等工作。分中心监控水源地、清水池、泵站各设施的流量、水位、水压和水质等参数并传送给中央监控系统。现场终端设在泵站、管网末端和水源地等，用于检测水质、流量、机泵运转状况、接收及执行中心来的指令。整个系统具有遥测、遥控、监视机电设备运行状况、数据处理、数值统计、预测值计算、指导操作员进行供配水调度及无线电话的功能。

从长远来看，建立城市供水管网的数学模型，结合计算机进行城市供水系统的优化调度是供水行业发展的必然趋势。优化调度系统的应用，在很大程度上依赖于系统监测控制设备及数据获取水平的提高、可用软件的普及程度及用水量模型的预测精度。

由于管网建模需要消耗较多人力、物力与时间，不是短期内能够实现的，在发展 SCADA 软件的同时，当前还是以经济调度为主，在管网中设置相当的有线或无线的远距离水压监测器，依此作为控制人员实际操作的依据，来选择经济合理的水源与配泵。

任务三　排水管网的日常管理

一、管理和维护的任务

排水管渠在建成通水后，为了保证其正常工作，必须经常进行维护和管理。排水管渠常见的故障有：污物淤积堵塞管道；过重的外荷载、地基不均匀沉陷或污水的浸蚀作用，使管渠损坏、出现裂缝或腐蚀等。

维护管理的任务是：（1）验收排水管渠；（2）监督排水管渠使用规则的执行；（3）经常检查、冲洗或清通排水管渠，以维持其排水能力；（4）修理管渠及其附属构筑物，并处理意外事故等。

排水管渠系统的养护工作，一般由城市建设机关专设部门领导，按行政区划设养护管理所，下划若干养护工程队，分片负责。整个城市排水系统的管理养护组织一般可分为管渠系统、排水泵站和污水处理厂三部分。工厂内的排水系统一般由工厂自行负责管理与维护。在实际工作中，管渠系统的管理维护应实行岗位责任制，分片区包干。同时，可根据管渠中沉淀可能性的大小，划分成若干个维护等级，以便对其中水力条件差、排入管渠的污物较多和易于淤积的管渠进行重点维护。实践证明，这样可大大提高维护工作的效率，是保证排水管渠正常工作的行之有效的办法。

二、管渠的清通

管渠系统管理维护经常性的和大量的工作是清通排水管渠。在排水管渠中，往往由于水量不足、坡度较小和污水中污物较多或施工质量不良等原因而发生沉淀、淤积，淤积过多将影响管渠的排水能力，甚至造成管渠的堵塞。因此，必须定期清通。清通的方法主要有竹劈清通法、钢丝清通法、水力清通法和机械清通法等。

1. 竹劈清通法

作业时，首先需要在有积水的下游方向找排水检查井，然后揭开检查井井盖，如需清通的排水管管径较大，宜采用竹劈进行清通。

用竹劈清通时，应先将竹劈较细一端插入排水井中，为增强竹劈端头的锐力，同时保护端头不致过早地磨坏，宜在竹劈较细的端头包上锐形铁尖，插入竹劈的长度应超出堵塞的范围；然后来回地进行抽拉，直到将被堵塞管道清通为止，当一节竹劈长度不够时，可将几节竹劈连接起来使用。

2. 钢丝清通法

当被堵塞的排水管道直径较小时，宜采用钢丝清通法。用钢丝清通管道时，一般选用直径为 1.5 mm 的钢丝，既能钩出管道中诸如棉丝、布条之类的堵塞物，又不至于在管道接口处被卡住，宜在插入管道的一端弯成小钩。为转动钢丝方便，应将露在管道外的钢丝盘成圈，清通时，既要不断地转动钢丝，又要经常改变转动的方向。当感觉到钢丝碰到堵塞物时，应将钢丝向一个方向转动几下后，再将钢丝拖出，钩出堵塞物。照此方法，将钢丝捅入、转动、拉出，反复进行多次，直至将堵塞的管道清通好为止。

对清通小管径、长度小且有电源的地方，用排水疏通机既快又省力，有条件时应优先选用。

3. 水力清通法

水力清通法是用水对管道进行冲洗。可以利用管道内的污水自冲，也可利用自来水或河水。用管道内污水自冲时，管道本身必须具有一定的流量，同时管内的淤泥不宜过多（20%左右）。用自来水冲洗时，通常从消防龙头或街道集中给水栓取水，或用水车将水送到冲洗现场，一般街坊内的污水支管每冲洗一次需水 2 000～3 000 m^3。

水力清通的操作方法是：首先用一个一端由钢丝绳系在绞车上的橡皮气塞或木桶橡皮刷堵住管道井下游管道的进口，使上游管道充水。待上游管道充满并在检查井中水位抬高至 1 m 左右以后，突然放掉气塞中部分空气，使气塞缩小，气塞便在水流的推力作用下往下游浮动而刮走污泥，同时水流在上游较大的水压的作用下，以较大的流速从气塞底部冲向下游管道。这样沉积在管底的淤泥便在气塞和水流的冲刷下排向下游的检查井，而管道本身则得到清洗。污泥排入下游的检查井后，可用吸泥车抽吸运走。

近年来，有些城市采用水力冲洗车进行管道的清通。目前生产中使用的水力冲洗车的水罐容量为 1.2～8.0 m^3，高压胶管直径为 25～32 mm，喷头喷嘴为 1.5～8.0 mm 等多种规格，射水方向与喷头前进方向相反，喷射角为 15°、30°或 35°，消耗的喷水量为 200～500 L/min。

水力清通法操作简便，工效较高，工作人员操作条件较好，目前已得到广泛采用。根据我国一些城市的经验，水力清通不仅能清除下游管道 250 m 以内的淤泥，而且在 150 m 左右的上游管道中的淤泥也能得到相当程度的清刷。当检查井中水位升高到 1.20 m 时，突然松塞放水，不仅可以清除污泥，而且可冲刷出管道中的碎砖石等。而在管渠系统脉脉相通的地方，当一处用上了气塞后，虽然此处的管渠堵塞了，但由于上游的污水可以流向别的管段，无法在该管渠中积存，气塞也就无法向下游移动，此时只能采用水力冲洗车或从别的地方运水来冲洗，消耗的水量较大。

4．机械清通法

当管渠淤塞严重、淤泥黏结比较密实和水力清通效果不好时，需要采用机械清通的方法。机械清通时，首先用竹片穿过需要清通的管渠段，竹片一端系上钢丝绳，绳上系住清通工具的一端。在清通管渠段的两端检查井上各设一架绞车，当竹片穿过管渠段后将钢丝绳系在一架绞车上，清通工具的另一端通过钢丝绳系在另一绞车上。然后利用绞车往复绞动钢丝绳，带动清通工具将淤泥刮至下游检查井内，使管渠得以清通。绞车可以是手动，也可以是机动，如以汽车引擎作为动力。清通工具的大小应与管道管径相适应，当管壁较厚时，可先用小号清通工具，待淤泥清除到一定程度后再用与管径相适应的清通工具。清通大管径时，由于检查井的井口尺寸的限制，清通工具可分成数块，在检查井内拼合后再使用。

近年来，国外开始采用气动式通沟机清通管渠。气动式通沟机借压缩空气把清泥器从一个检查井送到另一个检查井，然后用绞车通过该机尾部钢丝绳向后拉，清泥器的翼片即行张开，把管内淤泥刮到检查井底部。钻杆通沟机是通过汽油机或汽车引擎带动钻头向前钻进，同时将管内的淤积物清除到另一检查井中。淤泥被刮到下游检查井后，通常用吸泥车吸出，如果淤泥含水量少，也可采用抓泥车挖出，然后用汽车运走。

排水管渠的维护工作必须注意安全。管渠中的污水常常会析出硫化氢、甲烷、二氧化碳等气体，某些生产污水还能析出石油、汽油或苯等气体，这些气体与空气中的氮混合能形成爆炸性气体。煤气管道的失修、渗漏也能导致煤气逸入排水管渠中造成危险。如果维护人员要下井，除应有必要的劳动保护措施外，下井前必须先将安全灯放入井内，如有有害气体，由于缺氧，灯将熄灭；如有爆炸性气体，灯在熄灭前会发出闪光。在发现管渠中存在有害气体时，必须采取有效措施排除，例如将相邻两检查井的井盖打开一段时间，或者用引风机吸出有害气体。排气后要进行复查。即使确认有害气体已被排除，维护人员下井时仍应有适当的预防措施，例如在井内不得携带有明火的灯；不得点火或吸烟；必要时可戴上附有气带的防毒面具，穿上系有绳子的防护腰带；井外留人，以备随时给予井下人员以必要的援助。

三、排水管渠的修理

系统地检查排水管渠的淤塞及损坏情况，有计划地安排管渠修理，是维护工作的重要内容之一。当发现管渠系统有损坏时，应及时修理，以防止损坏处扩大而造成事故。管渠的修理有大修与小修之分，应根据各地的经济条件来划分。修理内容包括检查井、雨水口顶盖等的修理与更换；检查井内踏步的更换，砖块脱落后的修理；局部管渠段损坏后的修补；由于出户管的增加需要添建的检查井及管渠；或由于管渠本身损坏严重、淤积严重，无法清通时所需的整段开挖翻修。

当进行检查井的改建、添加或整段管渠翻修时，常常需要断绝污水的流通，应采取措施如：安装临时水泵将污水从上游检查井抽送到下游检查井，或者临时将污水引入雨水管渠中。修理项目应尽可能在短时间内完成，如能在夜间进行更好。在需时较长时，应与有关交通部门取得联系，设置路障，夜间应挂红灯。

四、排水管道渗漏检测

排水管道的渗漏主要用闭水试验来检测，闭水试验的方法是先将两排水检查井间的管道封闭，封闭的方法可用砖砌水泥砂浆或用木制堵板加止水垫圈。封闭管道后，从管道低的一端充水，目的是便于排除管道中的空气；直到排气管排水关闭排气阀，再充水使水位达到水筒内所要求的高度，记录时间和计算水筒内的降水量，则可根据规范的要求判断管道的渗水量。

非金属污水管道闭水试验应符合下列规定：

（1）在潮湿土壤中，检查地下水渗入管中的水量，可根据地下水的水平线而定：地下水位超过管顶 2~4 m，渗入管中的水量不超过表 7-2 中的规定；地下水超过管顶 4 m 以上，则每增加水头 1 m，允许渗入水量 10%。

（2）在干燥土壤中，检查管道的渗出水量，其充水高度应高出上游检查井内管顶高度 4 m，渗水不应大于表 7-2 中的规定。

（3）非金属污水管道的渗水试验时间不应小于 30 min。

表 7-2 1 000 m 长管道在一昼夜内允许渗入或渗出的水量   单位：m³

管径/mm	<150	200	250	300	350	400	450	500	600
钢筋混凝土管、混凝土管或石棉水泥管	7.0	20	24	8	30	32	34	36	40
缸瓦管	7.0	12	15	18	20	21	22	23	23

思考题与习题

1. 施工单位应保存的技术资料有哪些？
2. 管道涂料防腐的施工步骤是什么？
3. 给水管道有哪些检漏方法？
4. 为避免管道内水质变坏，应采取哪些措施？
5. 排水管渠系统管理和维护的任务是什么？
6. 排水管道的清通方法有哪些？
7. 排水管渠修理的内容有哪些？

附录一　给水管水力计算表（铸铁管）

Q		DN/mm											
		50		75		100		125		150		200	
m³/h	L/s	v	1000i	v	1000i	v	1000i	v	1000i	v	1000i	v	1000i
1.80	0.5	0.26	4.99										
2.16	0.6	0.32	6.9										
2.52	0.7	0.37	9.09										
2.88	0.8	0.42	11.6										
3.24	0.9	0.48	14.3	0.21	1.92								
3.60	1.0	0.53	17.3	0.23	2.31								
3.96	1.1	0.58	20.6	0.26	2.75								
4.32	1.2	0.64	24.1	0.28	3.2								
4.68	1.3	0.69	27.9	0.3	3.69								
5.04	1.4	0.74	32	0.33	4.22								
5.40	1.5	0.79	36.3	0.35	4.77	0.2	1.17						
5.76	1.6	0.85	40.9	0.37	5.34	0.21	1.31						
6.12	1.7	0.9	45.7	0.39	5.95	0.22	1.45						
6.48	1.8	0.95	50.8	0.42	6.59	0.23	1.61						
6.84	1.9	1.01	56.2	0.44	7.28	0.25	1.77						
7.20	2.0	1.06	61.9	0.46	7.98	0.26	1.94						
7.56	2.1	1.11	67.9	0.49	8.71	0.27	2.11						
7.92	2.2	1.17	74	0.51	9.47	0.29	2.29						
8.28	2.3	1.22	80.3	0.53	10.3	0.3	2.48						
8.64	2.4	1.27	87.5	0.56	11.1	0.31	2.66	0.2	0.902				
9.00	2.5	1.33	94.9	0.58	11.9	0.32	2.88	0.21	0.966				
9.36	2.6	1.38	103	0.6	12.8	0.34	3.08	0.215	1.03				
9.72	2.7	1.43	111	0.63	13.8	0.35	3.3	0.22	1.11				
10.08	2.8	1.48	119	0.65	14.7	0.36	3.52	0.23	1.18				
10.44	2.9	1.54	128	0.67	15.7	0.38	3.75	0.24	1.25				
10.80	3.0	1.59	137	0.7	16.7	0.39	3.98	0.25	1.33				

Q		DN/mm											
		50		75		100		125		150		200	
m³/h	L/s	v	1 000i	v	1 000i	v	1 000i	v	1 000i	v	1 000i	v	1 000i
11.16	3.1	1.64	146	0.72	17.7	0.4	4.23	0.26	1.41				
11.52	3.2	1.7	155	0.74	18.8	0.42	4.47	0.265	1.49				
11.88	3.3	1.75	165	0.77	19.9	0.43	4.73	0.27	1.57				
12.24	3.4	1.8	176	0.79	21	0.44	4.99	0.28	1.66				
12.60	3.5	1.86	186	0.81	22.2	0.45	5.26	0.29	1.75				
12.96	3.6	1.91	197	0.84	23.2	0.47	5.53	0.3	1.84	0.2	0.723		
13.32	3.7	1.96	208	0.86	24.5	0.48	5.81	0.31	1.93	0.21	0.755		
13.68	3.8	2.02	219	0.88	25.8	0.49	6.1	0.315	2.03	0.212	0.794		
14.04	3.9	2.07	231	0.91	27.1	0.51	6.39	0.32	2.12	0.22	0.834		
14.40	4.0	2.12	243	0.93	28.4	0.52	6.69	0.33	2.22	0.224	0.874		
14.76	4.1	2.17	255	0.95	29.7	0.53	7	0.34	2.31	0.23	0.909		
15.12	4.2	2.23	268	0.98	31.1	0.55	7.31	0.35	2.42	0.235	0.952		
15.48	4.3	2.28	281	1	32.5	0.56	7.63	0.36	2.53	0.24	0.995		
15.84	4.4	2.33	294	1.02	33.9	0.57	7.96	0.364	2.63	0.25	1.04		
16.20	4.5	2.39	308	1.05	35.3	0.58	8.29	0.37	2.74	0.252	1.08		
16.56	4.6	2.44	321	1.07	36.8	0.6	8.63	0.38	2.85	0.26	1.12		
16.92	4.7	2.49	335	1.09	38.3	0.61	8.97	0.39	2.96	0.264	1.17		
17.28	4.8	2.55	350	1.12	39.8	0.62	9.33	0.4	3.07	0.27	1.22		
17.64	4.9	2.6	365	1.14	41.4	0.64	9.68	0.41	3.2	0.275	1.26		
18.00	5.0	2.65	380	1.16	43	0.65	10	0.414	3.31	0.28	1.31		
18.36	5.1	2.7	395	1.19	44.6	0.66	10.4	0.42	3.43	0.286	1.35		
18.72	5.2	2.76	411	1.21	46.2	0.68	10.8	0.43	3.56	0.29	1.4		
19.08	5.3	2.81	427	1.23	48	0.69	11.2	0.44	3.68	0.3	1.45		
19.44	5.4	2.86	443	1.26	49.8	0.7	11.6	0.45	3.8	0.304	1.5		
19.80	5.5	2.92	459	1.28	51.7	0.72	12	0.455	3.92	0.31	1.55		
20.16	5.6	2.97	476	1.3	53.6	0.73	12.3	0.46	4.07	0.315	1.6		

Q (m³/h)	Q (L/s)	DN 50 v	DN 50 1000i	DN 75 v	DN 75 1000i	DN 100 v	DN 100 1000i	DN 125 v	DN 125 1000i	DN 150 v	DN 150 1000i	DN 200 v	DN 200 1000i
20.52	5.7	3.02	493	1.33	55.3	0.74	12.7	0.47	4.19	0.33	1.71		
20.88	5.8			1.35	57.3	0.75	13.2	0.48	4.32	0.333	1.77		
21.24	5.9			1.37	59.3	0.77	13.6	0.49	4.47	0.34	1.81		
21.6	6			1.39	61.5	0.78	14	0.5	4.6	0.344	1.87		
21.96	6.1			1.42	63.6	0.79	14.4	0.505	4.74	0.35	1.93		
22.32	6.2			1.44	65.7	0.8	14.9	0.51	4.87	0.356	1.99		
22.68	6.3			1.46	67.8	0.82	15.3	0.52	5.03	0.36	2.08	0.2	0.505
23.04	6.4			1.49	70	0.83	15.8	0.53	5.17	0.37	2.1	0.206	0.518
23.4	6.5			1.51	72.2	0.84	16.2	0.54	5.31	0.373	2.16	0.21	0.531
23.76	6.6			1.53	74.4	0.86	16.7	0.55	5.46	0.38	2.22	0.212	0.545
24.12	6.7			1.56	76.7	0.87	17.2	0.555	5.62	0.384	2.28	0.215	0.559
24.48	6.8			1.58	79	0.88	17.7	0.56	5.77	0.39	2.34	0.22	0.577
24.84	6.9			1.6	81.3	0.9	18.1	0.57	5.92	0.396	2.41	0.222	0.591
25.2	7			1.63	83.7	0.91	18.6	0.58	6.09	0.4	2.46	0.225	0.605
25.56	7.1			1.65	86.1	0.92	19.1	0.59	6.24	0.41	2.53	0.228	0.619
25.92	7.2			1.67	88.6	0.93	19.6	0.6	6.4	0.413	2.6	0.23	0.634
26.28	7.3			1.7	91.1	0.95	20.1	0.604	6.56	0.42	2.66	0.235	0.653
26.64	7.4			1.72	93.6	0.96	20.7	0.61	6.74	0.424	2.72	0.238	0.668
27	7.5			1.74	96.1	0.97	21.2	0.62	6.9	0.43	2.79	0.24	0.683
27.36	7.6			1.77	98.7	0.99	21.7	0.63	7.06	0.436	2.86	0.244	0.698
27.72	7.7			1.79	101	1	22.2	0.64	7.25	0.44	2.93	0.248	0.718
28.08	7.8			1.81	104	1.01	22.8	0.65	7.41	0.45	2.99	0.25	0.734
28.44	7.9			1.84	107	1.03	23.3	0.654	7.58	0.453	3.07	0.254	0.749
28.8	8			1.86	109	1.04	23.9	0.66	7.78	0.46	3.14	0.257	0.765
29.16	8.1			1.88	112	1.05	24.4	0.67	7.95	0.465	3.21	0.26	0.781
29.52	8.2			1.91	115	1.06	25	0.68	8.12	0.47	3.28	0.264	0.802

DN/mm

Q m³/h	L/s	75 v	75 1000i	100 v	100 1000i	125 v	125 1000i	150 v	150 1000i	200 v	200 1000i	250 v	250 1000i
29.88	8.3	1.93	118	1.08	25.6	0.69	8.3	0.476	3.35	0.267	0.819		
30.24	8.4	1.95	121	1.09	26.2	0.7	8.5	0.48	3.43	0.27	0.835		
30.6	8.5	1.98	123	1.1	26.7	0.704	8.68	0.49	3.49	0.273	0.851		
30.96	8.6	2	126	1.12	27.3	0.71	8.86	0.493	3.57	0.277	0.874		
31.32	8.7	2.02	129	1.13	27.9	0.72	9.04	0.5	3.65	0.28	0.891		
31.68	8.8	2.05	132	1.14	28.5	0.73	8.25	0.505	3.73	0.283	0.908		
32.04	8.9	2.07	135	1.16	29.2	0.74	9.44	0.51	3.8	0.287	0.93		
32.4	9	2.09	138	1.17	29.9	0.745	9.63	0.52	3.91	0.29	0.942		
33.3	9.25	2.15	146	1.2	31.3	0.77	40.1	0.53	4.07	0.3	0.989		
34.2	9.5	2.21	154	1.23	33	0.79	10.6	0.54	4.28	0.305	1.04		
35.1	9.75	2.27	162	1.27	34.7	0.81	11.2	0.56	4.49	0.31	1.09		
36	10	2.33	171	1.3	36.5	0.83	11.7	0.57	4.69	0.32	1.13	0.2	0.384
36.9	10.25	2.38	180	1.33	38.4	0.85	12.2	0.59	4.92	0.33	1.19	0.21	0.4
37.8	10.5	2.44	188	1.36	40.3	0.87	12.8	0.6	5.13	0.34	1.24	0.216	0.421
38.7	10.75	2.5	197	1.4	42.2	0.89	13.4	0.62	5.37	0.35	1.3	0.22	0.438
39.6	11	2.56	207	1.43	44.2	0.91	14	0.63	5.59	0.354	1.35	0.226	0.456
40.5	11.25	2.62	216	1.46	46.2	0.93	14.6	0.64	5.82	0.36	1.41	0.23	0.474
41.4	11.5	2.67	226	1.49	48.3	0.95	15.1	0.66	6.07	0.37	1.46	0.236	0.492
42.3	11.75	2.73	236	1.53	50.4	0.97	15.8	0.67	6.31	0.38	1.52	0.24	0.51
43.2	12	2.79	246	1.56	52.6	0.99	16.4	0.69	6.55	0.39	1.58	0.246	0.529
44.1	12.25	2.85	256	1.59	54.8	1.01	17	0.7	6.82	0.394	1.64	0.25	0.552
45	12.5	2.91	267	1.62	57.1	1.03	17.7	0.72	7.07	0.4	1.7	0.26	0.572
45.9	12.75	2.96	278	1.66	59.4	1.06	18.4	0.73	7.32	0.41	1.76	0.262	0.592
46.8	13	3.02	289	1.69	61.7	1.08	19	0.75	7.6	0.42	1.82	0.27	0.612
47.7	13.25			1.72	64.1	1.1	19.7	0.76	7.87	0.43	1.88	0.272	0.632
48.5	13.5			1.75	66.6	1.12	20.4	0.77	8.14	0.434	1.95	0.28	0.653

Q (m³/h)	Q (L/s)	DN=100 v	DN=100 1000i	DN=125 v	DN=125 1000i	DN=150 v	DN=150 1000i	DN=200 v	DN=200 1000i	DN=250 v	DN=250 1000i	DN=300 v	DN=300 1000i
49.5	13.75	1.79	69.1	1.14	21.2	0.79	8.43	0.44	2.01	0.282	0.674		
50.4	14	1.82	71.6	1.16	21.9	0.8	8.71	0.45	2.08	0.29	0.695		
51.3	14.25	1.85	74.2	1.18	22.6	0.85	8.99	0.46	2.15	0.293	0.721		
52.2	14.5	1.88	76.8	1.2	23.3	0.83	9.3	0.47	2.21	0.3	0.743	0.2	0.301
53.1	14.75	1.92	79.5	1.22	24.1	0.85	9.59	0.474	2.28	0.303	0.766	0.21	0.312
54	15	1.95	82.2	1.24	24.9	0.86	9.88	0.48	2.35	0.31	0.788	0.212	0.32
55.8	15.5	2.01	87.8	1.28	26.6	0.89	10.5	0.5	2.5	0.32	0.834	0.22	0.338
57.6	16	2.08	93.5	1.32	28.4	0.92	11.1	0.51	2.64	0.33	0.886	0.23	0.358
59.4	16.5	2.14	99.5	1.37	30.2	0.95	11.8	0.53	2.79	0.34	0.935	0.233	0.377
61.2	17	2.21	106	1.41	32	0.97	12.5	0.55	2.96	0.35	0.985	0.24	0.398
63	17.5	2.27	112	1.45	33.9	1	13.2	0.56	3.12	0.36	1.04	0.25	0.421
64.8	18	2.34	118	1.49	35.9	1.03	13.9	0.58	3.28	0.37	1.09	0.255	0.443
66.6	18.5	2.4	125	1.53	37.9	1.06	14.6	0.59	3.45	0.38	1.15	0.26	0.464
68.4	19	2.47	132	1.57	40	1.09	15.3	0.61	3.62	0.39	1.2	0.27	0.486
70.2	19.5	2.53	139	1.61	42.1	1.12	16.1	0.63	3.8	0.4	1.26	0.28	0.509
72	20	2.6	146	1.66	44.3	1.15	16.9	0.64	3.97	0.41	1.32	0.283	0.532
73.8	20.5	2.66	154	1.7	46.5	1.18	17.7	0.66	4.16	0.42	1.38	0.29	0.556
75.6	21	2.73	161	1.74	48.8	1.2	18.4	0.67	4.34	0.43	1.44	0.3	0.58
77.4	21.5	2.79	169	1.78	51.2	1.23	19.3	0.69	4.53	0.44	1.5	0.304	0.604
79.2	22	2.86	177	1.82	53.6	1.26	20.2	0.71	4.73	0.45	1.57	0.31	0.629
81	22.5	2.92	185	1.86	56.1	1.29	21.2	0.72	4.93	0.46	1.63	0.32	0.655
82.8	23	2.99	193	1.9	58.6	1.32	22.1	0.74	5.13	0.47	1.69	0.325	0.681
84.6	23.5			1.95	61.2	1.35	23.1	0.76	5.35	0.48	1.77	0.33	0.707
86.4	24			1.99	63.8	1.38	24.1	0.77	5.56	0.49	1.83	0.34	0.734
88.2	24.5			2.03	66.5	1.41	25.1	0.79	5.77	0.5	1.9	0.35	0.765
90	25			2.07	69.2	1.43	26.1	0.8	5.98	0.51	1.97	0.354	0.793

Q		125		150		200		250		300		350	
m³/h	L/s	v	1000i	v	1000i	v	1000i	v	1000i	v	1000i	v	1000i
91.8	25.5	2.11	72	1.46	27.2	0.82	6.21	0.52	2.05	0.36	0.821	0.265	0.388
93.6	26	2.15	74.9	1.49	287.3	0.84	6.44	0.53	2.12	0.37	0.85	0.27	0.401
95.4	26.5	2.19	77.8	1.52	29.4	0.85	6.67	0.54	2.19	0.375	0.879	0.275	0.414
97.2	27	2.24	80.7	1.55	30.5	0.87	6.9	0.55	2.26	0.38	0.91	0.28	0.43
99	27.5	2.28	83.8	1.58	31.6	0.88	7.14	0.56	2.35	0.39	0.939	0.286	0.444
100.8	28	2.32	86.8	1.61	32.8	0.9	7.38	0.57	2.42	0.4	0.969	0.29	0.458
102.6	28.5	2.36	90	1.63	34	0.92	7.62	0.58	2.5	0.403	1	0.296	0.472
104.4	29	2.4	93.2	1.66	35.2	0.93	7.87	0.59	2.58	0.41	1.03	0.3	0.486
106.2	29.5	2.44	96.4	1.69	36.4	0.95	8.13	0.61	2.66	0.42	1.06	0.31	0.503
108	30	2.48	99.6	1.72	37.7	0.96	8.4	0.62	2.75	0.424	1.1	0.312	0.518
109.8	30.5	2.53	103	1.75	38.9	0.98	8.66	0.63	2.83	0.43	1.13	0.32	0.533
111.6	31	2.57	106	1.78	40.2	1	8.92	0.64	2.92	0.44	1.17	0.322	0.548
113.4	31.5	2.61	110	1.81	41.5	1.01	9.19	0.65	3	0.45	1.2	0.33	0.563
115.2	32	2.65	113	1.84	42.8	1.03	9.46	0.66	3.09	0.453	1.23	0.333	0.582
117	32.5	2.69	117	1.86	44.2	1.04	9.74	0.67	3.18	0.46	1.27	0.34	0.597
118.8	33	2.73	121	1.89	45.6	1.06	10	0.68	3.27	0.47	1.3	0.343	0.613
120.6	33.5	2.77	124	1.92	47	1.08	10.3	0.69	3.36	0.474	1.34	0.35	0.629
122.4	34	2.82	128	1.95	48.4	1.09	10.6	0.7	3.45	0.48	1.37	0.353	0.646
124.2	34.5	2.86	132	1.98	49.8	1.11	10.9	0.71	3.54	0.49	1.41	0.36	0.665
126	35	2.9	136	2.01	51.3	1.12	11.2	0.72	3.64	0.495	1.45	0.364	0.682
127.8	35.5	2.94	140	2.04	52.7	1.14	11.5	0.73	3.74	0.5	1.49	0.37	0.699
129.6	36	2.98	144	2.06	54.2	1.16	11.8	0.74	3.83	0.51	1.52	0.374	0.716
131.4	36.5	3.02	148	2.09	55.7	1.17	12.1	0.75	3.93	0.52	1.56	0.38	0.733
133.2	37			2.12	57.3	1.19	12.4	0.76	4.03	0.523	1.6	0.385	0.754
135	37.5			2.15	58.8	1.21	12.7	0.77	4.13	0.53	1.64	0.39	0.772
136.8	38			2.18	60.4	1.22	13	0.78	4.23	0.54	1.68	0.395	0.789

DN/mm

Q		150		200		250		300		350		400	
m³/h	L/s	v	1000i	v	1000i	v	1000i	v	1000i	v	1000i	v	1000i
138.6	38.5	2.21	62	1.24	13.4	0.79	4.33	0.545	1.72	0.4	0.808	0.306	0.42
140.4	39	2.24	63.6	1.25	13.7	0.8	4.44	0.55	1.76	0.405	0.826	0.31	0.43
142.2	39.5	2.27	65.3	1.27	14.1	0.81	4.54	0.56	1.81	0.41	0.848	0.314	0.44
144	40	2.29	66.9	1.29	14.4	0.82	4.63	0.57	1.85	0.42	0.866	0.32	0.45
147.6	41	2.35	70.3	1.32	15.2	0.84	4.87	0.58	1.93	0.43	0.904	0.33	0.471
151.2	42	2.41	73.8	1.35	15.9	0.86	5.09	0.59	2.02	0.44	0.943	0.334	0.492
154.8	43	2.47	77.4	1.38	16.7	0.88	5.32	0.61	2.1	0.45	0.986	0.34	0.513
158.4	44	2.52	81	1.41	17.5	0.9	5.56	0.62	2.19	0.46	1.03	0.35	0.534
162	45	2.58	84.7	1.45	18.3	0.92	5.79	0.64	2.29	0.47	1.07	0.36	0.557
165.6	46	2.64	88.5	1.48	19.1	0.94	6.04	0.65	2.38	0.48	1.11	0.37	0.579
169.2	47	2.7	92.4	1.51	19.9	0.96	6.27	0.66	2.48	0.49	1.15	0.374	0.602
172.8	48	2.75	96.4	1.54	20.8	0.99	6.53	0.68	2.57	0.5	1.2	0.38	0.625
176.4	49	2.81	100	1.58	21.7	1.01	6.78	0.69	2.67	0.51	1.25	0.39	0.649
180	50	2.87	105	1.61	22.6	1.03	7.05	0.71	2.77	0.52	1.3	0.4	0.673
183.6	51	2.92	109	1.64	23.5	1.05	7.3	0.72	2.87	0.53	1.34	0.41	0.697
187.2	52	2.98	113	1.67	24.4	1.07	7.58	0.74	2.99	0.54	1.39	0.414	0.722
190.8	53	3.04	118	1.7	25.4	1.09	7.85	0.75	3.09	0.55	1.44	0.42	0.747
194.4	54			1.74	26.3	1.11	8.13	0.76	3.2	0.56	1.49	0.43	0.773
198	55			1.77	27.3	1.13	8.41	0.78	3.31	0.57	1.54	0.44	0.799
201.6	56			1.8	28.3	1.15	8.7	0.79	3.42	0.58	1.59	0.45	0.826
205.2	57			1.83	29.3	1.17	8.99	0.81	3.53	0.59	1.64	0.454	0.853
208.8	58			1.86	30.4	1.19	9.29	0.82	3.64	0.6	1.7	0.46	0.876
212.4	59			1.9	31.4	1.21	9.58	0.83	3.77	0.61	1.75	0.47	0.905
216	60			1.93	32.5	1.23	9.91	0.85	3.88	0.62	1.81	0.48	0.932
219.6	61			1.96	33.6	1.25	10.2	0.86	4	0.63	1.86	0.485	0.96
223.2	62			1.99	34.7	1.27	10.6	0.88	4.12	0.64	1.91	0.49	0.989

DN/mm

Q (m³/h)	Q (L/s)	DN/mm 200 v	200 1000i	250 v	250 1000i	300 v	300 1000i	350 v	350 1000i	400 v	400 1000i	450 v	450 1000i
226.8	63	2.03	35.8	1.29	10.9	0.89	4.25	0.65	1.97	0.5	1.02	0.4	0.572
230.4	64	2.06	37	1.31	11.3	0.91	4.37	0.67	2.03	0.51	1.05	0.402	0.588
234	65	2.09	38.1	1.33	11.7	0.92	4.5	0.68	2.09	0.52	1.08	0.41	0.606
237.6	66	2.12	39.3	1.36	12	0.93	4.64	0.69	2.15	0.525	1.11	0.415	0.622
241.2	67	2.15	40.5	1.38	12.4	0.95	4.76	0.7	2.2	0.53	1.14	0.42	0.639
244.8	68	2.19	41.7	1.4	12.7	0.96	4.9	0.71	2.27	0.54	1.17	0.43	0.658
248.4	69	2.22	43	1.42	13.1	0.98	5.03	0.72	2.33	0.55	1.2	0.434	0.674
252	70	2.25	44.2	1.44	13.5	0.99	5.17	0.73	2.39	0.56	1.23	0.44	0.691
255.6	71	2.28	45.5	1.46	13.9	1	5.3	0.74	2.46	0.565	1.27	0.45	0.708
259.2	72	2.31	46.8	1.48	14.3	1.02	5.45	0.75	2.52	0.57	1.3	0.453	0.729
262.8	73	2.35	48.1	1.5	14.7	1.03	5.59	0.76	2.59	0.58	1.33	0.46	0.746
266.4	74	2.38	49.4	1.52	15.1	1.05	5.74	0.77	2.65	0.59	1.37	0.465	0.764
270	75	2.041	50.8	1.54	15.5	1.06	5.88	0.78	2.71	0.6	1.4	0.47	0.785
273.6	76	2.44	52.1	1.56	15.9	1.07	6.02	0.79	2.78	0.605	1.43	0.48	0.803
277.2	77	2.48	53.5	1.58	16.3	1.09	6.17	0.8	2.85	0.61	1.46	0.484	0.821
280.8	78	2.51	54.9	1.6	16.7	1.1	6.32	0.81	2.92	0.62	1.5	0.49	0.84
284.4	79	2.54	56.3	1.62	17.2	1.12	6.48	0.82	2.99	0.63	1.54	0.5	0.858
288	80	2.57	57.8	1.64	17.6	1.13	6.63	0.83	3.06	0.64	1.58	0.503	0.88
291.6	81	2.6	59.2	1.66	18.1	1.15	6.79	0.84	3.13	0.645	1.61	0.51	0.899
295.2	82	2.64	60.7	1.68	18.5	1.16	6.94	0.85	3.2	0.65	1.64	0.516	0.922
298.8	83	2.67	62.2	1.7	19	1.17	7.1	0.86	3.28	0.66	1.68	0.52	0.941
302.4	84	2.7	63.7	1.73	19.4	1.19	7.26	0.87	3.35	0.67	1.72	0.53	0.961
306	85	2.73	65.2	1.75	19.9	1.2	7.41	0.88	3.42	0.68	1.76	0.534	0.981
309.6	86	2.77	66.8	1.77	20.4	1.22	7.58	0.89	3.5	0.684	1.8	0.54	1
313.2	87	2.8	68.3	1.79	20.8	1.23	7.76	0.9	3.57	0.69	1.83	0.55	1.02
316.8	88	2.83	69.9	1.81	21.3	1.24	7.94	0.91	3.65	0.7	1.87	0.553	1.04

| Q | | DN/mm | | | | | | | | | | | | |
| m³/h | L/s | 200 | | 250 | | 300 | | 350 | | 400 | | 450 | |
		v	1000i	v	1000i	v	1000i	v	1000i	v	1000i	v	1000i
320.4	89	2.86	71.5	1.83	21.8	1.26	8.12	0.93	3.73	0.71	1.91	0.56	1.07
324	90	2.89	73.1	1.85	22.3	1.27	8.3	0.94	3.8	0.72	1.95	0.57	1.09
327.6	91	2.93	74.8	1.87	22.8	1.29	8.49	0.95	3.88	0.724	1.98	0.572	1.11
331.2	92	2.96	76.4	1.89	23.3	1.3	8.68	0.96	3.96	0.73	2.03	0.58	1.13
334.8	93	2.99	78.1	1.91	23.8	1.32	8.87	0.97	4.05	0.74	2.07	0.585	1.16
338.4	94	3.02	79.8	1.93	24.3	1.33	9.06	0.98	4.12	0.75	2.12	0.59	1.18
342	95			1.95	24.8	1.34	9.25	0.99	4.2	0.76	2.16	0.6	1.2
345.6	96			1.97	25.4	1.36	9.45	1	4.29	0.764	2.2	0.604	1.23
349.2	97			1.99	25.9	1.37	9.65	1.01	4.37	0.77	2.24	0.61	1.25
352.8	98			2.01	26.4	1.39	9.85	1.02	4.46	0.78	2.29	0.62	1.27
356.4	99			2.03	27	1.4	10	1.03	4.54	0.79	2.33	0.622	1.29
360	100			2.05	27.5	1.41	10.2	1.04	4.62	0.8	2.37	0.63	1.32
367.2	102			2.09	28.6	1.44	10.7	1.06	4.8	0.81	2.46	0.64	1.37
374.4	104			2.14	29.8	1.47	11.1	1.08	4.98	0.83	2.55	0.65	1.42
381.6	106			2.18	30.9	1.5	11.5	1.1	5.16	0.84	2.64	0.67	1.47
388.8	108			2.22	32.1	1.53	12	1.12	5.34	0.86	2.73	0.68	1.52
396	110			2.26	33.3	1.56	12.4	1.14	5.53	0.88	2.83	0.69	1.57
403.2	112			2.3	34.5	1.58	12.9	1.16	5.72	0.89	2.92	0.7	1.62
410.4	114			2.34	35.8	1.61	13.3	1.18	5.91	0.91	3.02	0.72	1.68
417.6	116			2.38	37	1.64	13.8	1.21	6.09	0.92	3.12	0.73	1.73
424.8	118			2.42	38.3	1.67	14.3	1.23	6.31	0.94	3.22	0.74	1.79
432	120			2.46	39.6	1.7	14.8	1.25	6.52	0.95	3.32	0.75	1.84
439.2	122			2.51	41	1.73	15.3	1.27	6.74	0.97	3.43	0.77	1.9
446.4	124			2.55	42.3	1.75	15.8	1.29	6.96	0.99	3.53	0.78	1.96
453.6	126			2.59	43.7	1.78	16.3	1.31	7.19	1.00	3.64	0.79	2.02
460.8	128			2.63	45.1	1.81	16.8	1.33	7.42	1.02	3.75	0.8	2.09

Q (m³/h)	Q (L/s)	DN/mm											
		250		300		350		400		450		500	
		v	1000i	v	1000i	v	1000i	v	1000i	v	1000i	v	1000i
468	130	2.67	46.5	1.84	17.3	1.35	7.62	1.03	3.85	0.82	2.15	0.66	1.27
475.2	132	2.71	48	1.87	17.9	1.37	7.89	1.05	3.96	0.83	2.21	0.67	1.3
482.4	134	2.75	49.4	1.9	18.4	1.39	8.13	1.07	4.08	0.81	2.27	0.68	1.34
489.6	136	2.79	50.9	1.92	19	1.41	8.38	1.08	4.19	0.85	2.34	0.69	1.38
496.8	138	2.83	52.4	1.95	19.5	1.43	8.62	1.10	4.31	0.87	2.4	0.7	1.41
504	140	2.88	53.9	1.98	20.1	1.46	8.88	1.11	4.43	0.88	2.46	0.71	1.45
511.2	142			2.01	20.7	1.48	9.13	1.13	4.55	0.89	2.53	0.72	1.49
518.4	144			2.04	210.3	1.5	9.39	1.15	4.67	0.91	2.59	0.73	1.53
525.6	146			2.07	21.8	1.52	9.65	1.16	4.79	0.92	2.66	0.74	1.57
532.8	148			2.09	252.5	1.54	9.92	1.18	4.92	0.93	2.73	0.75	1.61
540	150			2.12	23.1	1.56	10.2	1.19	5.04	0.94	2.8	0.76	1.65
547.2	152			2.15	23.7	1.58	10.5	1.21	5.16	0.96	2.87	0.77	1.69
554.4	154			2.18	24.3	1.6	10.7	1.23	5.29	0.97	2.94	0.78	1.73
561.6	156			2.21	24	1.62	11	1.24	5.43	0.98	3.01	0.79	1.77
568.8	158			2.24	25.6	1.64	11.3	1.26	5.57	0.99	3.08	0.8	1.81
576	160			2.26	26.2	1.66	11.6	1.27	5.71	1.01	3.14	0.81	1.85
583.2	162			2.29	26.9	1.68	11.9	1.29	5.86	1.02	3.22	0.83	1.9
590.4	164			2.32	27.6	1.7	12.2	1.31	6	1.03	3.29	0.84	1.94
597.6	166			2.354	28.2	1.73	12.5	1.32	6.15	1.04	3.37	0.85	1.98
604.8	168			2.38	28.9	1.75	12.8	1.34	6.3	1.06	3.44	0.86	2.03
612	170			2.4	29.6	1.77	13.1	1.35	6.45	1.07	3.52	0.87	2.07
619.2	172			2.43	30.3	1.79	13.4	1.37	6.3	1.08	3.59	0.88	2.12
626.4	174			2.46	31	1.81	13.7	1.38	6.76	1.09	3.67	0.89	2.16
633.6	176			2.49	31.8	1.83	14	1.4	6.91	1.11	3.75	0.9	2.21
640.8	178			2.52	32.5	1.85	14.3	1.42	7.07	1.12	3.83	0.91	2.26
648	180			2.55	33.2	1.87	14.7	1.43	7.23	1.13	3.91	0.92	2.31

Q m³/h	Q L/s	DN/mm 300 v	DN/mm 300 1000i	DN/mm 350 v	DN/mm 350 1000i	DN/mm 400 v	DN/mm 400 1000i	DN/mm 450 v	DN/mm 450 1000i	DN/mm 500 v	DN/mm 500 1000i	DN/mm 600 v	DN/mm 600 1000i
655.2	182	2.57	34	1.89	15	1.45	7.39	1.14	3.99	0.93	2.35	0.64	0.95
662.4	184	2.6	34.7	1.91	15.3	1.46	7.56	1.16	4.08	0.94	2.4	0.65	0.97
669.6	186	2.63	35.5	1.93	15.7	1.48	7.72	1.17	4.16	0.95	2.45	0.66	0.99
676.8	188	2.66	36.2	1.95	16	1.5	7.89	1.18	4.24	0.96	2.5	0.66	1.01
684	190	2.69	37	1.97	16.3	1.51	8.06	1.19	4.33	0.97	2.55	0.67	1.03
691.2	192	2.72	37.8	2	16.7	1.53	8.23	1.21	4.41	0.98	2.6	0.68	1.05
698.4	194	2.74	38.6	2.02	17	1.54	8.4	1.22	4.5	0.99	2.65	0.69	1.07
705.6	196	2.77	39.4	2.04	17.4	1.56	8.57	1.23	4.59	1	2.7	0.69	1.09
712.8	198	2.8	40.2	2.06	17.7	1.58	8.75	1.24	4.69	1.01	2.75	0.7	1.11
720	200	2.83	41	2.08	18.1	1.59	8.93	1.26	4.78	1.02	2.81	0.71	1.13
730.8	203	2.87	42.2	2.11	18.7	1.62	9.2	1.28	4.93	1.03	2.88	0.72	1.16
741.6	206	2.91	43.5	2.14	19.2	1.64	9.47	1.3	5.07	1.05	2.96	0.73	1.19
752.4	209	2.96	44.8	2.17	19.8	1.66	9.75	1.31	5.22	1.06	3.04	0.74	1.22
763.2	212	3	46.1	2.2	20.3	1.67	10	1.33	5.37	1.08	3.13	0.75	1.25
774	215			2.23	20.9	1.71	10.3	1.35	5.53	1.09	3.21	0.76	1.29
784.8	218			2.27	21.5	1.73	10.6	1.37	5.68	1.11	3.29	0.77	1.32
795.6	221			2.3	22.1	1.76	10.9	1.39	5.84	1.13	3.37	0.78	1.36
806.4	224			2.33	22.7	1.78	11.2	1.41	6	1.14	3.47	0.79	1.39
817.2	227			2.36	23.3	1.81	11.5	1.43	6.16	1.16	3.55	0.8	1.42
828	230			2.39	24	1.83	11.8	1.45	6.32	1.17	3.64	0.81	1.46
838.8	233			2.42	24.6	1.85	12.1	1.47	6.49	1.19	3.73	0.82	1.49
849.6	236			2.45	25.2	1.88	12.4	1.48	6.66	1.2	3.81	0.83	1.53
860.4	239			2.48	25.9	1.9	12.7	1.5	6.83	1.22	3.91	0.85	1.56
871.2	242			2.52	26.5	1.93	13.1	1.52	7	1.23	4	0.86	1.6
882	245			2.55	27.2	1.95	13.4	1.54	7.17	1.25	4.1	0.87	1.64
892.8	248			2.58	27.8	1.97	13.7	1.56	7.35	1.26	4.21	0.88	1.67

Q		350		400		450		500		600		700	
m³/h	L/s	v	1 000i	v	1 000i	v	1 000i	v	1 000i	v	1 000i	v	1 000i
903.6	251	2.61	28.5	2	14.1	1.58	7.53	1.28	4.31	0.89	1.72	0.65	0.795
914.4	254	2.64	29.2	2.02	14.4	1.6	7.71	1.29	4.41	0.9	1.75	0.66	0.813
925.2	257	2.67	29.9	2.05	14.7	1.62	7.89	1.31	4.52	0.91	1.79	0.67	0.831
936	260	2.7	30.6	2.07	15.1	1.63	8.08	1.32	4.62	0.92	1.83	0.68	0.849
946.8	263	2.73	31.3	2.09	15.4	1.65	8.27	1.34	4.73	0.93	1.87	0.683	0.865
957.6	266	2.76	32	2.12	15.8	1.67	8.46	1.35	4.84	0.94	1.91	0.69	0.884
968.4	269	2.8	32.8	2.14	16.1	1.69	8.65	1.37	4.95	0.95	1.95	0.7	0.903
979.2	272	2.83	33.5	2.16	16.5	1.71	8.84	1.39	5.06	0.96	1.99	0.71	0.922
990	275	2.86	34.2	2.19	16.9	1.73	9.04	1.4	5.17	0.97	2.03	0.715	0.942
1 000.8	278	2.89	35	2.21	17.2	1.75	9.24	1.42	5.29	0.98	2.07	0.72	0.958
1 011.6	281	2.92	35.8	2.24	17.6	1.77	9.44	1.43	5.4	0.99	2.11	0.73	0.978
1 022.4	284	2.95	36.5	2.26	18	1.79	9.64	1.45	5.52	1	2.15	0.74	0.997
1 033.2	287	2.98	37.3	2.28	18.4	1.8	9.85	1.46	5.63	1.02	2.2	0.75	1.02
1 044	290	3.01	38.1	2.31	18.8	1.82	10	1.48	5.75	1.03	2.24	0.753	1.03
1 054.8	293			2.33	19.2	1.84	10.3	1.49	5.87	1.04	2.28	0.76	1.05
1 065.6	296			2.36	19.5	1.86	10.5	1.51	5.99	1.05	2.33	0.77	1.08
1 076.4	299			2.38	19.9	1.88	10.7	1.052	6.11	1.06	2.37	0.78	1.1
1 087.2	302			2.4	20.3	1.9	10.9	1.54	6.24	1.07	2.42	0.785	1.12
1 098	305			2.43	20.8	1.92	11.1	1.55	6.36	1.08	2.46	0.79	1.14
1 108.8	308			2.45	21.2	1.94	11.3	1.57	6.49	1.09	2.51	0.8	1.16
1 119.6	311			2.47	21.6	1.96	11.6	1.58	6.61	1.1	2.55	0.81	1.18
1 130.4	314			2.5	22	1.97	11.8	1.6	6.74	1.11	2.6	0.82	1.2
1 141.2	317			2.52	22.4	1.99	12	1.61	6.87	1.12	2.64	0.824	1.22
1 152	320			2.55	22.8	2.01	12.2	1.63	7	1.13	2.69	0.83	1.24
1 166.4	324			2.58	23.4	2.04	12.5	1.65	7.18	1.15	2.76	0.84	1.27
1 180.8	328			2.61	24	2.06	12.9	1.67	7.36	1.16	2.82	0.85	1.3

DN/mm

Q		DN/mm											
		400		450		500		600		700		800	
m³/h	L/s	v	1 000i	v	1 000i	v	1 000i	v	1 000i	v	1 000i	v	1 000i
1 195.2	332	2.64	24.6	2.09	13.2	1.69	7.54	1.17	2.88	0.86	1.33	0.66	0.683
1 209.6	336	2.67	25.2	2.11	13.5	1.71	7.72	1.19	2.95	0.87	1.36	0.67	0.698
1 224	340	2.71	25.8	2.14	13.8	1.73	7.91	1.2	3.01	0.88	1.39	0.68	0.714
1 238.4	344	2.74	26.4	2.16	14.1	1.75	8.09	1.22	3.08	0.89	1.42	0.684	0.729
1 252.8	348	2.77	27	2.19	14.5	1.77	8.28	1.23	3.15	0.9	1.45	0.69	0.745
1 267.2	352	2.8	27.6	2.21	14.8	1.79	8.47	1.24	3.22	0.91	1.48	0.7	0.761
1 281.6	356	2.83	28.3	2.24	15.1	1.81	8.67	1.26	3.3	0.93	1.51	0.71	0.777
1 296	360	2.86	28.9	2.26	15.5	1.83	8.86	1.27	3.37	0.94	1.54	0.72	0.793
1 310.4	364	2.9	29.6	2.29	15.8	1.85	9.06	1.29	3.45	0.95	1.58	0.724	0.809
1 324.8	368	2.93	30.2	2.31	16.2	1.87	9.26	1.3	3.52	0.96	1.61	0.73	0.826
1 339.2	372	2.96	30.9	2.34	16.5	1.89	9.46	1.32	3.6	0.97	1.64	0.74	0.843
1 353.6	376	2.99	31.5	2.36	16.9	1.91	9.67	1.33	3.68	0.98	1.67	0.75	0.859
1 368	380	3.02	32.2	2.39	17.3	1.94	9.88	1.34	3.76	0.99	1.71	0.76	0.876
1 382.4	384			2.41	17.6	1.96	10.1	1.36	3.84	1	1.74	0.764	0.893
1 396.8	388			2.44	18	1.98	10.3	1.37	3.92	1.01	1.77	0.77	0.911
1 411.2	392			2.46	18.4	2	10.5	1.39	4	1.02	1.81	0.78	0.928
1 425.6	396			2.49	18.7	2.02	10.7	1.4	4.08	1.03	1.84	0.79	0.946
1 440	400			2.52	19.1	2.04	10.9	1.41	1.16	1.04	1.88	0.8	0.964
1 458	405			2.55	19.6	2.06	11.2	1.43	4.27	1.05	1.92	0.81	0.986
1 476	410			2.58	20.1	2.09	11.5	1.45	4.37	1.07	1.97	0.82	1.01
1 494	415			2.61	20.6	2.11	11.8	1.47	4.48	1.08	2.01	0.83	1.03
1 512	420			2.64	21.1	2.14	12.1	1.49	4.59	1.09	2.06	0.84	1.05
1 530	425			2.67	21.6	2.16	12.3	1.5	4.7	1.1	2.1	0.85	1.08
1 548	430			2.7	22.1	2.19	12.6	1.52	4.81	1.12	2.15	0.86	1.1
1 566	435			2.74	22.6	2.22	12.9	1.54	4.92	1.13	2.2	0.87	1.12
1 584	440			2.77	23.1	2.24	13.2	1.56	5.04	1.14	2.24	0.88	1.15

| Q | | DN/mm | | | | | | | | | | | |
m³/h	L/s	450 v	450 1000i	500 v	500 1000i	600 v	600 1000i	700 v	700 1000i	800 v	800 1000i	900 v	900 1000i
1 602	445	2.8	23.7	2.27	13.5	1.57	5.15	1.16	2.29	0.89	1.17	0.7	0.651
1 620	450	2.83	24.2	2.29	13.8	1.59	5.27	1.17	2.34	0.9	1.2	0.71	0.665
1 638	455	2.86	24.7	2.32	14.2	1.61	5.369	1.18	2.39	0.91	1.22	0.715	0.679
1 656	460	2.89	25.3	2.34	14.5	1.63	5.51	1.19	2.44	0.92	1.25	0.72	0.693
1 674	465	2.92	25.8	2.37	14.8	1.647	5.63	1.21	2.49	0.93	1.27	0.73	0.707
1 692	470	2.96	26.4	2.39	15.1	1.66	5.75	1.22	2.54	0.935	1.3	0.74	0.721
1 710	475	2.99	27	2.42	15.4	1.68	5.87	1.23	2.59	0.94	1.32	0.75	0.736
1 728	480	3.02	27.5	2.44	15.8	1.7	5.99	1.25	2.65	0.95	1.35	0.754	0.748
1 746	485			2.47	16.1	1.72	6.12	1.26	2.7	0.96	1.38	0.76	0.763
1 764	490			2.5	16.4	1.73	6.25	1.27	2.76	0.97	1.4	0.77	0.778
1 782	495			2.52	16.8	1.75	6.38	1.29	2.82	0.98	1.43	0.78	0.793
1 800	500			2.55	17.1	1.77	6.5	1.3	2.87	0.99	1.46	0.79	0.818
1 836	510			2.6	17.8	1.8	6.77	1.33	2.99	1.01	1.51	0.8	0.838
1 872	520			2.65	18.5	1.84	7.04	1.35	3.11	1.03	1.56	0.82	0.867
1 908	530			2.7	19.2	1.87	7.31	1.38	3.23	1.05	1.62	0.83	0.899
1 944	540			2.75	19.9	1.91	7.59	1.4	0.335	1.07	1.68	0.85	0.931
1 980	550			2.8	20.7	1.95	7.87	1.43	3.48	1.09	1.74	0.86	0.962
2 016	560			2.85	21.4	1.98	8.16	1.46	3.6	1.11	1.8	0.88	0.995
2 052	570			2.9	22.2	2.02	8.45	1.48	3.73	1.13	1.86	0.9	1.03
2 088	580			2.95	23	2.05	8.75	1.51	3.87	1.15	1.92	0.91	1.06
2 124	590			3	23.8	2.09	9.06	1.53	4	1.17	1.98	0.93	1.1
2 160	600					2.12	9.37	1.56	4.14	1.19	2.05	0.94	1.13
2 196	610					2.16	9.68	1.59	4.28	1.21	2.11	0.96	1.17
2 232	620					2.19	10	1.61	4.42	1.23	2.18	0.97	1.2
2 268	630					2.23	10.3	1.64	4.56	1.25	2.25	0.99	1.24
2 304	640					2.26	10.7	1.66	4.71	1.27	2.32	1.01	1.28

Q		600		700		800		900		1 000		1 100	
m³/h	L/s	v	1000i	v	1000i	v	1000i	v	1000i	v	1000i	v	1000i
2 340	650	2.3	11	1.69	4.86	1.29	2.39	1.02	1.31	0.83	0.775	0.684	0.482
2 376	660	2.33	11.3	1.71	5.01	1.31	2.47	1.04	1.35	0.84	0.796	0.695	0.496
2 412	670	2.37	11.7	1.74	5.16	1.33	2.54	1.05	1.39	0.85	0.819	0.705	0.509
2 448	680	2.41	12	1.77	5.32	1.35	2.62	1.07	1.43	0.87	0.842	0.716	0.524
2 484	690	2.44	12.4	1.79	5.47	1.37	2.7	1.08	1.47	0.88	0.964	0.726	0.538
2 520	700	2.48	12.7	1.82	5.63	1.39	2.78	1.1	1.51	0.89	0.888	0.737	0.553
2 556	710	2.51	13.1	1.84	5.79	1.41	2.86	1.12	1.55	0.9	0.912	0.747	0.566
2 592	720	2.55	13.5	1.87	5.96	1.43	2.94	1.13	1.59	0.92	0.837	0.758	0.582
2 628	730	2.58	13.9	1.9	6.13	1.45	3.02	1.15	1.63	0.93	0.959	0.768	0.596
2 664	740	2.62	14.2	1.92	6.29	1.47	3.1	1.16	1.67	0.94	0.985	0.779	0.612
2 700	750	2.65	14.6	1.95	6.47	1.49	3.19	1.18	1.72	0.95	1.01	0.789	0.627
2 736	760	2.69	15	1.97	6.64	1.51	3.27	1.19	1.76	0.97	1.04	0.8	0.643
2 772	770	2.72	15.4	2	6.82	1.53	3.36	1.21	1.8	0.98	1.06	0.81	0.658
2 808	780	2.76	15.8	2.03	6.99	1.55	3.45	1.23	1.85	0.99	1.09	0.821	0.674
2 844	790	2.79	16.2	2.05	7.17	1.57	3.53	1.24	1.89	1.01	1.11	0.831	0.689
2 880	800	2.83	16.6	2.08	7.36	1.59	3.62	1.26	1.94	1.02	1.14	0.842	0.706
2 916	810	2.86	17.1	2.1	7.54	1.61	3.72	1.27	1.99	1.03	1.16	0.852	0.724
2 952	820	2.9	17.5	2.13	7.73	1.63	3.81	1.29	2.04	1.04	1.19	0.863	0.739
2 988	830	2.94	17.9	2.16	7.92	1.65	3.9	1.3	2.09	1.06	1.22	0.873	0.755
3 024	840	2.97	18.4	2.18	8.11	1.67	4	1.32	2.14	1.07	1.24	0.884	0.773
3 060	850	3.01	18.8	2.21	8.31	1.69	4.09	1.34	2.19	1.08	1.27	0.894	0.789
3 096	860			2.23	8.5	1.71	4.19	1.35	2.24	1.09	1.3	0.905	0.807
3 132	870			2.26	8.7	1.73	4.29	1.37	2.3	1.11	1.33	0.916	0.826
3 168	880			2.29	8.9	1.75	4.39	1.38	2.35	1.12	1.36	0.926	0.842
3 204	890			2.31	9.11	1.77	4.49	1.4	2.4	1.13	1.39	0.937	0.861
3 240	900			2.34	9.31	1.79	4.59	1.41	2.46	1.15	1.42	0.947	0.878

Q		DN/mm											
		700		800		900		1 000		1 100		1 200	
m³/h	L/s	v	1 000i	v	1 000i	v	1 000i	v	1 000i	v	1 000i	v	1 000i
3 276	910	2.36	9.52	1.81	4.69	1.43	2.51	1.16	1.45	0.958	0.897	0.805	0.58
3 312	920	2.39	9.73	1.83	4.79	1.45	2.57	1.17	1.48	0.968	0.915	0.813	0.592
3 348	930	2.42	9.94	1.85	4.9	1.46	2.62	1.18	1.51	0.979	0.934	0.822	0.604
3 384	940	2.44	10.2	1.87	5	1.48	2.68	1.2	1.53	0.989	0.952	0.831	0.616
3 420	950	2.47	10.4	1.89	5.11	1.49	2.74	1.21	1.57	1	0.972	0.84	0.628
3 456	960	2.49	10.6	1.91	5.22	1.51	2.8	1.22	1.6	1.01	0.99	0.849	0.64
3 492	970	2.52	10.8	1.93	5.33	1.52	2.85	1.24	1.63	1.021	1.01	0.858	0.653
3 528	980	2.55	11	1.95	5.44	1.54	2.91	1.25	1.67	1.031	1.029	0.867	0.665
3 564	990	2.57	11.3	1.97	5.55	1.56	2.97	1.26	1.7	1.042	1.049	0.875	0.678
3 600	1 000	2.6	11.5	1.99	5.66	1.57	3.03	1.27	1.74	1.052	1.068	0.884	0.697
3 672	1 020	2.65	12	2.03	5.89	1.6	3.16	1.3	1.81	1.073	1.108	0.802	0.716
3 744	1 040	2.7	12.4	2.07	6.13	1.63	3.28	1.32	1.88	1.094	1.149	0.92	0.723
3 816	1 060	2.75	12.9	2.11	6.32	1.67	3.41	1.35	1.95	1.115	1.19	0.937	0.769
3 888	1 080	2.81	13.4	2.15	6.61	1.7	3.54	1.38	2.02	1.136	1.233	0.955	0.796
3 960	1 100	2.86	13.9	2.19	6.85	1.73	3.67	1.4	2.1	1.158	1.278	0.973	0.804
4 032	1 120	2.91	14.4	2.23	7.11	1.76	3.81	1.43	2.18	1.179	1.321	0.99	0.852
4 104	1 140	2.96	14.9	2.27	7.36	1.79	3.94	1.45	2.26	1.2	1.361	1.008	0.881
4 176	1 160	3.01	15.5	2.31	7.62	1.82	4.08	1.48	2.34	1.221	1.409	1.026	0.91
4 248	1 180			2.35	7.89	1.85	4.22	1.5	2.42	1.242	1.458	1.043	0.939
4 320	1 200			2.39	8.16	1.89	4.37	1.53	2.5	1.263	1.508	1.061	0.969
4 392	1 220			2.43	8.43	1.92	4.52	1.55	2.58	1.284	1.558	1.079	0.999
4 464	1 240			2.47	8.71	1.95	4.66	1.58	2.67	1.305	1.61	1.096	1.03
4 536	1 260			2.51	8.99	1.98	4.82	1.6	2.76	1.326	1.662	1.114	1.061
4 608	1 280			2.55	9.28	2.01	4.97	1.63	2.84	1.347	1.715	1.132	1.093
4 680	1 300			2.59	9.57	2.04	5.13	1.66	2.93	1.368	1.769	1.149	1.125
4 752	1 320			2.63	9.87	2.07	5.29	1.68	3.02	1.389	1.824	1.167	1.158

Q		DN/mm												
		800		900		1 000		1 100		1 200		1 300	
m³/h	L/s	v	1 000i	v	1 000i	v	1 000i	v	1 000i	v	1 000i	v	1 000i
4 824	1 340	2.67	10.2	2.11	5.45	1.71	3.12	1.41	1.879	1.185	1.191	1.01	0.796
4 896	1 360	2.71	10.5	2.14	5.61	1.73	3.21	1.431	1.936	1.203	1.221	1.025	0.818
4 968	1 380	2.75	10.8	2.17	5.78	1.76	3.31	1.452	1.993	1.22	1.257	1.04	0.841
5 040	1 400	2.79	11.1	2.2	5.95	1.78	3.4	1.473	2.051	1.238	1.294	1.055	0.864
5 112	1 420	2.82	11.4	2.23	6.12	1.81	3.5	1.494	2.11	1.256	1.331	1.07	0.887
5 184	1 440	2.86	11.7	2.26	6.29	1.83	3.6	1.515	2.17	1.273	1.369	1.085	0.91
5 256	1 460	2.9	12.1	2.29	6.47	1.86	3.7	1.536	2.23	1.291	1.407	1.1	0.934
5 328	1 480	2.94	12.4	2.33	6.65	1.88	3.8	1.557	2.292	1.309	1.446	1.115	0.958
5 400	1 500	2.98	12.7	2.36	6.83	1.91	3.91	1.578	2.354	1.32	1.485	1.13	0.982
5 472	1 520	3.02	13.1	2.39	7.01	1.94	4.01	1.599	2.417	1.344	1.525	1.145	1.007
5 544	1 540			2.42	7.2	1.96	4.12	1.621	2.484	1.362	1.565	1.16	1.032
5 616	1 560			2.45	7.38	1.99	4.22	1.642	2.549	1.379	1.606	1.175	1.057
5 688	1 580			2.48	7.57	2.01	4.33	1.663	2.614	1.397	1.648	1.19	1.083
5 760	1 600			2.52	7.77	2.04	4.44	1.684	2.681	1.415	1.69	1.205	1.105
5 832	1 620			2.55	7.96	2.06	4.56	1.705	2.748	1.432	1.732	1.221	1.133
5 904	1 640			2.58	8.16	2.09	4.67	1.726	2.816	1.45	1.775	1.236	1.161
5 976	1 660			2.61	8.36	2.11	4.78	1.747	2.885	1.468	1.819	1.251	1.19
6 048	1 680			2.64	8.56	2.14	4.9	1.768	2.955	1.485	1.863	1.266	1.219
6 120	1 700			2.67	8.77	2.16	5.02	1.789	3.025	1.503	1.907	1.281	1.248
6 192	1 720			2.7	8.98	2.19	5.14	1.81	3.097	1.521	1.953	1.296	1.277
6 264	1 740			2.74	9.19	2.22	5.26	1.831	3.169	1.539	1.998	1.311	1.307
6 336	1 760			2.77	9.4	2.24	5.38	1.852	3.242	1.556	2.044	1.326	1.326
6 408	1 780			2.8	9.61	2.27	5.5	1.873	3.316	1.574	2.091	1.34	1.368
6 480	1 800			2.83	9.83	2.29	5.62	1.894	3.391	1.592	2.138	1.356	1.399
6 552	1 820			2.86	10	2.32	5.75	1.915	3.467	1.609	2.186	1.371	1.43
6 624	1 840			2.89	10.3	2.34	5.88	1.936	3.543	1.627	2.234	1.386	1.462

Q		DN/mm											
		900		1 000		1 100		1 200		1 300		1 400	
m³/h	L/s	v	1 000i	v	1 000i	v	1 000i	v	1 000i	v	1 000i	v	1 000i
6 696	1 860	2.92	10.5	2.37	6.01	1.957	3.62	1.645	2.283	1.401	1.494	1.208	1.009
6 768	1 880	2.96	10.7	2.39	6.14	1.978	3.698	1.662	2.333	1.416	1.526	1.221	1.03
6 840	1 900	2.99	10.9	2.42	6.27	1.999	3.777	1.68	2.383	1.431	1.559	1.234	1.053
6 912	1 920	3.02	11.2	2.44	6.4	2.022	3.857	1.698	2.433	1.447	1.592	1.247	1.075
6 984	1 940			2.47	6.53	2.041	3.938	1.715	2.484	1.462	1.625	1.26	1.097
7 056	1 960			2.5	6.67	2.063	4.023	1.733	2.535	1.477	1.659	1.273	1.12
7 128	1 980			2.52	6.81	2.084	4.106	1.715	2.587	1.492	1.693	1.286	1.143
7 200	2 000			2.55	6.94	2.105	4.189	1.768	2.64	1.507	1.727	1.299	1.166
7 272	2 020			2.57	7.08	2.126	4.273	1.786	2.693	1.522	1.762	1.312	1.19
7 344	2 040			2.6	7.22	2.147	4.357	1.804	2.747	1.537	1.797	1.325	1.213
7 416	2 060			2.62	7.37	2.168	4.443	1.821	2.801	1.552	1.832	1.338	1.237
7 488	2 080			2.65	7.51	2.189	4.53	1.839	2.855	1.567	1.868	1.351	1.261
7 560	2 100			2.67	7.66	2.21	4.617	1.857	2.911	1.582	1.904	1.364	1.286
7 632	2 120			2.7	7.8	2.231	4.705	1.875	2.966	1.597	1.941	1.377	1.31
7 704	2 140			2.72	7.95	2.252	4.794	1.892	3.022	1.622	1.978	1.39	1.335
7 776	2 160			2.75	8.1	22.273	4.884	1.91	3.079	1.627	2.045	1.403	1.36
7 848	2 180			2.78	8.25	2.294	4.975	1.928	3.137	1.642	2.052	1.416	1.386
7 920	2 200			2.8	8.4	2.315	5.066	1.945	3.194	1.657	2.09	1.429	1.411
7 992	2 220			2.83	8.56	2.336	5.158	1.963	3.253	1.673	2.128	1.442	1.437
8 064	2 240			2.85	8.71	2.357	5.252	1.981	3.312	1.688	2.167	1.455	1.463
8 136	2 260			2.88	8.87	2.378	5.346	1.998	3.371	1.703	2.206	1.468	1.489
8 208	2 280			2.9	9.02	2.399	5.44	2.016	3.431	1.728	2.245	1.481	1.516
8 280	2 300			2.93	9.18	2.42	5.536	2.034	3.491	1.733	2.284	1.494	1.542
8 352	2 320			2.95	9.34	2.441	5.633	2.051	3.552	1.748	2.324	1.501	1.569
8 424	2 340			2.98	9.51	2.462	5.73	2.069	3.614	1.763	2.364	1.52	1.596
8 496	2 360			3	9.67	2.483	5.828	2.087	3.676	1.778	2.405	1.533	1.623

Q		DN/mm												
m³/h	L/s	1 100		1 200		1 300		1 400		1 500			
		v	1 000i	v	1 000i	v	1 000i	v	1 000i	v	1 000i	v	1 000i
8 568	2 380	2.504	5.927	2.104	3.738	1.793	2.446	1.546	1.651	1.347	1.156		
8 640	2 400	2.526	6.032	2.122	3.802	1.808	2.487	1.56	1.679	1.358	1.165		
8 712	2 420	2.547	6.132	2.14	3.865	1.823	2.529	1.572	1.707	1.37	1.185		
8 784	2 440	2.568	6.234	2.157	3.929	1.838	2.571	1.585	1.735	1.38	1.204		
8 856	2 460	2.589	6.336	2.175	3.994	1.853	2.613	1.598	1.764	1.392	1.224		
8 928	2 480	2.61	6.44	2.193	4.059	1.868	2.656	1.611	1.793	1.403	1.244		
9 000	2 500	2.631	6.554	2.211	4.125	1.884	2.699	1.624	1.822	1.415	1.264		
9 072	2 520	2.652	6.648	2.228	4.191	1.899	2.742	1.637	1.851	1.426	1.284		
9 144	2 540	2.683	6.754	2.246	4.258	1.914	2.786	1.65	1.881	1.437	1.305		
9 216	2 560	2.694	6.861	2.264	4.325	1.929	2.83	1.663	1.911	1.449	1.326		
9 288	2 580	2.715	6.968	2.281	4.393	1.944	2.874	1.676	1.941	1.46	1.346		
9 360	2 600	2.736	7.094	2.299	4.462	1.959	2.919	1.689	1.971	1.471	1.367		
9 432	2 620	2.757	7.185	2.317	4.53	1.974	2.964	1.702	2.001	1.483	1.388		
9 504	2 640	2.778	7.295	2.334	4.6	1.989	3.01	1.715	2.032	1.494	1.41		
9 576	2 660	2.799	7.406	2.352	4.67	2.004	3.055	1.728	2.063	1.505	1.431		
9 648	2 680	2.82	7.517	2.37	4.74	2.019	3.101	1.741	2.094	1.517	1.453		
9 720	2 700	2.841	7.63	2.387	4.811	2.034	3.148	1.754	2.125	1.528	1.474		
9 792	2 720	2.826	7.743	2.405	4.833	2.049	3.195	21.767	2.157	1.539	1.496		
9 864	2 740	2.883	7.857	2.423	4.955	2.064	3.242	1.78	2.189	1.551	1.519		
9 936	2 760	2.904	7.972	2.44	5.208	2.079	3.289	1.793	2.221	1.562	1.541		
10 008	2 780	2.925	8.088	2.458	5.101	2.094	3.337	1.806	2.253	1.573	1.563		
10 080	2 800	2.946	8.204	2.476	5.174	2.11	3.385	1.819	2.286	1.584	1.586		
10 152	2 820	2.967	8.322	2.493	5.249	2.125	3.434	1.832	2.391	1.596	1.608		
10 224	2 840	2.989	8.445	2.511	5.323	2.14	3.4863	1.845	2.352	1.607	1.631		
10 296	2 860	3.01	8.565	2.529	5.398	2.155	3.532	1.858	2.385	1.618	1.654		
10 368	2 880	3.031	8.684	2.547	5.474	2.17	3.582	1.871	2.418	1.63	1.678		

Q		DN/mm									
		1 100		1 200		1 300		1 400		1 500	
m³/h	L/s	v	1 000i	v	1 000i	v	1 000i	v	1 000i	v	1 000i
10 440	2 900	3.052	8.805	2.564	5.551	2.185	3.632	1.884	2.452	1.641	1.701
10 512	2 920	3.073	8.927	2.582	5.627	2.2	3.682	1.897	2.486	1.652	1.725
10 584	2 940	3.094	9.049	2.6	5.705	2.215	3.732	1.91	2.52	1.664	1.748
10 656	2 960	3.115	9.173	2.617	5.783	2.23	3.783	1.923	2.554	1.675	1.772
10 728	2 980	3.136	9.297	2.645	5.861	2.245	3.835	1.936	2.589	1.686	1.796
10 800	3 000	3.157	9.422	2.653	5.94	2.26	3.886	1.949	2.624	1.698	1.82
10 872	3 020	3.178	9.547	2.67	6.019	2.275	3.938	1.962	2.659	1.709	1.845
10 944	3 040	3.199	9.674	2.688	6.099	2.29	3.991	1.975	2.694	1.72	1.869
11 016	3 060	3.22	9.801	2.706	6.18	2.305	4.043	1.988	2.73	1.732	1.894
11 088	3 080	3.241	9.93	2.723	6.261	2.32	4.096	2.001	2.766	1.743	1.919
11 160	3 100	3.262	10.059	2.741	6.343	2.336	4.45	2.014	2.802	1.754	1.944
11 232	3 120	3.283	10.189	2.759	6.425	2.351	4.203	2.027	2.838	1.766	1.969
11 304	3 140	3.304	10.319	2.776	6.507	2.366	4.258	2.04	2.875	1.777	1.994
11 376	3 160	3.325	10.451	2.794	6.59	2.381	4.312	2.053	2.911	1.788	2.02
11 448	3 180	3.346	10.583	2.812	6.674	2.396	4.367	2.066	2.948	1.8	2.045
11 520	3 200	3.367	10.717	2.829	6.758	2.411	4.422	2.079	2.986	1.811	2.071
11 592	3 220	3.388	10.851	2.847	6.846	2.426	4.477	2.092	3.023	1.822	2.097
11 664	3 240	3.409	10.986	2.865	6.928	2.441	4.533	2.105	3.061	1.833	2.123
11 736	3 260	3.43	11.121	2.883	7.014	2.456	4.589	2.118	3.099	1.845	2.15
11 808	3 280	3.452	11.265	2.9	7.1	2.471	4.646	2.131	3.137	1.856	2.176
11 880	3 300	3.473	11.402	2.918	7.187	2.486	4.702	2.144	3.175	1.867	2.203
11 952	3 320	3.494	11.54	2.936	7.275	2.501	4.76	2.157	3.214	1.879	2.229
12 024	3 340	3.515	11.679	2.953	7.363	2.516	4.817	2.17	3.252	1.89	2.256
12 096	3 360			2.971	7.451	2.531	4.875	2.183	3.292	1.901	2.283
12 168	3 380			2.989	7.54	2.546	4.933	2.196	3.331	1.913	2.311
12 240	3 400			3.006	7.63	2.562	4.991	2.209	3.37	1.924	2.338

Q		DN/mm											
		1 200		1 300		1 400		1 500					
m³/h	L/s	v	1 000i	v	1 000i	v	1 000i	v	1 000i	v	1 000i	v	1 000i
12 312	3 420	3.024	7.72	2.557	5.051	2.222	3.41	1.935	2.366				
12 384	3 440	3.042	7.81	2.592	5.11	2.235	3.45	1.947	2.393				
12 456	3 460	3.059	7.901	2.607	5.17	2.248	3.49	1.958	2.421				
12 528	3 480	3.077	7.993	2.622	5.229	2.261	3.531	1.969	2.449				
12 600	3 500	3.095	8.085	2.637	5.29	2.274	3.572	1.981	2.478				
12 672	3 520	3.112	8.178	2.652	5.35	2.287	3.612	1.992	2.506				
12 744	3 540	3.12	8.271	2.667	5.411	2.3	3.654	2.003	2.535				
12 816	3 560	3.148	8.364	2.682	5.473	2.313	6.695	2.015	2.563				
12 888	3 580	3.165	8.459	2.698	5.534	2.326	3.737	2.056	2.592				
12 960	3 600	3.183	8.553	2.712	5.596	2.339	3.779	2.037	2.621				
13 032	3 620			2.727	5.659	2.352	3.821	2.049	2.651				
13 320	3 700			2.788	5.911	2.404	3.991	2.094	2.769				
13 680	3 800			2.863	6.235	2.469	4.21	2.15	2.921				
14 040	3 900			2.938	6.568	2.534	4.435	2.207	3.076				
14 400	4 000			3.014	6.909	2.598	4.665	2.264	3.236				
14 760	4 100			3.089	7.259	2.663	4.901	2.32	3.4				
15 120	4 200			3.164	7.617	2.728	5.143	2.337	3.568				
15 480	4 300			3.24	7.984	2.793	5.391	2.433	3.74				
15 840	4 400			3.315	8.36	2.858	5.645	2.49	3.156				
16 200	4 500			3.39	8.744	2.923	5.904	2.546	4.096				
16 560	4 600			3.466	9.137	2.988	6.169	2.603	4.28				
16 920	4 700					3.053	6.454	2.66	4.478				
17 280	4 800					3.118	6.717	2.716	4.66				
17 640	4 900					3.183	7	2.773	4.856				
18 000	5 000					3.248	7.289	2.829	5.057				
18 360	5 100					3.313	7.583	2.886	5.261				

Q		DN/mm																	
		1 400		1 500															
m³/h	L/s	v	1 000i	v	1 000i	1 000i	v	1 000i	v	1 000i	v	1 000i	v	1 000i	v	1 000i	v	1 000i	v
18 720	5 200	3.378	7.884	2.843	5.469														
19 080	5 300	3.443	8.19	2.999	5.682														
19 440	5 400			3.056	5.898														
19 800	5 500			3.112	6.118														
20 160	5 600			3.169	6.343														
20 520	5 700			3.226	6.572														
20 880	5 800			3.282	6.804														
21 240	5 900			3.339	7.041														
21 600	6 000			3.395	7.281														

附录二 埋地聚乙烯（SDR11）给水管道水力坡降表

附表 1

Q		SDR11							
		32.00		40.00		50.00		63.00	
m³/h	L/s	$v/$（m/s）	$1\,000i$	$v/$（m/s）	$1\,000i$	$v/$（m/s）	$1\,000i$	$v/$（m/s）	$1\,000i$
0.47	0.13	0.245 9	3.242 7						
0.60	0.17	0.313 9	4.967 3						
0.75	0.21	0.392 4	7.350 8	0.249 6	2.504 9				
0.99	0.28	0.518 0	12.006 4	0.329 9	4.076 3				
1.23	0.34	0.643 5	17.662 0	0.409 3	5.977 9				
1.60	0.44	0.837 1	28.274 4	0.532 5	9.531 3	0.339 9	3.252 9		
1.96	0.54	1.025 5	40.743 8	0.652 3	13.689 1	0.416 4	4.659 1	0.262 4	1.541 5
2.40	0.67	1.255 7	58.787 5	0.798 7	19.681 5	0.509 9	6.679 0	0.321 3	2.204 2
3.01	0.84	1.574 8	88.800 5	1.001 7	29.604 0	0.639 5	10.011 1	0.402 9	3.294 0
3.85	1.07	2.014 3	139.456 7	1.281 2	46.262 9	0.818 0	15.580 5	0.515 4	5.108 5
4.96	1.38			1.650 6	73.476 4	1.053 8	24.632 6	0.664 0	8.045 0
6.50	1.81			2.163 1	120.833 6	1.381 0	40.295 6	0.870 2	13.100 8
8.02	2.23					1.704 0	59.214 7	1.073 6	19.178 3
10.20	2.83					2.167 1	92.236 6	1.365 5	29.733 8
13.56	3.77							1.815 3	50.152 2
17.68	4.91							2.366 8	81.921 5

附表 2

Q/		SDR11							
		75.00		90.00		110.00		160.00	
m³/h	L/s	v/ (m/s)	1 000i	v/ (m/s)	1 000i	v/ (m/s)	1 000i	v/ (m/s)	1 000i
3.01	0.84	0.282 4	1.411 0						
3.85	1.07	0.361 2	2.183 2						
4.96	1.38	0.465 3	3.429 3	0.323 8	1.434 0				
6.50	1.81	0.609 8	5.567 9	0.424 4	2.322 2				
8.02	2.23	0.752 4	8.130 4	0.523 6	3.383 7	0.350 2	1.286 2		
10.20	2.83	0.956 9	12.566 5	0.666 0	5.215 8	0.445 4	1.977 5		
13.56	3.77	1.272 1	21.111 9	0.885 3	8.732 1	0.592 1	3.299 8		
17.68	4.91	1.658 6	34.347 1	1.154 3	14.155 7	0.772 0	5.331 4		
23.42	6.51	2.197 1	57.737 2	1.529 1	23.697 9	1.022 6	8.890 2		
28.09	7.80			1.834 0	33.132 3	1.226 5	12.395 4	0.571 9	1.962 9
36.01	10.00			2.351 1	52.500 8	1.572 3	19.562 8	0.733 2	3.079 2
46.02	12.78					2.009 4	30.781 8	0.937 0	4.813 7
55.58	15.44					2.426 8	43.712 8	1.131 6	6.799 3
68.80	19.11							1.400 8	10.063 6
79.20	22.00							1.612 5	13.047 9
83.11	23.09							1.692 1	14.263 7
90.00	25.00							1.832 4	16.530 1
103.50	28.75							2.107 3	21.426 4
117.00	32.50							2.382 1	26.921 8

附表3

Q/		SDR11							
		200.00		315.00		400.00		450.00	
m³/h	L/s	v/（m/s）	1 000i	v/（m/s）	1 000i	v/（m/s）	1 000i	v/（m/s）	1 000i
55.58	15.44	0.734 4	2.358 5						
68.80	19.11	0.909 1	3.480 9						
79.20	22.00	1.046 6	4.504 1						
83.11	23.09	1.098 2	4.920 3						
90.00	25.00	1.189 3	5.695 2						
103.50	28.75	1.367 7	7.366 1						
117.00	32.50	1.546 1	9.236 0						
130.00	36.11	1.717 8	11.225 4						
140.00	38.89	1.850 0	12.879 0	0.745 0	1.401 9				
154.00	42.78	2.035 0	15.374 0	0.819 5	1.668 9				
163.00	45.28	2.153 9	17.088 2	0.867 4	1.851 8				
176.00	48.89	2.325 7	19.715 9	0.936 6	2.131 6				
207.00	57.50			1.101 6	2.872 1				
216.00	60.00			1.149 5	3.106 2				
230.00	63.89			1.224 0	3.487 4				
248.40	69.00			1.321 9	4.019 7	0.819 6	1.254 7		
255.73	71.04			1.360 9	4.241 6	0.843 8	1.323 4		
270.00	75.00			1.436 8	4.689 7	0.890 9	1.462 1		
288.00	80.00			1.532 6	5.284 9	0.950 3	1.646 2		
306.00	85.00			1.628 4	5.913 6	1.009 7	1.840 4	0.798 3	1.038 9
324.12	90.03			1.724 8	6.580 0	1.069 4	2.046 1	0.845 6	1.154 6
338.40	94.00			1.800 8	7.128 8	1.116 6	2.215 3	0.882 8	1.249 8
349.20	97.00			1.858 3	7.557 7	1.152 2	2.347 4	0.911 0	1.324 1
356.40	99.00			1.896 6	7.850 3	1.175 9	2.437 5	0.929 8	1.374 7
367.20	102.00			1.954 1	8.298 9	1.211 6	2.575 6	0.957 9	1.452 3
381.60	106.00			2.030 7	8.915 5	1.259 1	2.765 3	0.995 5	1.558 9
399.90	111.08			2.128 1	9.729 3	1.319 5	3.015 5	1.043 3	1.699 3
410.40	114.00			2.184 0	10.211 5	1.354 1	3.163 6	1.070 6	1.782 5
424.80	118.00			2.260 6	10.890 8	1.401 6	3.372 1	1.108 2	1.899 5
439.20	122.00			2.337 2	11.591 0	1.449 1	3.586 9	1.145 8	2.020 1
468.00	130.00			2.490 5	13.053 6	1.544 2	4.035 2	1.220 9	2.271 5
482.40	134.00			2.567 1	13.816 0	1.591 7	4.268 7	1.258 5	2.402 4
501.85	139.40			2.670 6	14.878 6	1.655 9	4.593 9	1.309 2	2.584 7
518.40	144.00					1.710 5	4.879 4	1.352 4	2.744 7
532.80	148.00					1.758 0	5.134 5	1.390 0	2.887 5
547.20	152.00					1.805 5	5.395 7	1.427 5	3.033 8

Q/		SDR11							
		200.00		315.00		400.00		450.00	
m³/h	L/s	v/（m/s）	1 000i	v/（m/s）	1 000i	v/（m/s）	1 000i	v/（m/s）	1 000i
561.60	156.00					1.853 0	5.663 1	1.465 1	3.183 5
583.20	162.00					1.924 3	6.075 6	1.521 4	3.414 4
619.20	172.00					2.043 1	6.793 7	1.615 4	3.816 2
640.80	178.00					2.114 3	7.242 8	1.671 7	4.067 3
662.40	184.00					2.185 6	7.705 5	1.728 1	4.326 0
684.00	190.00					2.256 9	8.181 9	1.784 4	4.592 3
705.60	196.00					2.328 1	8.671 9	1.840 8	4.866 0
720.00	200.00					2.375 7	9.006 1	1.878 3	5.052 7
752.40	209.00					2.482 6	9.780 2	1.962 9	5.484 9
784.80	218.00					2.589 5	10.584 6	2.047 4	5.934 0
806.40	224.00					2.660 7	11.137 8	2.103 7	6.242 7
828.00	230.00					2.732 0	11.704 5	2.160 1	6.558 8
860.40	239.00							2.244 6	7.046 9
882.00	245.00							2.301 0	7.381 6
914.40	254.00							2.385 5	7.897 5
936.00	260.00							2.441 8	8.250 6
968.40	269.00							2.526 4	8.794 2
990.00	275.00							2.582 7	9.165 8
1 022.40	284.00							2.667 2	9.737 0

附表 4

Q/		SDR11							
		500		560		630		710	
m³/h	L/s	v/（m/s）	1 000i	v/（m/s）	1 000i	v/（m/s）	1 000i	v/（m/s）	1 000i
356.40	99.00	0.752 8	0.822 9						
367.20	102.00	0.775 6	0.869 3						
381.60	106.00	0.806 0	0.932 8						
399.90	111.08	0.844 7	1.016 7						
410.40	114.00	0.866 8	1.066 2						
424.80	118.00	0.897 3	1.136 0						
439.20	122.00	0.927 7	1.207 9						
468.00	130.00	0.988 5	1.357 7						
482.40	134.00	1.018 9	1.435 7	0.811 9	0.826 4				
501.85	139.40	1.060 0	1.544 3	0.844 7	0.888 6				
518.40	144.00	1.095 0	1.639 6	0.872 5	0.943 3				
532.80	148.00	1.125 4	1.724 6	0.896 8	0.992 1				
547.20	152.00	1.155 8	1.811 7	0.921 0	1.042 0				
561.60	156.00	1.186 2	1.900 8	0.945 2	1.093 0				
583.20	162.00	1.231 8	2.038 1	0.981 6	1.171 8				
619.20	172.00	1.307 9	2.277 1	1.042 2	1.308 6	0.823 8	0.738 0		
640.80	178.00	1.353 5	2.426 4	1.078 6	1.394 1	0.852 5	0.786 1		
662.40	184.00	1.399 1	2.580 1	1.114 9	1.482 2	0.881 3	0.835 5		
684.00	190.00	1.444 7	2.738 3	1.151 3	1.572 7	0.910 0	0.886 4		
705.60	196.00	1.490 4	2.901 0	1.187 6	1.665 8	0.938 7	0.938 7		
720.00	200.00	1.520 8	3.011 9	1.211 9	1.729 2	0.957 9	0.974 3	0.754 6	0.545 1
752.40	209.00	1.589 2	3.268 5	1.266 4	1.876 0	1.001 0	1.056 7	0.788 6	0.591 1
784.80	218.00	1.657 7	3.535 0	1.320 9	2.028 4	1.044 1	1.142 2	0.822 5	0.638 8
806.40	224.00	1.703 3	3.718 2	1.357 3	2.133 1	1.072 8	1.200 9	0.845 2	0.671 5
828.00	230.00	1.748 9	3.905 7	1.393 6	2.240 2	1.101 6	1.261 1	0.867 8	0.705 0
860.40	239.00	1.817 3	4.195 2	1.448 2	2.405 6	1.144 7	1.353 8	0.901 8	0.756 7
882.00	245.00	1.863 0	4.393 7	1.484 5	2.519 0	1.173 4	1.417 4	0.924 4	0.792 1
914.40	254.00	1.931 4	4.699 5	1.539 1	2.693 6	1.216 5	1.515 2	0.958 4	0.846 6
936.00	260.00	1.977 0	4.908 8	1.575 4	2.813 0	1.245 3	1.582 2	0.981 0	0.883 9
968.40	269.00	2.045 5	5.230 8	1.629 9	2.996 8	1.288 4	1.685 2	1.015 0	0.941 2
990.00	275.00	2.091 1	5.451 0	1.666 3	3.122 4	1.317 1	1.755 5	1.037 6	0.980 4
1 022.40	284.00	2.159 5	5.789 2	1.720 8	3.315 4	1.360 2	1.863 6	1.071 5	1.040 5
1 054.80	293.00	2.228 0	6.137 2	1.775 4	3.513 8	1.403 3	1.974 6	1.105 5	1.102 3
1 087.20	302.00	2.296 4	6.494 8	1.829 9	3.717 7	1.446 4	2.088 7	1.139 5	1.165 7
1 108.80	308.00	2.342 0	6.738 5	1.866 3	3.856 6	1.475 1	2.166 5	1.162 1	1.209 0

Q/		SDR11							
		500		560		630		710	
m³/h	L/s	v/ (m/s)	1 000i	v/ (m/s)	1 000i	v/ (m/s)	1 000i	v/ (m/s)	1 000i
1 130.40	314.00	2.387 6	6.986 6	1.902 6	3.998 0	1.503 9	2.245 6	1.184 7	1.252 9
1 152.40	320.11	2.434 1	7.243 6	1.939 6	4.144 4	1.533 2	2.327 5	1.207 8	1.298 5
1 180.80	328.00	2.494 1	7.582 0	1.987 4	4.337 2	1.570 9	2.435 3	1.237 6	1.358 4
1 210.00	336.11	2.555 8	7.937 7	2.036 6	4.539 7	1.609 8	2.548 6	1.268 2	1.421 3
1 295.00	359.72			2.179 7	5.154 3	1.722 9	2.892 1	1.357 3	1.612 4
1 350.00	375.00			2.272 2	5.571 7	1.796 0	3.125 2	1.414 9	1.741 6
1 420.00	394.44			2.390 0	6.125 3	1.889 2	3.434 4	1.488 3	1.913 1
1 500.00	416.67			2.524 7	6.788 7	1.995 6	3.804 6	1.572 1	2.118 5
1 595.00	443.06					2.122 0	4.267 7	1.671 7	2.375 2
1 680.00	466.67					2.235 1	4.703 3	1.760 8	2.616 6
1 760.00	488.89					2.341 5	5.131 8	1.844 6	2.853 9
1 850.00	513.89					2.461 2	5.635 1	1.938 9	3.132 6
1 920.00	533.33					2.554 4	6.042 1	2.012 3	3.357 8
2 000.00	555.56					2.660 8	6.523 9	2.096 1	3.624 3
2 080.00	577.78							2.180 0	3.900 5
2 158.00	599.44							2.261 7	4.179 1
2 240.00	622.22							2.347 7	4.481 8
2 335.00	648.61							2.447 2	4.845 2
2 430.00	675.00							2.546 8	5.222 1

附表5

Q/		SDR11						
		800		900		1 000	
m³/h	L/s	v/（m/s）	1 000i	v/（m/s）	1 000i	v/（m/s）	1 000i
914.40	254.00	0.754 9	0.473 6				
936.00	260.00	0.772 7	0.494 4				
968.40	269.00	0.789 4	0.526 4				
990.00	275.00	0.817 3	0.548 2				
1 022.40	284.00	0.844 0	0.581 7				
1 054.80	293.00	0.870 8	0.616 1				
1 087.20	302.00	0.897 5	0.651 5				
1 108.80	308.00	0.915 3	0.675 6				
1 130.40	314.00	0.933 2	0.700 1				
1 152.40	320.11	0.951 3	0.725 4	0.751 7	0.408 9		
1 180.80	328.00	0.974 8	0.758 8	0.770 2	0.427 6		
1 210.00	336.11	0.998 9	0.793 8	0.789 2	0.447 3		
1 295.00	359.72	1.069 0	0.900 0	0.844 7	0.507 0		
1 350.00	375.00	1.114 5	0.972 0	0.880 6	0.547 4		
1 420.00	394.44	1.172 2	1.067 4	0.926 2	0.600 9	0.750 2	0.359 8
1 500.00	416.67	1.238 3	1.181 5	0.978 4	0.665 0	0.792 5	0.398 1
1 595.00	443.06	1.316 7	1.324 1	1.040 4	0.744 9	0.842 7	0.445 8
1 680.00	466.67	1.386 9	1.458 2	1.095 8	0.820 1	0.887 6	0.490 7
1 760.00	488.89	1.452 9	1.589 9	1.148 0	0.893 9	0.929 9	0.534 7
1 850.00	513.89	1.327 2	1.744 5	1.206 7	0.980 5	0.977 4	0.586 3
1 920.00	533.33	1.585 0	1.869 4	1.252 3	1.050 4	1.014 4	0.628 0
2 000.00	555.56	1.651 0	2.017 1	1.304 5	1.133 2	1.056 7	0.677 3
2 080.00	577.78	1.717 1	2.170 2	1.356 7	1.218 8	1.098 9	0.728 4
2 158.00	599.44	1.781 5	2.324 5	1.407 6	1.305 2	1.140 1	0.779 8
2 240.00	622.22	1.849 2	2.492 2	1.461 1	1.398 9	1.183 5	0.835 7
2 335.00	648.61	1.927 6	2.693 3	1.523 0	1.511 4	1.233 7	0.902 6
2 430.00	675.00	2.006 0	2.901 9	1.585 0	1.628 0	1.283 8	0.972 0
2530	702.78	2.088 6	3.129 4	1.650 2	1.755 1	1.336 7	1.047 7
2 650.00	736.11	2.187 6	3.413 3	1.728 5	1.913 6	1.400 1	1.142 0
2 730.00	758.33	2.253 7	3.609 0	1.780 7	2.022 9	1.442 3	1.207 0
2 830.00	786.11	2.336 2	3.861 0	1.845 9	2.163 5	1.495 2	1.290 6
2 930.00	813.89	2.418 8	4.121 1	1.911 1	2.308 7	1.548 0	1.376 9
3 030.00	841.67	2.501 3	4.389 2	1.976 4	2.458 2	1.600 8	1.465 8
3 130.00	869.44			2.041 6	2.612 3	1.653 7	1.557 3
3 230.00	897.22			2.106 8	2.770 8	1.706 5	1.651 4

Q/		SDR11					
		800		900		1 000	
m³/h	L/s	v/（m/s）	1 000i	v/（m/s）	1 000i	v/（m/s）	1 000i
3 330.00	925.00			2.172 0	2.933 8	1.759 3	1.748 2
3 430.00	952.78			2.237 3	3.101 2	1.812 2	1.847 6
3 530.00	980.56			2.302 5	3.273 0	1.865 0	1.949 6
3 630.00	1 008.33			2.367 7	3.449 2	1.917 8	2.054 2
3 730.00	1 036.11			2.432 9	3.629 9	1.970 7	2.161 4
3 830.00	1 063.89					2.023 5	2.271 1
3 930.00	1 091.67					2.076 3	2.383 5
4 030.00	1 119.44					2.129 2	2.498 4
4 130.00	1 147.22					2.182 0	2.616 0
4 230.00	1 175.00					2.234 8	2.736 1
4 400.00	1 222.22					2.324 7	2.946 1

附录三　污水管水力计算图

（非满流钢筋混凝土圆管）

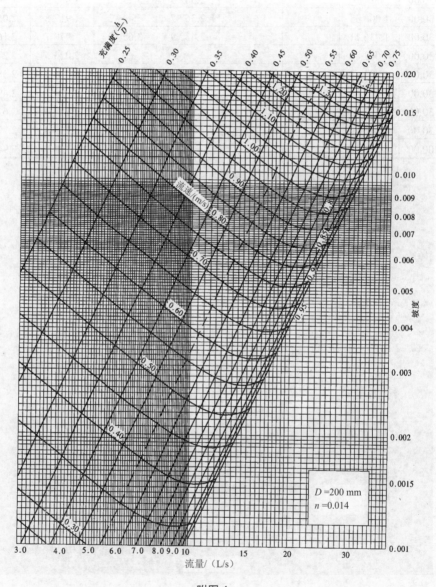

附图1

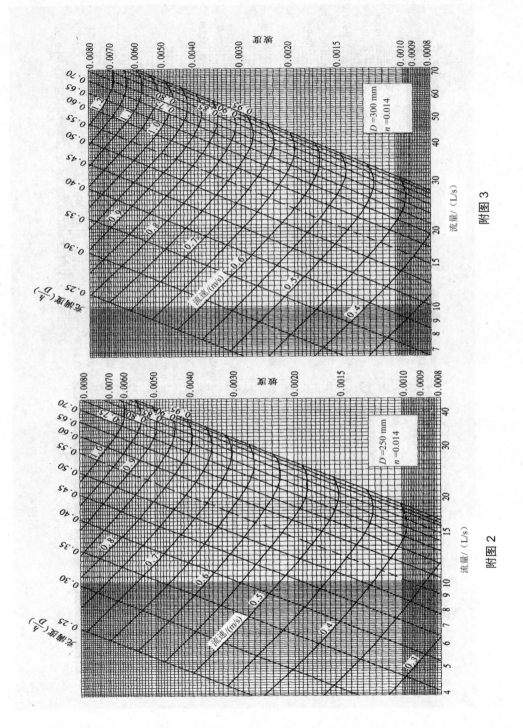

附图 3

附图 2

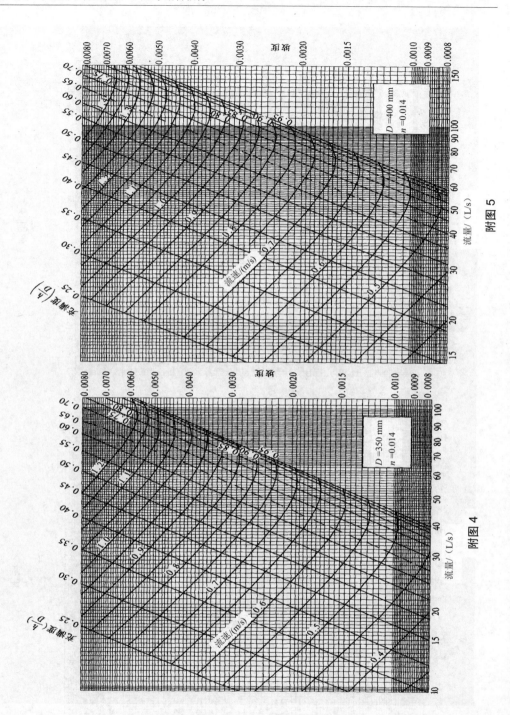

附图 5

附图 4

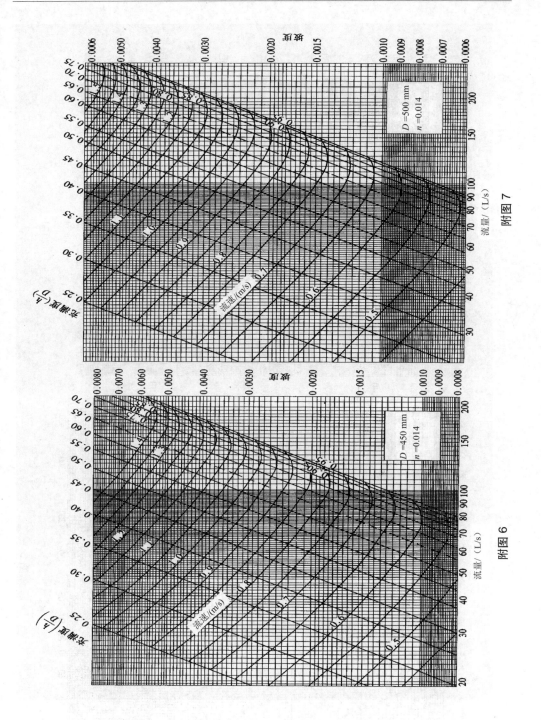

附图 7

附图 6

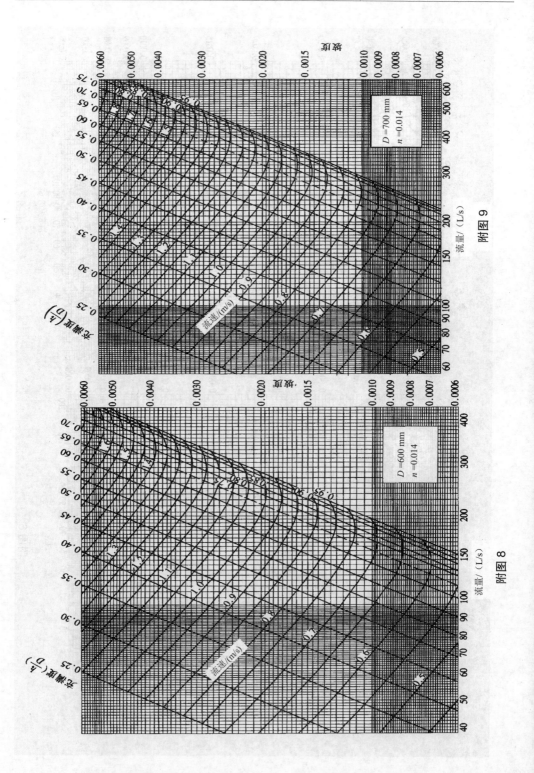

附图 9

附图 8

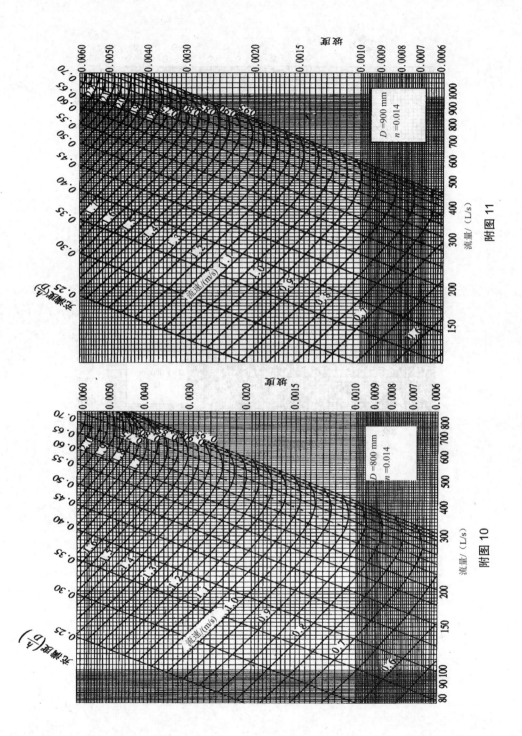

附图 11

附图 10

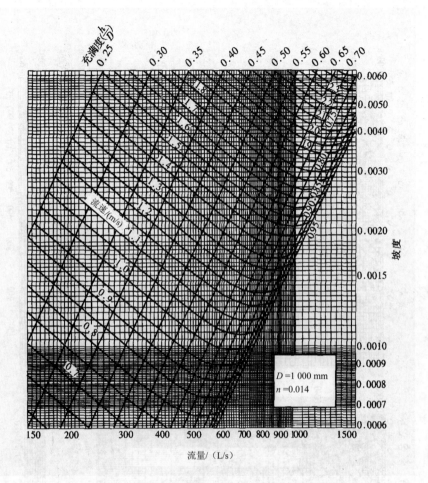

附图 12

附录四 聚乙烯塑钢缠绕排水管水力计算图表

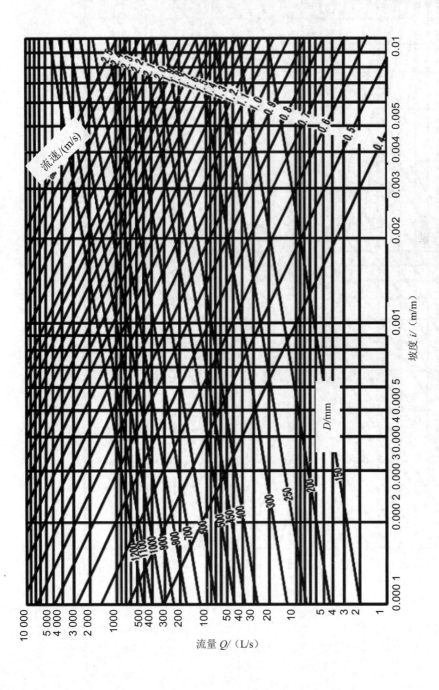

附图 1 满流条件下内径为 150～1 200 mm 的管道水力计算（n=0.01）

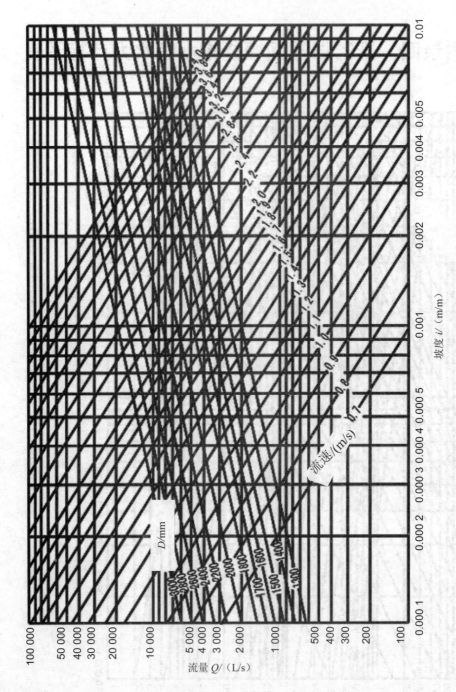

附图 2　满流条件下内径为 1 300～3 000 mm 的管道水力计算（n=0.01）

附表 1 不同充满度的管道流水断面系数（n =0.01）

h/D_I	$\theta/(°)$	θ/rad	$\sin\theta$	α	α比 （断面比）	β	$\beta^{0.667}$	$\beta^{0.667}$比 （流速比）	$\alpha\beta^{0.667}$比 （流量比）
1.000	360.0	6.238 2	0.000 0	0.785 4	1.000 0	0.250 0	0.396 7	1.000 0	1.000 0
0.983	333.0	5.769 6	−0.500 0	0.782 6	0.996 2	0.271 7	0.419 3	1.057 0	1.053 0
0.950	308.3	5.380 8	−0.784 8	0.770 2	0.981 3	0.286 5	0.434 4	1.059 0	1.074 5
0.933	300.0	5.235 9	−0.866 0	0.762 7	0.971 1	0.291 3	0.439 2	1.107 1	1.075 1
0.900	286.3	4.996 8	−0.959 8	0.744 6	0.984 1	0.298 0	0.446 0	1.124 3	1.065 9
0.854	270.0	4.712 4	−1.000 0	0.714 1	0.909 2	0.303 1	0.451 0	1.136 9	1.033 7
0.810	256.6	4.478 4	−0.972 8	0.681 4	0.867 6	0.304 3	0.452 2	1.139 9	0.989 0
0.750	240.0	4.188 7	−0.886 0	0.631 8	0.804 4	0.301 7	0.449 7	1.133 6	0.911 9
0.700	227.2	3.965 3	−0.733 7	0.587 4	0.747 9	0.296 3	0.444 3	1.120 0	0.837 6
0.600	203.1	3.544 7	−0.392 3	0.492 1	0.626 6	0.277 7	0.425 5	1.072 6	0.672 1
0.500	180.0	3.141 6	0.000 0	0.392 7	0.500 0	0.250 0	0.396 7	1.000 0	0.500 0
0.400	156.9	2.738 4	0.392 3	0.293 3	0.373 4	0.214 2	0.357 8	0.901 9	0.336 8
0.300	132.8	2.317 8	0.733 7	0.198 0	0.252 1	0.170 9	0.307 8	0.775 9	0.195 6
0.250	120.0	2.094 4	0.866 0	0.153 6	0.195 6	0.146 6	0.277 9	0.700 5	0.137 0
0.200	106.2	1.853 5	0.960 3	0.111 7	0.142 2	0.120 5	0.243 8	0.614 6	0.087 40
0.150	91.1	1.590 0	0.999 8	0.073 8	0.094 0	0.092 8	0.204 8	0.516 3	0.048 53
0.147	90.0	1.570 8	1.000 0	0.071 4	0.090 9	0.090 8	0.201 9	0.509 0	0.046 27
0.100	73.7	1.286 3	0.959 8	0.040 8	0.052 0	0.063 5	0.159 0	0.400 8	0.020 84

注：

1）符号：

h——管内水深，m；

D_I——管道内径，m；

h/D_I——管道水流充满度；

θ——管道断面水深圆心角，（°）；

α比（断面比）——不同 h/d_I 时的α 值与 h/D_I=1 时的α 值的比值：

$$\alpha = \frac{1}{8}(\theta - \sin\theta)$$

$\beta^{0.667}$ 比（流速比）——不同 h/D_1 时的 $\beta^{0.667}$ 值与 h/D_1=1 时的 $\beta^{0.667}$ 值的比值：

$$\beta = \frac{1}{4}\left(1 - \frac{\sin\theta}{\theta}\right)$$

$\alpha\beta^{0.667}$ 比（流量比）—— 不同 h/d_1 时的 $\alpha\beta^{0.667}$ 值与 h/D_1=1 时的 $\alpha\beta^{0.667}$ 值的比值。

2）说明：

附图 1、2 为聚乙烯塑钢缠绕排水管（n=0.01）在满流条件下，不同管径、不同水力坡降的流速、流量关系。附表 1 是管内水流在不同充满度时的水流有效断面面积、流速、流量与管内满流状态的水流有效断面面积、流速、流量的比值关系。设计时，可按充满度查出相应的流速比（$\beta^{0.667}$）和流量比（$\alpha\beta^{0.667}$），乘以附图 1、2 中满流时不同管径、不同水力坡降下的流速、流量，即可得出不同管径、不同水力坡降在不同充满度时对应的流速、流量。当管道内径与附图 1、2 中管道内径不同时，可按相关公式重新计算满流时的流速、流量。

附录五　雨水管水力计算图

（满流钢筋混凝土圆管，n=0.013）

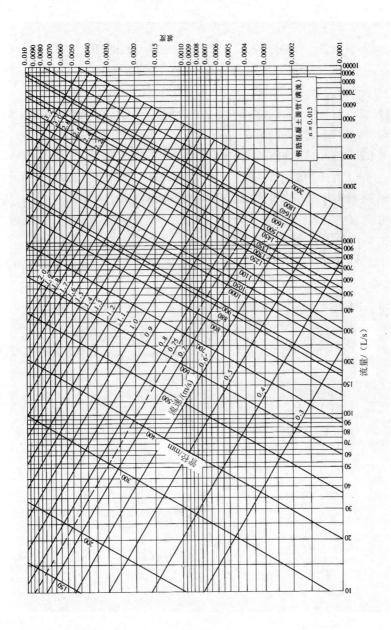

参考文献

[1] 张奎. 给水排水管道工程技术[M]. 北京：中国建筑工业出版社，2005.

[2] 黄敬文，马建锋. 城市给水排水工程[M]. 郑州：黄河水利出版社，2008.

[3] 严煦世，范瑾初. 给水工程[M]. 北京：中国建筑工业出版社，1999.

[4] 李亚峰，尹士君. 给水排水工程专业毕业设计指南[M]. 北京：化学工业出版社，2003.

[5] 室外给水设计规范[S]. GB 50013—2006.

[6] 室外排水设计规范[S]. GB 50014—2006.

[7] 孙慧. 排水工程（上册）[M].4 版. 北京：中国建筑工业出版社，1999.

[8] 张文华. 给水排水管道工程[M]. 北京：中国建筑工业出版社，2000.

[9] 中国市政工程东北设计研究院. 给水排水设计手册（第 1 册）常用资料[M].2 版. 北京：中国建筑工业出版社，2004.

[10] 北京市市政工程设计研究总院. 给水排水设计手册（第 5 册）（城镇排水）[M].2 版. 北京：中国建筑工业出版社，2004.

[11] 上海市政工程设计研究院. 给水排水设计手册（第 3 册）[M].2 版. 北京：中国建筑工业出版社，2004.